高职电子类
精品教材

电子测量技术

DIANZI CELIANG JISHU

主　　审　武昌俊
主　　编　刘苏英　侯秀丽
编写人员（以姓氏笔画为序）
　　　　　刘苏英　汤德荣　龚仁乐
　　　　　罗建辉　徐　林　侯秀丽
　　　　　黄　鹏

中国科学技术大学出版社

内 容 简 介

本书共分 6 个学习情境,主要内容包括电子测量与数据处理、时域测量技术与仪器、频域测量技术与仪器、数据域测量技术与仪器、虚拟仪器与电路仿真测量技术、智能仪器与智能测控技术。全书按照理实一体的教学思路编写,6 个学习情境配备 RC 正弦波振荡器输出频率的测量和数据处理、救护车警笛电路的制作与测量、无线话筒与调频收音机的制作与测量、电子温度计的制作与测量、状态监控系统设计、数字时钟的仿真与测量、智能化真有效值数字电压表的设计 7 个实训项目。同时,为了便于教学、自学和自我检测,各个项目都设有教学导航和习题。

本书具有较强的系统性、实用性和先进性,注重科学性与通俗性的有机结合,尽量淡化复杂的原理分析,以"够用"为标准,强调对学生实践能力的培养。

本书可作为高职高专院校、技师学院、中等职业技术学校及成教学院电子技术应用、电子与通信、汽车电子技术等电子相关专业的教材,也可作为同类培训教材及电子测量技术人员及其他电类专业工程技术人员的参考书。

图书在版编目(CIP)数据

电子测量技术/刘苏英,侯秀丽主编.—合肥:中国科学技术大学出版社,2014.8
ISBN 978-7-312-03532-6

Ⅰ.电…　Ⅱ.①刘…②侯…　Ⅲ.电子测量技术—高等学校—教材　Ⅳ.TM93

中国版本图书馆 CIP 数据核字(2014)第 173966 号

出版	中国科学技术大学出版社
	安徽省合肥市金寨路 96 号,230026
	http://press.ustc.edu.cn
印刷	安徽省瑞隆印务有限公司
发行	中国科学技术大学出版社
经销	全国新华书店
开本	787 mm×1092 mm　1/16
印张	16
字数	410 千
版次	2014 年 8 月第 1 版
印次	2014 年 8 月第 1 次印刷
定价	33.00 元

前　　言

当前，国家正在大力发展高等职业教育，并不断深入探索适合职业教育的教学内容、教学模式、教学方法和教学手段等。在这种大环境下，我们以高职高专教育的基本要求为出发点，以能力培养为主，以应用为目的，编写了本书。

本书的显著特点是采用了理实一体的编写模式，教学内容注意反映电子测量技术领域的新知识、新技术、新工艺和新仪器。在仪器与测量方面既有传统又有智能，既有实际又有虚拟；在学习形式上既有理论又有实践，理论与实践完美结合，相得益彰。让学生为了解决项目中的实际问题来学习背景知识，使学生不再简单地"为了测量而测量"，实现了学生由被动学习到主动学习的转变。

本书的主要内容包括：

学习情境1　电子测量与数据处理。借助于项目1——RC正弦波振荡器输出频率的测量和数据处理进行教学。主要介绍电子测量的内容与仪器、电子测量的方法、电子测量的误差和处理方法、误差的合成与分配以及测量结果的处理五方面的内容。

学习情境2　时域测量技术与仪器。借助于项目2——救护车警笛电路的制作与测量进行教学。主要介绍电压和电流测量技术与仪器、信号发生器、时间和频率的测量、电子元件参数的测量四方面的内容，同时配备了6个子项目以强化培养学生时域测量的技能。

学习情境3　频域测量技术与仪器。借助于项目3——无线话筒与调频收音机的制作与测量进行教学。主要介绍了电路频率特性及其测量方法和频域测量仪器两方面的内容，同时配备了子项目——频谱分析仪的使用，以强化培养学生频域测量的技能。

学习情境4　数据域测量技术与仪器。借助于项目4——电子温度计的制作与测量进行教学。主要介绍了数据域测量的相关知识和数据域测量设备两方面的内容。

学习情境5　虚拟仪器与电路仿真测量技术。借助于项目5——状态监控系统设计和项目6——数字时钟的仿真与测量进行教学。主要介绍了虚拟仪器的相关知识、虚拟仪器图形编程软件LabVIEW、电路仿真测量技术和电路仿真软件Multisim 11四方面的内容。

学习情境6　智能仪器与智能测控技术。借助于项目7——智能化真有效值数字电压表的设计进行教学。主要介绍智能仪器与自动测量技术的发展、智能仪器的结构、智能测控技术和智能仪器的设计四方面的内容。

本书内容在深度和广度上符合国家高职高专电子测量课程的教学要求，淡化仪器的内部原理，注重测量方案的选择、数据的处理和仪器的使用，尤其是多项目多仪器间的综合应用。本书教学参考学时为72学时。

本书由安徽机电职业技术学院刘苏英任第一主编，编写学习情境2中项目2的2.1节、学习情境5中的项目6及其背景知识，并负责全书的统稿工作；由安徽商贸职业技术学院侯秀丽任第二主编，编写2.3节、学习情境5中的项目5及其背景知识；安徽机电职业技术学院黄鹏编写2.2节及学习情境3，汤德荣编写学习情境1，罗建辉编写学习情境4，徐林编写学习情境 6,龚仁乐编写 2.4 节。本书由武昌俊主审。另外,江苏绿杨、北京普源、石家庄数英、台湾固纬、泰克科技有限公司和安捷伦科技有限公司等多家电子测量仪器公司为本书编写提供了相关资料,在此对为本书的出版做出贡献的同志和公司表示深深的感谢。

尽管我们在电子测量技术教材的建设方面做了许多努力,但由于作者水平所限,书中存在不妥之处在所难免,敬请兄弟院校的师生给予批评和指正。

编　者

目　　录

学习情境 1　电子测量与数据处理

　　测量是人类对客观事物取得数量概念的认识过程。在认识客观世界时,人们往往首先通过观察形成定性的认识,再进行测量得到定量的认识,并在此基础上总结出客观规律。因此,测量是揭示未知科学知识的重要手段。科学的进步与测量技术的进步是相互依赖、相互促进的。测量不仅用于验证理论,而且是发现新问题、提出新理论的重要依据。

　　随着测量学和电子学的发展和相互融合,出现了以电子技术为基础的测量手段,即电子测量。从广义上讲,电子测量是利用电子技术进行的测量;从狭义上看,电子测量则是特指各种电参量和电性能的测量。目前,电子测量已经成为一门发展迅速、应用广泛、精确度高、对现代科技发展起着重大推动作用的独立学科。随着当今科技软硬件技术的发展,电子测量与其他测量相比具有以下几个明显的特点:① 测量频率范围宽;② 测量量程宽;③ 测量准确度高;④ 测量速度快;⑤ 易于实现遥控;⑥ 易于实现测量过程自动化和测量仪器微机化。由于电子测量技术具有一系列优点,所以电子测量技术水平的提高不仅标志着测量技术的发展,还标志着科学技术的发展和人类的进步。

　　电子测量的意义重大,应用广泛,但电子测量工作绝不仅仅是测量本身,测量方案和测量仪器的选择、测量过程中数据的记录和测量后数据的处理同样重要,它们决定着测量的精确度。

　　本学习情境将借助项目 1——RC 正弦波振荡器输出频率的测量和数据处理,来学习电子测量基础知识和数据的记录与处理方法。

项目 1　RC 正弦波振荡器输出频率的测量和数据处理

教学导航

　　本项目需要同学们对一个 RC 正弦波振荡器输出频率进行测量和数据处理。首先需要查阅资料,读懂 RC 正弦波振荡器的原理,明确其振荡条件;然后安装、连接并调试电路;最后多次测量电路输出频率,记录并处理好测量数据,从而得到准确测量结果。在完成项目 1 的过程中,我们需要掌握以下知识,训练以下技能和职业素养,见表 1-1。

表 1 - 1

类　别	目　标
知识点	1. RC 正弦波振荡器的组成及其振荡条件； 2. 测量误差的表示方法、来源和分类； 3. 系统误差、随机误差和粗大误差的特点、判定及处理方法； 4. 电子测量数据的记录与处理方法
技能点	1. 熟练使用电压表、电流表和万用表； 2. 学会使用等精度数显频率计； 3. 掌握电子测量的各注意事项
职业素养	1. 学生的沟通能力及团队协作精神； 2. 细心、耐心等学习工作习惯及态度； 3. 良好的职业道德； 4. 质量、成本、安全、环保意识

项目内容与评价

1. 项目电路原理

电路原理图如图 1 - 1 所示。

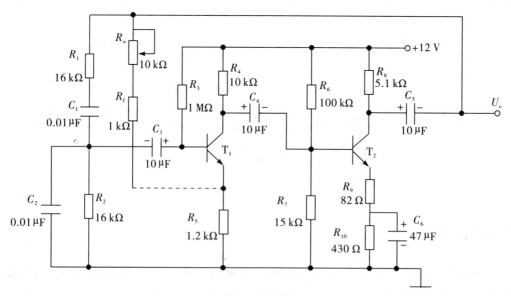

图 1 - 1　串并联选频网络振荡器

　　正弦波振荡器一般由放大电路、反馈网络、选频电路和稳幅电路四部分组成，选频电路有时在放大电路中构成选频放大，有时在反馈网络中构成选频反馈网络，该 RC 串并联选频网络振荡器的选频环节即在反馈网络中。图中 T_1、T_2 组成两级放大器，R_1、C_1 和 R_2、C_2 串并联电路构成选频反馈网络，R_w、R_f 和 R_5 组成的支路引入一个电压串联负反馈，起到稳幅作用。R_1C_1、R_2C_2、R_wR_f 和 R_5 正好构成一个电桥的四个臂,因此,这种电路又称文氏电桥振荡器。

该振荡器的振荡条件为:$\dot{A}\dot{F}=1$,即振幅平衡条件:$|\dot{A}\dot{F}|=AF=1$;相位平衡条件:$\varphi_a\varphi_f=2n\pi(n=0,1,2,\cdots)$。振荡频率为 $f_0=\dfrac{1}{2\pi RC}$,当 $f=f_0$ 时,$|\dot{F}|$ 最大为 $\dfrac{1}{3}$,选频网络输出电压 $\dot{V}_f$ 和电路输出电压 $\dot{V}$。同相,即有 $\varphi_f=0$ 和 $\varphi_a+\varphi_f=2n\pi$。这样,放大电路和 R_1C_1、R_2C_2 组成的反馈网络刚好形成正反馈系统,满足相位平衡条件,因而有可能振荡。所谓建立振荡,就是要使电路自激,从而产生持续的振荡,由直流电变成交流电。对于该 RC 振荡电路来说,直流电源即是能源。自激的因素即是电路中存在的噪声,它的频谱分布很广,其中也包括有 $f_0=\dfrac{1}{2\pi RC}$ 这样一个频率成分,这种微弱信号经过放大,通过正反馈的选频网络,使输出幅度越来越大,最后受电路中非线性元件的限制,使振荡幅度自动地稳定下来。开始时,$\dot{A}_V$ 略大于 3,达到稳定平衡状态时,$\dot{A}_V=3$,$\dot{F}_V=1/3$。当 $\dot{A}_V$ 略大于 3 时,输出波形为正弦波,如 $\dot{A}_V$ 远大于 3,则因振幅的增长,致使放大器件工作到非线性区,波形将产生严重的非线性失真。

为了得到稳定不失真的振荡波形,对 R_w、R_f 和 R_5 引入一个电压串联负反馈,提高放大倍数的稳定性,改善输出波形,提高输入电阻,降低输出电阻,从而减小了放大电路对 RC 串并联选频网络选频的特性要求,提高了振荡电路的带负载能力。改变 R_w、R_f、R_5 的大小可以改变负反馈深度,减小 R_w、R_f,负反馈系数增大,负反馈加深,放大电路电压放大倍数减小,若太小,不满足 A_V 大于 3,电路不能起振,若太大,起振后波形会失真,所以要调整好 R_w、R_f 和 R_5 的值使电路输出波形稳定而不失真。实际应用中,往往用负温度系数的热敏电阻 R_T 来代替 R_w、R_f,若输出电压增大,通过负反馈回路的电流也随之增大,结果使热敏电阻的阻值减小,负反馈加深,放大电路的增益下降,从而使输出电压减小;反之,若输出电压减小,由于热敏电阻的自动调整作用,将使输出电压回升,因此可以维持输出电压基本稳定。

2. 项目电路的制作与调试

1) 元器件的辨认、清点及检查

元器件清单如表 1-2 所示。

表 1-2　材料清单

名　称	规格/型号	数　量
CBB 电容	$0.01\ \mu F$	2 个
电解电容	$10\ \mu F$	3 个
电解电容	$47\ \mu F$	1 个
电位器	$10\ k\Omega$	1 个
电阻	$1\ k\Omega$、$10\ k\Omega$、$1.2\ k\Omega$、$100\ k\Omega$、$15\ k\Omega$、$5.1\ k\Omega$、$82\ \Omega$、$430\ \Omega$、$1\ M\Omega$	各 1 个
电阻	$16\ k\Omega$	2 个
三极管	3DG6	2 个

把电阻、普通电容、电解电容、三极管等元件的检测现象及结果记录下来。

2）RC 正弦波振荡器的装配与调试

合理布局,装配电路。接通电源,调试时,首先断开 RC 串并联网络,测量放大器静态工作点及电压放大倍数,然后接通 RC 串并联网络,并使电路起振,用示波器观测输出电压 u_o 的波形,调节 R_f 使获得满意的正弦信号。

3. 项目测试内容

（1）测量振荡频率 12 次,记录测量结果,算出误差,按照等精度测量结果的处理步骤处理数据。

（2）改变 R 或 C 的值,观察振荡频率的变化情况。

4. 编写项目报告

（1）班级、姓名、学号、同组人（两人一组）、地点、时间。

（2）项目名称、目的、要求。

（3）设备、仪器、材料和工具。

（4）电路原理分析。

（5）方法及步骤。

（6）数据记录及处理、结果分析。

（7）心得体会。

5. 任务评价

任务评价详见表 1 - 3。

表 1 - 3　任务评价

序号	考评点	分值	考核方式	评价标准		
				优秀	良好	及格
一	根据材料清单识别元器件,识读电路图	35	教师评价（50%）+互评（50%）	能正确识别电阻、电容、三极管;熟练识读原理图;指导他人识别元器件和识读电路图	能基本正确识别电阻、电容、三极管;识读原理图	识别电路元件;基本读懂原理图
二	电路的安装与调试;相关仪器仪表（数字电压表、电流表、万用表、示波器,频率计）的使用	35	教师评价（50%）+互评（50%）	正确、熟练装配和调试 RC 正弦波振荡器;完成项目测试内容;线路美观、规范,电路性能稳定;根据原理图排除故障,掌握整个电路的调试与测量方法;能指导他人完成实践操作	正确装配和调试 RC 正弦波振荡器;完成项目测试内容;按时完成任务;线路基本美观、规范,电路性能稳定;根据原理图排除故障;掌握整个电路的调试与测量方法	基本能够装配与调试出电路;线路不够美观可靠,但能完成任务

续表

序号	考评点	分值	考核方式	评价标准		
				优秀	良好	及格
三	项目总结报告	10	教师评价（100%）	格式符合标准，内容完整，有详细过程记录和分析，并能提出一些新的建议	格式符合标准，内容完整，有一定过程记录和分析	格式符合标准，内容较完整，有一定过程记录和分析
四	职业素养	20	教师评价（30%）＋自评（20%）＋互评（50%）	安全、文明工作，具有良好的职业操守；学习积极性高，虚心好学；具有良好的团队合作精神；思路清晰、有条理，能圆满回答教师与同学提出的问题	安全、文明工作，职业操守较好；学习积极性较高；具有较好的团队合作精神，能帮助小组其他成员；能回答教师与同学提出的部分问题	没有出现违纪违规现象；没有厌学现象，能基本跟上学习进度；无重大失误；不能回答提问

背景知识

1.1　电子测量的内容与仪器

1.1.1　电子测量的内容

随着电子技术的不断发展，电子测量的内容也日益丰富。在本书中，主要介绍电学参量、元器件参数及特性和电路指标及特性的测量。具体内容如下：

1. 电能量的测量

电能量的测量包括电压、电流、功率等电量的测量。

2. 电信号特征的测量

电信号特征的测量包括时间、周期、频率、相位差、失真度等参数的测量。

3. 电子元器件参数的测量

电子元器件参数的测量包括对电阻、电感、电容、晶体管等电子元件参数的测量。

4. 电路或仪器性能的测量

电路或仪器性能的测量包括放大倍数、输入电阻、输出电阻、灵敏度、通频带、噪声系数等的测量。

5. 特性曲线的测量

特性曲线的测量包括电路的幅频特性和相频特性，器件的伏安特性、输入特性、输出特性等曲线的测量。

6. 数据域测量

数据域测量主要包括数字电路和系统逻辑关系的测量。

1.1.2　电子测量仪器

电子测量仪器种类繁多,按信号处理方式不同分为模拟式和数字式两大类;按用途分通用仪器和专用仪器两大类。通用仪器是为测量某个或某些基本电参量而设计的仪器,能较广泛地用于多种电子测量,如万用表、示波器等。专用仪器是各个专业领域中测量特殊参量的仪器,如 GSM 手机测试仪、汽车解码器和汽车发动机综合测试仪等。

通用电子测量仪器按其功能可分为以下几类:

1. 信号发生器

信号发生器主要用于提供各种测量用信号,如音频、高频、脉冲、函数、扫频、噪声、自信号等。

2. 信号分析仪

信号分析仪主要用来观测、分析和记录各种电量的变化,如示波器、波形分析仪、频谱分析仪和逻辑分析仪等。它们能完成包含时域、频域和数据域的分析。

3. 电平测量仪器

电平测量仪器主要用于测量电压、电流、功率等电能量。

4. 时间、频率和相位测量仪器

时间、频率和相位测量仪器主要用于测量周期性信号的频率、周期和相位,如频率计、相位计及波长表等。

5. 网络特性测量仪器

这类仪器主要用于测量电气网络的频率特性、阻抗特性、噪声特性等,如频率特性测试仪(扫频仪)、阻抗测量仪及网络分析仪。

6. 电子元件参数测量仪器

这类仪器主要用于测量电子元件(电阻、电感、电容、二极管、三极管、场效应管等)的电参数、显示特性曲线等,如万用电桥、Q 表、晶体管图示仪、模拟或数字集成电路测试仪等。

7. 数据域测量仪器

数据域测量仪器是一种用于分析数字系统中以离散时间或事件为自变量的数据流的测量仪器。它能完成对数字系统中实时数据流或事件的记录和显示,并能实现对数字系统的软硬件故障分析和诊断,如逻辑分析仪。

8. 电波特性测试仪

这类仪器主要用于测量电波传播、电场强度、干扰强度等,如测试接收机、场强计、干扰测试仪等。

9. 虚拟仪器

虚拟仪器是通过应用程序将通用计算机和必要的数据采集硬件结合起来,在计算机平台上创建的一台仪器。用户可以自定义其功能、操作面板,实现数据的采集、分析、存储和显示,如虚拟示波器、虚拟逻辑分析仪等。

在使用电子测量仪器时,一般应注意以下几点:

① 测量环境。

在使用电子测量仪器时,测量结果往往会不同程度地受到温度、湿度、大气压、电网电压、电磁干扰等外界环境的影响。因此,在使用相同的仪器、相同的测量方法测量相同的物理量时,有可能出现不同的结果。

② 仪器的布置与连接。

在测量时,常常需要多台测量仪器协同工作,它们的布置方式、连接方法等常会对测量结果、仪器和使用者的安全带来或多或少的影响。在摆放和连接仪器时,应尽量使仪器的刻度盘或显示器与使用者的视线垂直,以减小视差;使用频繁的仪器放在便于操作的地方;测量高频元件或信号的仪器要注意避免受到周围环境的干扰;在多台仪器叠放时,应将体积小、重量轻的放上面;散热较多的仪器应与其他仪器保持一定的距离;电子测量仪器之间的连线原则上应尽量短、少交叉,以免引起信号串扰或寄生振荡等。

③ 仪器的接地。

电子测量仪器的接地有安全接地和技术接地两种。

安全接地是为了保证使用者和仪器的安全,将仪器的机壳与大地相连,防止机壳上积累的静电荷或仪器漏电对使用者和仪器造成伤害。为此,仪器管理者应经常检查总地线是否正常,各种仪器的机壳是否带电。

技术接地则是为了保障仪器设备能够正常工作。技术接地的"地"并非大地,而是等电位点,即各测量仪器和被测电路的基准电位点。技术接地一般有一点接地和多点接地两种,前者适用于直流或低频电路的测量,后者适用于高频电路的测量。

1.2　电子测量的方法

一个电参量的测量可以通过不同的方法实现,电子测量方法的分类形式也有多种,下面介绍两种常见的分类方法。

1. 按测量手段分类

1) 直接测量

用测量仪器对被测量直接进行测量并获得测量值的方法称为直接测量。例如,用万用表测量电压、电流和电阻,用频率计测量频率等。

2) 间接测量

利用被测量与某中间量的函数关系(公式、曲线或表格等),先直接测出中间量,然后通过计算公式,算出被测量数值的测量方法称为间接测量。例如,求直流电路中某电阻所消耗的功率,可先测量出电阻两端电压和流过电阻的电流,然后由公式 $P=UI$,间接求出功率。

3) 组合测量

在被测量与多个未知量有关时,可通过改变测量条件进行多次测量,根据被测量与未知量之间的函数关系组成方程组,求出未知量的数值,这种测量方法称为组合测量,它是一种兼用直接测量和间接测量的测量方法。例如,已知导体电阻 R 与温度 t 的函数关系为

$$R_t = R_{20}[1+\alpha(t-20)+\beta(t-20)^2]$$

式中,R_{20} 是 20 ℃时的电阻值,α 和 β 为其温度系数。为了测量电阻的温度系数 α 和 β,可分别测得 t_1、t_2 和 20 ℃时的电阻值 R_1、R_2 和 R_{20},然后求解方程组:

$$R_1 = R_{20}[1+\alpha(t_1-20)+\beta(t_1-20)^2]$$
$$R_2 = R_{20}[1+\alpha(t_2-20)+\beta(t_2-20)^2]$$

从而求得 α 和 β 的值。

2. 按被测量性质分类

1）时域测量

时域测量是指对被测对象随时间变化的特性所进行的测量。在这种测量中,常把被测信号看成时间的函数。例如,用示波器观测正弦交流信号的波形、峰峰值电压、周期及两路同频信号的相位差。

2）频域测量

频域测量是指对被测对象在不同频率时的特性所进行的测量。在这种测量中,常把被测信号看成频率的函数。例如,用频谱分析仪观测信号频谱,用扫频仪观测放大器的幅频特性曲线。

3）数据域测量

数据域测量是指对数字系统的逻辑特性所进行的测量。例如用逻辑分析仪观察多条数据通道上的逻辑状态或显示其时序波形,或对数字系统进行软硬件分析。

4）随机域测量

随机域测量是指对各类噪声信号、干扰信号等随机量所进行的测量。例如用示波器观察一些电路在静态时的输出信号。

除了上述的分类方法外,还有很多其他的分类方法,如有源测量和无源测量、动态测量和静态测量、实时测量和非实时测量等。

1.3　电子测量的误差和处理方法

在一定条件下,被测量的真实大小或真实数值称为这个量的真值。由于无论采用何种方法和仪器,误差都是不可避免的,因而真值只是一个理想的概念,实际的测量值是无法达到真值的。

在测量过程中,测量值与真值之间的差异称为测量误差。研究测量误差的目的就是要寻找误差产生的根源,尽可能地减小误差。同时还要对测量误差进行正确的估计和处理,使测量结果更接近被测对象的实际情况。

1.3.1　测量误差的表示方法

测量误差有绝对误差和相对误差两种表示方法。

1. 绝对误差

1）定义

被测量值(仪器上的示值)x 与其真值 A_0 之差,称为绝对误差,用 Δx 表示,即

$$\Delta x = x - A_0$$

上式中 Δx 既有大小、量纲,又有正负。它的大小和正负分别表示偏离真值的程度和方向。

实际上,上式中的 A_0 无法得到,所以总是用高一级或数级的标准仪器的测量值 A 代替真值,A 称为约定真值,于是,求绝对误差通常使用的表达式为

$$\Delta x = x - A$$

例 1.1　某同学用交流毫伏表测得某交流电压为 9.5 V,而用标准表测得的结果为 10 V,则该同学此次测量的绝对误差为多少?

解　　　　　　　　　$\Delta U = U_x - A = 9.5 - 10 = -0.5 \ (\text{V})$

2）修正值

与绝对误差 Δx 大小相等、符号相反的值，称为修正值，一般用 C 表示，即

$$C = -\Delta x = A - x$$

由修正值可以求出实际值，即

$$A = C + \Delta x$$

例 1.2　某台电流表的修正值由图 1-2 所示曲线给出，求示值分别为 0.4 mA 和 0.8 mA 时的实际值各为多少？

解　$A_1 = X_1 + C_1 = 0.4 + 0.02$

　　　　$= 0.42（\text{mA}）$

　　　　$A_2 = X_2 + C_2 = 0.8 - 0.04$

　　　　$= 0.76（\text{mA}）$

由此可见，利用修正值可以减小误差的影响，使测量值更接近真值。因此，在实际应用中，应定期将仪器仪表送往计量部门鉴定，以便得到正确的修正值。修正值通常以表格、曲线或公式的形式给出。

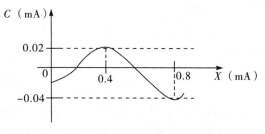

图 1-2

2. 相对误差

绝对误差虽能表示测量值偏离真值的程度和方向，但不能确切反映其准确程度。因此，在实际使用中，又引入了相对误差的概念，相对误差只有大小和符号，没有单位。主要有以下几种形式：

1）实际相对误差

绝对误差与被测量的真值 A_0 的比值，称为相对误差，用 γ_0 表示，即

$$\gamma_0 = \frac{\Delta x}{A_0} \times 100\%$$

因为真值 A_0 无法得到，常用 A 代替 A_0，此时的误差称为实际相对误差，用 γ_A 表示，即

$$\gamma_A = \frac{\Delta x}{A} \times 100\%$$

2）示值相对误差

绝对误差与测量仪器显示值 x 的比值，称为示值相对误差，用 γ_x 表示，即

$$\gamma_x = \frac{\Delta x}{x} \times 100\%$$

示值相对误差主要用在误差较小、要求不太严格的场合。

例 1.3　测量两个频率值：$f_1 = 1001$ Hz，$f_2 = 100$ kHz，得绝对误差分别为 $\Delta f_1 = 1$ Hz，$\Delta f_2 = 10$ Hz，求两次测量的实际相对误差和示值相对误差。

解　实际相对误差分别为

$$\gamma_{Af_1} = \frac{\Delta x}{A} \times 100\% = \frac{\Delta x}{x - \Delta x} \times 100\% = \frac{1}{1001 - 1} \times 100\% = 0.1\%$$

$$\gamma_{Af_2} = \frac{\Delta x}{A} \times 100\% = \frac{\Delta x}{x - \Delta x} \times 100\% = \frac{10}{100000 - 10} \times 100\% \approx 0.01\%$$

可见后者的绝对误差大于前者，但误差对测量结果的影响，前者却大于后者，因而用相对误差衡量测量结果，比绝对误差更加确切。

示值相对误差分别为

$$\gamma_{xf_1} = \frac{\Delta x}{x} \times 100\% = \frac{1}{1001} \times 100\% \approx 0.099\%$$

$$\gamma_{xf_2} = \frac{\Delta x}{x} \times 100\% = \frac{10}{100000} \times 100\% = 0.01\%$$

可见,当 A 与 x 很接近时,示值相对误差与实际相对误差差异很小,但当误差本身较大时,就应当注意两者的区别了。

3)引用相对误差

绝对误差与测量仪器满度值 x_m 的比值,称为引用相对误差或满度相对误差,用 γ_m 表示,即

$$\gamma_m = \frac{\Delta x}{x_m} \times 100\%$$

实际测量时,由于仪器上不同刻度点的绝对误差不等,为了衡量仪表的准确度,用可能出现的最大绝对误差 Δx_{max} 代替上式中的 Δx,此时的误差称为最大引用相对误差,即

$$\gamma_m = \frac{\Delta x_{max}}{x_m} \times 100\%$$

最大引用相对误差由仪器的性能所决定,所以用它来对电子仪器进行分级。仪表等级是指在规定条件下,在仪表的全标尺范围内,其所对应的误差不大于最大引用相对误差,常用字母 s 表示。仪表等级与最大引用相对误差的关系如表 1-4 所示。

表 1-4　仪表等级与最大引用相对误差的关系

仪表准确度等级(s)	0.1	0.2	0.5	1.0	1.5	2.5	5.0
最大引用相对误差	±0.1%	±0.2%	±0.5%	±1.0%	±1.5%	±2.5%	±5.0%

例 1.4　某待测电流约为 100 mA,但小于 100 mA,现有 0.5 级量程为 400 mA 和 1.5 级量程为 100 mA 的两个电流表,请问用哪一个电流表测量较好?

解　用 400 mA、0.5 级电流表测量:

$$最大误差　\Delta x_{m1} = \pm 0.5\% \times 400 = \pm 2 \ (mA)$$

$$相对误差　\gamma_{A1} = \pm \frac{2}{100} \times 100\% = \pm 2\%$$

用 100 mA、1.5 级电流表测量:

$$最大误差　\Delta x_{m2} = \pm 1.5\% \times 100 = \pm 1.5 \ (mA)$$

$$相对误差　\gamma_{A2} = \pm \frac{1.5}{100} \times 100\% = \pm 1.5\%$$

可见,本次测量应选 1.5 级 100 mA 电流表。

在选择仪表时,如果仪表等级相同,则只需选择量程,选择时应使测量结果尽量接近满量程;如果仪表等级和量程均不相同,则应兼顾量程和等级,合理选择仪表。

1.3.2　测量误差的来源、分类及估计和处理

1. 测量误差的来源

所有的测量结果都有误差,为了减小测量误差,提高测量结果的准确度,需要明确测量

误差的主要来源,以便估计测量误差和进行相应的处理。造成误差的原因是多方面的,其主要来源如表1-5所示。

表1-5 测量误差的主要来源

误差名称	来源说明	实 例
仪器误差	仪器本身及其附件设计、制造和装配等的不完善以及使用过程中的老化、机械磨损等引起的测量误差	零点偏移、刻度不准确、仪器内标准量性能不稳定
影响误差	测量过程中环境因素与仪表所要求的使用条件不一致所造成的误差	温度、湿度、电源电压、电磁干扰等
方法误差	测量方法不完善、理论不严密、用近似公式或近似值测量结果造成的误差	用普通万用表的电压挡测高内阻回路的电压,用均值电压表测量非正弦电压
人身误差	测量者的分辨力、固有习惯、视觉疲劳等因素引起的误差	读错刻度、计算错误等
使用误差	在仪器使用过程中出现的仪器调节、放置或使用不当等引起的误差	安装、调节和使用不当

2. 测量误差的分类

虽然测量误差的来源很多,但根据测量误差的性质,测量误差可分为三大类:系统误差、随机误差和粗大误差。

1) 系统误差

系统误差有时也称确定性误差,它是指在确定的测试条件下,多次测量同一量时,测量误差的数值大小和符号保持恒定,或在测量条件改变时,测量误差按一定规律变化的误差。系统误差是由固定不变的或按确定规律变化的因素造成的。这些因素主要有:测量仪器本身结构和制造上的不完善,未能满足仪器规定的使用条件,测量方法不完善,电子元件性能不稳定,忽略电流表内阻,认为电压表内阻无穷大等。

系统误差具有如下特征:

① 在同一条件下,多次测量同一量时,测量误差的数值大小和符号保持不变,或在测量条件改变时,测量误差按一定规律变化。

② 多次重复测量时,系统误差不具有抵偿性,它保持恒定或按一定规律变化。

③ 具有可控性和修正性。

对于系统误差,常采用校准法、残差观察法、马利科夫判据和阿卑—赫梅特判据来判别。其中马利科夫判据用于判断是否有与测量条件成线性关系的累进性系统误差,阿卑—赫梅特判据用于判断是否有周期性系统误差。

鉴于系统误差的以上特征,常采用修正法减小系统误差,以使测量结果更准确。

2) 随机误差

随机误差又称偶然误差,是由于偶发因素引起的一种大小和方向都不确定的误差,例如噪声干扰、空气扰动、电磁场微变、大地微震等因素引起的误差。由于它的存在,即使在同一条件下多次测量同一量,所测得的结果也不相同。一般情况下,这种误差比较小。

随机误差具有如下特征:

① 在多次测量中,绝对值小的误差出现的次数多。

② 在多次测量中,绝对值相等的正误差和负误差出现的概率相同,即具有对称性。

③ 在多次测量中,误差的绝对值不会超过一定的界限,即具有有界性。

④ 进行等精度测量时,随机误差的算术平均值随着测量次数的增加而趋近于零,即正负误差具有抵偿性。

鉴于随机误差的以上特征,常采用多次测量求平均值的方法减小随机误差,以提高测量结果的准确度。

对于有限次测量随机误差的估计,可按如下过程进行:

设进行 n 次测量得到的测量值分别为 $x_1,x_2,\cdots,x_n$,则其算术平均值为

$$\bar{x} = \frac{x_1 + x_2 + \cdots + x_n}{n} = \frac{1}{n}\sum_{i=1}^{n}x_i$$

$\bar{x}$ 是数学期望无偏估计值,常用作被测量的真值 A_0。任一次测量值与 $\bar{x}$ 之差,称为残差,即 $v_i = x_i - \bar{x}$,在实际测量中常用残差代替绝对误差。由统计学规律知,残差的代数和为零。由贝塞尔公式:

$$\hat{s} = \sqrt{\frac{1}{n-1}\sum_{i=1}^{n}(x_i - \bar{x})^2} = \sqrt{\frac{1}{n-1}\sum_{i=1}^{n}v_i^2}$$

可得有限次测量的标准差估计值 $\hat{s}$,也称实验偏差。其值越小,表示测量值越集中,测量精度越高,随机误差越小。另外,当 $n=1$ 时,其值不定,说明一次测量数据是不可靠的。

如果在相同情况下,进行多组测量(m 组),且每组测量的次数(n 次)相同,此时定义 $\hat{s}_{\bar{x}} = \dfrac{\hat{s}}{\sqrt{n}}$ 为算术平均值标准差估计值,也称标准偏差。

实验偏差和标准偏差统称为标准差。

3) 粗大误差

粗大误差又称为疏忽误差,是由于测量人员在测量过程中,操作、读数、记录、计算错误等引起的误差,如读数错误、记录错误等。它严重歪曲了测量结果,含有这种误差的实验数据是不可靠的,应当剔除。

粗大误差的主要特征就是明显偏离实际值,所以含有这种误差的实验数据必须剔除。另外,测量者要有强烈的责任心、严谨的科学态度,同时应尽量保持测量环境的稳定,以减小粗大误差出现的几率。

粗大误差出现的概率较小,常采用莱特准则判定一个测量数据里是否含有粗大误差,即如果 $|v_i| > 3\hat{s}$,则认为测量值 x_i 存在粗大误差。

1.4　误差的合成与分配

前面介绍的都是直接测量误差的计算方法,如频率、电压、电流的测量等。在实际测量中,经常要用到间接测量,如测直流电阻上的功率,通常只需要测得这个电阻的阻值、它两端的电压、流过它的电流这三项中的两项,即可计算出电阻消耗的功率。这时,功率的误差就与各直接测量量的误差有关。假设间接测量的被测量 y 可看成是 n 个分量 $x_1,x_2,\cdots,x_n$ 按照一定的函数关系构成,即

$$y = f(x_1, x_2, \cdots, x_n)$$

如果某个分量测量误差影响到被测量 y 的准确度,则不论其产生的原因如何,都称为分项误差。在测量工作中,常常需要从下面正反两方面考虑总误差与分项误差的关系。

① 如何根据各分项误差来确定总误差,即误差的合成问题。

② 当技术上对某被测量的总误差限定一定范围以后,如何确定各分项误差的数值,即误差的分配问题。

正确解决这两个问题常常可以指导我们设计出最佳的测量方案,在注意测量经济、简便的同时,提高测量的准确度,使测量总误差减到最小。

1. 误差的合成

误差的合成是研究如何根据各分项误差求总误差的问题。设一个被测量 y 由两个分项 x_1、x_2 合成,即 $y = f(x_1, x_2)$,若在 $y_0 = f(x_{10}, x_{20})$ 附近各阶偏导数存在,则可把 y 展为泰勒级数,即

$$y = f(x_1, x_2)$$

$$= f(x_{10}, x_{20}) + \left[\frac{\partial f}{\partial x_1}(x_1 - x_{10}) + \frac{\partial f}{\partial x_2}(x_2 - x_{20}) \right]$$

$$+ \frac{1}{2!} \left[\frac{\partial^2 f}{\partial x_1{}^2}(x_1 - x_{10})^2 + \frac{\partial^2 f}{\partial x_2{}^2}(x_2 - x_{20})^2 + 2\frac{\partial^2 f}{\partial x_1 \partial x_2}(x_1 - x_{10})(x_2 - x_{20}) \right] + \cdots$$

若用 $\Delta x_1 = x_1 - x_{10}$ 和 $\Delta x_2 = x_2 - x_{20}$ 分别表示 x_1 和 x_2 分项的误差,由于 $\Delta x_1 \ll x_1$,$\Delta x_2 \ll x_2$,则泰勒级数中的高阶小量可忽略,因此,总的误差为

$$\Delta y = y - y_0 = y - f(x_{10}, x_{20})$$

$$= \frac{\partial f}{\partial x_1}(x_1 - x_{10}) + \frac{\partial f}{\partial x_2}(x_2 - x_{20}) = \frac{\partial f}{\partial x_1}\Delta x_1 + \frac{\partial f}{\partial x_2}\Delta x_2$$

同理,y 由 n 个分项合成时,可得

$$\Delta y = \frac{\partial f}{\partial x_1}\Delta x_1 + \frac{\partial f}{\partial x_2}\Delta x_2 + \cdots + \frac{\partial f}{\partial x_n}\Delta x_n = \sum_{i=1}^{n} \frac{\partial f}{\partial x_i}\Delta x_i \qquad (1-1)$$

式中 Δy 是总的绝对误差。

如果用相对误差表示,则有

$$\gamma_y = \frac{\Delta y}{y} = \frac{\partial f}{\partial x_1}\frac{\Delta x_1}{y} + \frac{\partial f}{\partial x_2}\frac{\Delta x_2}{y} + \cdots + \frac{\partial f}{\partial x_n}\frac{\Delta x_n}{y}$$

$$= \sum_{i=1}^{n} \frac{\partial f}{\partial x_i}\frac{\Delta x_i}{y} = \sum_{i=1}^{n} \frac{\partial \ln f}{\partial x_i}\Delta x_i \qquad (1-2)$$

上面式(1-1)和式(1-2)两个公式称为误差传递公式或误差合成公式,由绝对误差传递公式或相对误差传递公式都可计算出总的绝对误差和相对误差。

例 1.5 用间接测量法测电阻消耗的功率,若电阻、电压和电流的测量相对误差分别为 $\dfrac{\Delta R}{R}$、$\dfrac{\Delta V}{V}$ 和 $\dfrac{\Delta I}{I}$,问所求功率的相对误差为多少?

解 方案 1:用公式 $P = IV$。有

$$\Delta P = \frac{\partial P}{\partial I}\Delta I + \frac{\partial P}{\partial V}\Delta V = V\Delta I + I\Delta V$$

则可算出功率的相对误差为

$$\gamma_P = \frac{\Delta P}{P} = \frac{V\Delta I}{IV} + \frac{I\Delta V}{IV} = \frac{\Delta I}{I} + \frac{\Delta V}{V}$$

方案 2：用公式 $P = \dfrac{V^2}{R}$。有

$$\Delta P = \frac{\partial P}{\partial V}\Delta V + \frac{\partial P}{\partial R}\Delta R = \frac{2V\Delta V}{R} - \frac{V^2\Delta R}{R^2}$$

则可算出功率的相对误差为

$$\gamma_P = \frac{\Delta P}{P} = \frac{\dfrac{2V\Delta V}{R} - \dfrac{V^2\Delta R}{R^2}}{\dfrac{V^2}{R}} = \frac{2\Delta V}{V} - \frac{\Delta R}{R}$$

方案 3：用公式 $P = I^2 R$。有

$$\Delta P = \frac{\partial P}{\partial I}\Delta I + \frac{\partial P}{\partial V}\Delta R = 2IR\Delta I + I^2\Delta R$$

则可算出功率的相对误差为

$$\gamma_P = \frac{\Delta P}{P} = \frac{2IR\Delta I}{I^2 R} + \frac{I^2\Delta R}{I^2 R} = \frac{2\Delta I}{I} + \frac{\Delta R}{R}$$

本题也可直接用相对误差公式计算，同样也有三种方案。

方案 1：用公式 $P = IV$。有

$$\gamma_P = \frac{\partial(\ln V + \ln I)}{\partial V}\Delta V + \frac{\partial(\ln V + \ln I)}{\partial I}\Delta I$$

$$= \frac{\Delta V}{V} + \frac{\Delta I}{I}$$

方案 2：用公式 $P = \dfrac{V^2}{R}$。有

$$\gamma_P = \frac{\partial(2\ln V - \ln R)}{\partial V}\Delta V + \frac{\partial(2\ln V - \ln R)}{\partial R}\Delta R$$

$$= \frac{2\Delta V}{V} - \frac{\Delta R}{R}$$

方案 3：用公式 $P = I^2 R$。有

$$\gamma_P = \frac{\partial(2\ln I + \ln R)}{\partial I}\Delta I + \frac{\partial(2\ln I + \ln R)}{\partial R}\Delta R$$

$$= \frac{2\Delta I}{I} + \frac{\Delta R}{R}$$

在实际测量中，分项和被测量的函数关系可能是各种各样的，由于和、差式直接求偏微分方便，而积、商、乘方、开方式取对数后可以变为和、差式，因此，作为一个技巧性问题，若 $y = f(x_1, x_2, \cdots, x_n)$ 的函数关系为和、差关系时，常先求被测量的绝对误差，若函数关系为积、商、乘方、开方关系时，常先求被测量的相对误差。

2. 误差的分配

在总误差已限定的情况下，确定各分项误差大小的方案很多，从理论上讲，误差分配方案可以有无穷多个。因此我们只可能在某些前提条件下进行分配，这里主要介绍等精度分配和等作用分配两种。

1）等精度分配

当总误差中各分项性质相同（量纲相同）、大小接近时，可采用等精度分配，即分配给各

分项的误差彼此相同。

假设总误差为 Δy,各分项误差为 $\Delta x_1,\Delta x_2,\cdots,\Delta x_n$。此时,设 $\Delta x_1=\Delta x_2=\cdots=\Delta x_n$,由误差传递公式可得

$$\Delta x_i = \frac{\Delta x_y}{\displaystyle\sum_{i=1}^{n}\frac{\partial f}{\partial x_i}}$$

2）等作用分配

等作用分配是指分配给各分项的误差在数值上虽然不一定相等,但它们对测量总误差的影响却是相同的。

假设总误差为 Δy,各分项误差为 $\Delta x_1,\Delta x_2,\cdots,\Delta x_n$。此时,$\dfrac{\partial f}{\partial x_1}\Delta x_1=\dfrac{\partial f}{\partial x_2}\Delta x_2=\cdots=\dfrac{\partial f}{\partial x_n}\Delta x_n$,由误差传递公式可得

$$\Delta x_i = \frac{\Delta y}{n\dfrac{\partial f}{\partial x_i}}$$

例 1.6　某一直流电桥,要求仪器的精度为 0.1 级,试进行各桥臂误差的分配。

解　电桥平衡的条件是

$$R_x = \frac{R_1}{R_2}R_n$$

式中,R_n 为标准电阻,R_x 为被测电阻。

由 $\gamma_y=\dfrac{\Delta y}{y}=\displaystyle\sum_{i=1}^{n}\dfrac{\partial \ln f}{\partial x_i}\Delta x_i$ 可得 $\gamma_{R_x}=\gamma_{R_1}+\gamma_{R_n}-\gamma_{R_2}$,按等精度分配原则有

$$\gamma_{R_1}=\gamma_{R_n}=\gamma_{R_2}=\frac{\gamma_{R_x}}{3}=\frac{\pm 0.1\%}{3}=\pm 0.03\%$$

在实际测量时,因 γ_{R_n} 不能保持恒定,故只能尽量使 $\gamma_{R_1}=\gamma_{R_2}$,从而抵消部分误差。

例 1.7　通过测电阻上的电压、电流值间接测量电阻上消耗的功率。已测出电流为 100 mA,电压为 3 V,算出功率为 300 mW。若要求功率测量的系统误差不大于 5%,随机误差忽略,问电压和电流测量的系统误差多大时才能保证上述功率误差的要求。

解　按题意功率测量允许的系统误差为

$$\Delta P = 300 \times 5\% = 15 \text{ (mW)}$$

按等作用分配原则,分配给电流测量的系统误差为

$$\Delta I = \frac{\Delta P}{2\dfrac{\partial (IV)}{\partial I}} = \frac{15 \text{ (mW)}}{2 \times 3 \text{ (V)}} = 2.5 \text{ (mA)}$$

同理,分配给电压测量的系统误差为

$$\Delta V = \frac{\Delta P}{2\dfrac{\partial (IV)}{\partial V}} = \frac{15 \text{ (mW)}}{2 \times 100 \text{ (mA)}} = 75 \text{ (mV)}$$

由上面的计算结果可以算出由于电流测量系统误差和由于电压测量系统误差对功率造成的影响 $\dfrac{\partial P}{\partial I}\Delta I$ 和 $\dfrac{\partial P}{\partial V}\Delta V$ 最大允许值相等,均为 7.5 mW,这也正体现了等作用分配的原则。

1.5 测量结果的处理

测量结果的处理是电子测量的重要组成部分。在测量时,要认真地记录测量结果,对与理论值或估计值相差甚远的数据,在未查明原因前,不要轻易舍弃,更不要随便修改,因为这些数据可能反映出测量仪器存在的故障或是某种科学新发现的信号。在此基础上,就可以对测量数据进行分析和整理,并得出合理的结论。

1. 有效数字的处理

1) 有效数字

有效数字是指从左边第一位非零数字算起,到最末一位数字为止的所有数字。例如,某电流测量值为 0.360 A,左边第一个 0 是非有效数字,右边 3、6、0 三个数字是有效数字,但最末位的 0 是欠准确的估计数字,末位数字前面的有效数字 3、6 都是准确数字。为了准确地使用有效数字,应特别注意以下三个方面:

① 不能随便在测量数字的最后面增减数字 0。因为增加或减少数字 0 后,虽然测量值的大小没有改变,但测量值的准确程度却被人为地夸大或降低了。

② 有效数字不能因单位变化而变化。如测量结果为 6.0 V,其有效数字为两位,若将单位改为 mV 后,将 6.0 V 改写成 6000.0 mV,则有效数字变成 5 位,这是错误的。应改写成 6.0×10^3 mV,有效数字的位数仍为两位。

③ 测量误差原则上可由有效数字的位数估计出来,一般规定误差不超过有效数字末位单位数字的一半。例如 0.1030 A 表示含有误差小于 $0.0001/2 = 0.00005$ (A) $= 0.05$ (mA)。

2) 有效数字的舍入规则

在记录测量结果时,若给出数字的位数超过要保留的有效数字的位数,则多出的数字位要删掉。即当只需要 N 位有效数字时,则 $N+1$ 位及其以后的各位数字就要根据舍入规则进行处理。现在普遍采用的舍入规则如下。

假设某数据需保留 N 位有效数字:

① 四舍五入。当第 $N+1$ 位小于 5 时,舍掉第 $N+1$ 位及其后面的所有数字;当第 $N+1$ 位大于 5 时,舍掉第 $N+1$ 位及其后面所有数字的同时第 N 位加 1。

② 当第 $N+1$ 位恰好为"5"时,若"5"之后有非零数字,则在舍 5 的同时,第 N 位加 1;若"5"之后无数字或有数字但均为 0 时,则由"5"前面一位数的奇偶性来决定如何舍入,如果"5"前面一位数为奇数,则舍"5"且第 N 位加 1,如果"5"前面一位数为偶数,则舍"5"且第 N 位保持不变。

例 1.8 将下列数字保留 3 位有效数字。

| 35.76 | 66.22 | 25.258 | 67.35 | 88.550 | 78.450 | 3.995 | 6.565 |

解 $35.76 \to 35.8$ $66.22 \to 66.2$ $25.258 \to 25.3$ $67.35 \to 67.4$

       $88.550 \to 88.6$ $78.450 \to 78.4$ $3.995 \to 4.00$ $6.565 \to 6.56$

3) 有效数字的运算

有效数字进行加、减运算时,必须对齐小数点,计算结果有效数字的取舍以精度最差的运算项为准。在进行乘、除、开方和对数运算时,为了提高运算的准确度,计算结果一般都要比参加运算的项有效数字位数最少者多一位或两位有效数字。

4）测量结果的表示方法

测量结果要正确反映被测量的真实大小和它的可信度,同时数据的表达亦不应过于冗长和累赘。

一个测量结果往往已对确定性系统误差进行了修正,因此常可用被测量的量值和它的不确定度共同表示测量结果,被测量的量值最低位通常与误差最低位对齐。例如说某电压为 4.32 ± 0.05 V,某频率是 1000.583 ± 0.068 kHz 等。如果被测量的量值本身低位数字的位比误差低位数还低,特别是这个量值是经过某些计算包含了较多位数的情况下,这时应把多余的位数按舍入规则处理掉,即从不确定度对齐处截断。

有些情况下也希望把测量结果用一个数表达,而不要带着不确定度。例如一个测量数据作为中间结果还要参与其他运算,就不希望带着它的不确定度。在用一个数值表示测量结果时,常在有效数字后面多给出 $1 \sim 2$ 位数字,这样表示的测量结果的数值称为有效安全数字。这种用一个数值表示测量结果的具体做法是:

① 由误差或不确定度的大小定出测量值有效数字最低位的位置。

② 从有效数字最低位向右多取 $1 \sim 2$ 位安全数字。

③ 根据舍入规则处理掉其余数字。

例如,某电阻值为 40.67 ± 0.41 Ω,因不确定度为 ± 0.41 Ω,不大于阻值个位单位数字的一半,所以有效数字最低位是个位。这样该电阻在取一位安全数字时为 40.7 Ω,在取两位安全数字时为 40.67 Ω。

2. 等精度测量结果的处理步骤

测量的精度取决于测量的条件,例如测量仪器设备、测量方法、测量人员的熟练和细心程度、周围温度、周围湿度、周围干扰情况等。在这些条件完全相同的条件下,测量结果的精密度相同,称为等精密度测量,简称等精度测量。当测量条件不同时,测量结果的精密度不同,称为非等精度测量。最常见的非等精度测量还包括在上述相同条件下,每组测量次数不同时,取每组平均值作为测量结果的情况。例如在相同条件下测量某一频率,有一组测量了100 次取平均值,另一组测量了 2 次取平均值,虽然这 102 次测量每一次测量条件都相同,标准偏差也相同,但对两组平均值来说,测量 100 次那组的平均值更精密可靠,而测量 2 次的那组平均值相对来说就不太精密可靠。由于这两组平均值每组测量次数不同,也就是得到平均值的条件不同,因而这两个平均值是非等精度的。非等精度测量数据的估计方法和估计的精确程度即估计值的标准偏差牵扯到的情况较多,数学知识较深,在此不再探讨。我们这里只介绍比较简单的等精度测量结果的处理步骤,即:

① 用修正法对测量数据进行修正,并依次填入表格,求出 $\overline{x} = \dfrac{1}{n} \sum\limits_{i=1}^{n} x_i$。

② 用 $v_i = x_i - \overline{x}$ 求出每次测量的残差,填入 ① 中的表格。

③ 用 $\hat{s} = \sqrt{\dfrac{1}{n-1} \sum\limits_{i=1}^{n} (x_i - \overline{x})^2} = \sqrt{\dfrac{1}{n-1} \sum\limits_{i=1}^{n} v_i^{\,2}}$ 计算实验偏差的估计值。

④ 用 $|v_i| > 3\hat{s}$ 判别有无粗大误差。若有粗大误差则应逐一剔除,然后重新计算 $\overline{x}$ 和 $\hat{s}$,再次判别有无粗大误差。

⑤ 用 $\hat{s}_{\overline{x}} = \dfrac{\hat{s}}{\sqrt{n}}$ 计算算术平均值标准差估计值 $\hat{s}_{\overline{x}}$。

⑥ 写出测量结果的大小,即 $A_0 = \overline{x} + 3\hat{s}_{\overline{x}}$,其中 $3\hat{s}_{\overline{x}}$ 为测量结果的不确定度。

习题 1

1-1　电子测量包括哪些内容?

1-2　按功能分常用的电子测量仪器有哪些?

1-3　电子测量的主要方法有哪些?

1-4　根据电子测量的性质和特点,测量误差可分为哪几种? 每种误差的特点是什么? 常采用什么方法减小该种误差?

1-5　对某振荡器的输出频率进行了 12 次等精度测量,结果(单位为 Hz)为

990.105	990.090	990.090	990.070	990.060	990.055
990.490	990.565	990.080	990.035	990.030	990.022

试求其平均值及其标准偏差。

1-6　将下列数字保留 3 位有效数字:

15.250	67.251	45.449	98.058	47.15	17.995	55.45	89.67

1-7　用某量程为 500 V 的电压表测量电压,在示值为 450 V 时实际值为 445 V,并且此次测量的绝对误差为该量程可能出现的最大误差,试确定该电压表的等级,并求出本次测量的:(1)绝对误差;(2)示值相对误差;(3)修正值。

1-8　被测电压的实际值在 10 V 左右,现有 150 V、0.5 级和 15 V、1.5 级两块电压表,请问选择哪块表测量更合适?

学习情境2 时域测量技术与仪器

作为电类专业的学生，无论是在今后的学习中，还是工作中，都可能遇到设计、检验、维修、安装与调试等问题。在解决这些问题时，可能需要检验电子元器件的性能与质量、验证电路的特性与指标、进行分析测试等工作。无论哪种工作，都需要分析问题，借助电子仪器测量元件参数、信号波形、信号幅度或信号频谱等，进而解决问题。没有电子测量这一步，其他都可谓是"纸上谈兵"。可见，电子测量是多么重要，而时域测量又是电子测量中比较基础、用得较多的测量。那么如何进行时域测量，又用什么仪器进行时域测量呢？本学习情境将借助项目2——救护车警笛电路的制作与测量，来探讨时域测量方法与时域测量仪器的问题。

项目2 救护车警笛电路的制作与测量

教学导航

本项目要求我们设计一个救护车警笛电路。首先需要查阅资料，分析救护车警笛信号的特点，然后根据已学知识设计电路，测试元件，安装连接电路，测量电路输出警笛信号，与标准信号比较，分析问题，多次、多点、多量测量，进而解决问题。在完成项目2的过程中，需要掌握以下知识，训练以下技能和职业素养，具体见表2-1。

表2-1

类　别	目　标
知识点	1. 555定时器的结构、工作原理及应用； 2. 电桥的结构、工作原理及使用； 3. 直流电压、电流的测试方法； 4. 峰值电压表、有效值电压表和均值电压表的原理及使用； 5. 数字电压表的性能指标及测量误差； 6. 模拟、数字示波器的原理及使用； 7. 电子计数器的原理及使用

类　　别	目　　标
技能点	1. 掌握一般电子元件的检测、安装焊接顺序及方法； 2. 掌握一般电子电路的调试方法； 3. 万用电桥的使用方法； 4. 直流电流表、直流电压表的使用方法； 5. 交流电流表、交流电压表的使用方法； 6. 指针、数字万用表的使用方法； 7. 示波器测量电压、频率、相位差及波形的方法； 8. 电子计数器测量周期、频率、频率比、时间间隔的方法
职业素养	1. 学生的沟通能力及团队协作精神； 2. 细心、耐心等学习工作习惯及态度； 3. 良好的职业道德； 4. 质量、成本、安全、环保意识

项目内容与评价

1. 项目电路原理

电路原理图如图 2-1 所示。

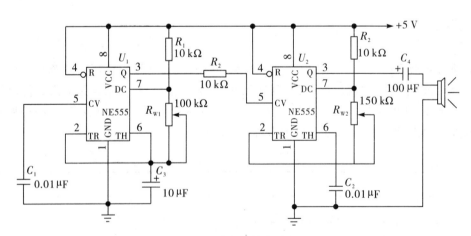

图 2-1　救护车警笛电路原理图

图中 U_1、U_2 都接成自激多谐振荡器的工作方式。其中 U_1 输出的方波信号通过 R_2 去控制 U_2 的 ⑤ 脚电平。当 U_1 输出高电平时，由 U_2 组成的多谐振荡器输出频率较低的一种音频；当 U_1 输出低电平时，由 U_2 组成的多谐振荡器输出频率较高的另一种音频。因此 U_2 的振荡频率被 U_1 输出的电压调制为两种音频频率，使喇叭发出"嘀、嘟、嘀、嘟 ……"的与救护车鸣笛相似的变音警笛声，改变 U_1 外围电路中电位器 R_{w1} 和电容 C_3 的值，可改变嘀、嘟声的间隔时间；改变 U_2 外围电路中电位器 R_{w2} 和电容 C_2 的值，可改变嘀、嘟声的音调。

改变第一级 555 电路中的电位器可改变嘀、嘟声的间隔时间，分别对应电容的充电时间和放电时间。

充电时间：

$$T_{WH} = 0.7(R_1 + R_{W1})C_3$$

放电时间：

$$T_{WL} = 0.7R_{W1}C_3$$

周期：

$$T = T_{WH} + T_{WL} = 0.7(R_1 + 2R_{W1})C_3$$

$$q = \frac{t_{WH}}{T} = \frac{R_1 + R_{W1}}{R_1 + 2R_{W1}} > 50\%$$

改变第二级 555 芯片 ⑤ 脚电压 U_C 可改变输出信号频率,第一级输出的高、低电平两种电压分别对应第二级输出的低音和高音,因两级之间的电阻不变,所以最终输出的两种频率不会改变,但若调节第二级中的电位器 R_{W2},则可改变充放电时间,进而改变第二级输出的低音和高音频率。

充电时间：

$$T_{WH} = (R_2 + R_{W2})C_2 \ln \frac{V_{CC} - 1/2U_C}{V_{CC} - U_C}$$

放电时间：

$$T_{WL} = 0.7R_{W2}C_2$$

周期：

$$T = T_{WH} + T_{WL}$$

从公式可以看出振荡频率 f 与控制电压 U_C 的关系为：$U_C \uparrow \to T \uparrow \to f \downarrow$,反之,$U_C \downarrow \to T \downarrow \to f \uparrow$,从而实现了用电压控制振荡器输出频率的目的。

2. 项目电路的制作与调试

1) 元器件的辨认、清点及检查

元器件清单如表 2-2 所示。

表 2-2　材料清单

名　　称	规格 / 型号	数　量
电容	0.01 μF	2 个
电容	100 μF	1 个
电容	10 μF	1 个
电位器	100 kΩ、150 kΩ	各 1 个
电阻	10 kΩ	3 个
集成电路	555	2 块
喇叭	8 Ω	1 个
万能板	6 cm × 9 cm	1 块

把电阻、电位器、普通电容、电解电容、二极管、喇叭和 555 定时器等元件的检测现象及结果记录下来。

2) 救护车警笛电路的装配与调试

首先装配第一级 555 电路,然后装配第二级 555 电路。如果想听起来效果更好,可以在第二级 555 电路后加一级功放电路。

3. 项目测试内容

将测试内容记录于表 2 - 3 中。

（1）电源正极与电路板正电源之间电流。

（2）测试 U_1、U_2 之间 R_5 中流过的电流。

（3）测试 $U_1$②、⑥ 脚波形、电压。

（4）测试 $U_2$②、⑥ 脚波形、电压。

（5）测试 U_1、$U_2$③ 脚波形、电压，并比较电压峰峰值与有效值之间的关系，同时在示波器上显示两波形，理解 555⑤ 脚电压控制的作用。

4. 编写实训报告

（1）班级、姓名、学号、同组人（两人一组）、地点、时间。

（2）项目名称、目的、要求。

（3）设备、仪器、材料和工具。

（4）实训单元电路原理分析。

（5）方法及步骤。

（6）数据记录及处理、结果分析。

（7）心得体会。

表 2 - 3　救护车警笛电路测试内容

测试内容　　测试模块		⑥ 脚 波形	③ 脚					⑤ 脚
			波形	有效值	平均值	频率	时间	电压
第一级 555	调节 $R_{W1}=$						输出高电平持续时间：_____	高电平对应电压：_____
							输出低电平持续时间：_____	低电平对应电压：_____
	调节 $R_{W2}=$						输出高电平持续时间：_____	高电平对应电压：_____
							输出低电平持续时间：_____	低电平对应电压：_____
第二级 555	调节 $R_{W2}=$						输出高电平持续时间：_____	高电平对应电压：_____
							输出低电平持续时间：_____	低电平对应电压：_____
	调节 $R_{W2}=$						输出高电平持续时间：_____	高电平对应电压：_____
							输出低电平持续时间：_____	低电平对应电压：_____

5. 任务评价

任务评价详见表 2-4。

表 2-4　任务评价

序号	考评点	分值	考核方式	评价标准		
				优秀	良好	及格
一	根据材料清单识别元器件,识读电路图	35	教师评价(50%)+互评(50%)	能正确识别电阻、电容、各个集成电路等元器件;熟练识读原理图;指导他人识别元器件和识读电路图	能基本正确识别电阻、电容、各个集成电路等元器件;识读原理图	识别部分电阻、电容、各个集成电路等元器件;基本读懂原理图
二	能够正确使用电压表、电流表、万用电桥、频率计、示波器、电子计数器等仪器测试、调试电路;掌握电子电路的装配方法,完成实际操作	35	教师评价(50%)+互评(50%)	熟练正确装配和调试救护车警笛电路;按时完成相应测试内容;线路美观、规范,电路性能稳定;仪器使用熟练、规范,数据处理正确;能指导他人完成实践操作	正确装配和调试救护车警笛电路;完成测试内容;线路基本美观、规范,电路性能稳定;会使用仪器,数据处理正确	基本能够装配与调试出各部分电路;完成测试任务
三	项目总结报告	10	教师评价(100%)	格式符合标准,内容完整,有详细过程记录和分析,并能提出一些新的建议	格式符合标准,内容完整,有一定过程记录和分析	格式符合标准,内容较完整,有一定过程记录和分析
四	职业素养	20	教师评价(30%)+自评(20%)+互评(50%)	安全、文明工作,具有良好的职业操守;学习积极性高,虚心好学;具有良好的团队合作精神;思路清晰、有条理,能圆满回答教师与同学提出的问题	安全、文明工作,职业操守较好;学习积极性较高;具有较好的团队合作精神,能帮助小组其他成员;能部分回答教师与同学提出的问题	没有出现违纪违规现象;没有厌学现象,能基本跟上学习进度;无重大失误;不能回答提问

背景知识

2.1 电压和电流测量技术与仪器

电压、电流、功率是表征电信号能量大小的三个基本参量。在电子电路中,只要测量出其中一个参量就可以根据电路的阻抗求出其他两个参量。在实际测量中,考虑到测量的方便性、安全性、准确性等因素,几乎都用测量电压的方法来测定表征电信号能量大小的三个基本参量。但是电流的测量,特别是直流电流的测量是电压测量的基础,因此,本节对电压和电流的测量原理、方法与工具做较为具体的介绍和分析,对功率的测量做简要介绍。

2.1.1 电压和电流测量的基本要求与方法

1. 电压和电流测量对仪器的要求

电子电路中的电压和电流具有频率范围宽、幅度差别大、波形多样化等特点,所以对电压和电流的测量仪表也提出了相应的要求,主要包括以下几项:

1) 频率范围广

被测信号的频率可以从0到几百 MHz 甚至几 GHz 范围内变化,这就要求测量仪表的频带要足够宽。

2) 测量范围宽

通常被测信号电压小到 μV 级,大到 kV 级及以上,电流也从小到 μA 级,大到 kA 级。这就要求测量仪表的量程要足够宽。

3) 电压表输入阻抗高,电流表内阻小

电压测量仪表的输入阻抗是被测电路的附加并联负载,为了减小电压表对测量结果及被测电路的影响,要求电压表的输入阻抗很高,输入电容小。而电流测量仪表的输入阻抗是被测电路的附加串联负载,所以要求电流表内阻要小。

4) 测量精度高

一般的工程测量,如市电、电路电源的测量不要求高的精度。但对一些特殊的测量却要求有较高的精度,如对 A/D 变换器的基准电压的测量。在直流测量中,各种分布性参量的影响极小,因此,直流电压的测量可获得最高的准确度,数字电压表可达 10^{-6} 量级。至于交流电压,一般需 A/D 转换,而且当测量高频时,分布性参量的影响不容忽视,再加上波形误差,故数字电压表交流电压的测量准确度较低,目前也只能达 10^{-4} 量级。

5) 抗干扰能力强

现场测试中,一般都存在较大的干扰,所以要求测量仪表具有较强的抗干扰能力。特别是高灵敏度、高精度的仪表更要具备很强的抗干扰能力,否则会引入明显的测量误差。

2. 直流电流的测量

在考察直流电源的状态及电子电路的电能消耗时,往往需要对直流电流进行测量。

直流电流测量是一种最基本的测量。它是让直流电流经过一种叫直流表的电磁装置或电子装置,在这些装置上以指针的偏转角度或数字的大小表示出被测量电流的大小。

可以用来测量直流电流的仪表很多,最常用的有模拟及数字直流电流表、模拟及数字万用表等。

1) 模拟直流电流表的工作原理

直流电流表多数为磁电式仪表,磁电式仪表一般由可动线圈、游丝和永久磁铁组成。线圈框架的转轴上固定一个读数指针,当线圈流过电流时,在磁场的作用下,可动线圈发生偏转,带动上面固定的读数指针偏转,偏转的角度与通过可动线圈的电流成正比。

以上磁电式直流电流表通常称为表头,能允许通过的电流是有限的,一般最大不超过 $200 \sim 300$ mA,通常是不大于 $20 \sim 50$ mA,例如 MF47 型万用表的表头所允许的最大电流为 46.2 μA。测量较大电流时,需要与表头并联一个分流电阻,这样被测电流的一部分或大部分将通过分流电阻,而只有一小部分电流流过表头。

模拟直流电流表具有不需要电池驱动、显示稳定等优点,但也存在非线性误差大、容易损坏等缺点。

2) 数字万用表测量直流电流的原理

数字万用表是用电子技术来检测直流电流的。通常在直流电流挡,对外电路来说数字万用表仅相当于一个取样电阻 R_N(不同量程 R_N 的值不同),测量时 R_N 上有电压信号 $U_i = IR_N$。

其测量过程如图 2-2 所示。

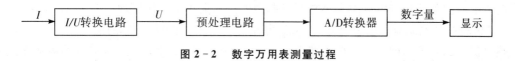

图 2-2　数字万用表测量过程

被测电流经 I/U 转换电路转换成直流电压信号,该直流电压信号经预处理电路放大处理到合适的电平后送给 A/D 转换器进行转化,在微处理器的控制下,对数据经过推演求得对应被测电流的值,然后在液晶或数码管上显示出来。数字万用表具有体积小、分辨率高、易于维护等优点。

3. 交流电流的测量

交流电流的测量分为低频测量和高频测量。低频测量通常是指被测信号频率在几千赫兹以下的测量,用得最多的是工频电流的测量。其特点是测量的电流值较大,可达几十到数千安。对于高频电流,除了少数功率电路外,在电子技术领域,一般线路中要测量的高频电流都不会太大。

目前,交流电流的测量仪器有模拟交流电流表和数字交流电流表。模拟交流电流表有磁电式电流表和电磁式电流表等。数字交流电流表主要是通过交直流转换电路,将被测的交流信号转变为直流电压,再用数字直流电压表进行测量。

1) 低频交流电流的测量原理和方法

对于工频和低频交流电流的测量,其方法是将采样信号进行整流,转换为直流电流再进行测量。

常用的整流电路有半波整流和全波整流,如图 2-3 所示。

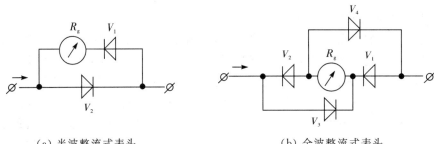

（a）半波整流式表头　　　　　　（b）全波整流式表头

图 2-3　整流式表头原理图

2）高频交流电流的测量原理和方法

从理论上来说，参照低频电流测量的模式，精心挑选高频特性好的检波二极管和电容器，实现高频电流的检测是完全可行的。但是，由于在高频情况下，元件的特性是以分布参数的形式表现的，分布电感和分布电容均不可忽略，想通过类似于低频电流测量的方式进行准确测量，几乎是不可能的。

高频电流的测量，特别是在频率特别高的情况下，可以采用热电偶表来测量。这种方法的依据是：在高频电流流过的导体附近的闭合线路内有直流电流产生。因此，可以测量与高频电流密切相关的直流电流的大小来测量高频电流的大小。具体原理如图 2-4 所示。

AB 是高频电流流过的金属导体，由于电流的热效应，使 AB 导体的温度上升。DCE 是一热电偶，在 D、E 之间接有一磁电式电流表，C 点焊接在 AB 上。当 AB 导线因电流流过而温度上升时，C 点温度也上升。因为 CD 和 CE 是由两种热电特性不同的材料制成的导体，所以 D、E 两点温度并不相同，在 D、E 之间便产生了由于温差的存在而产生的热电动势（热电偶产生电动势与热电偶两端的温度差成正比），进而产生热电流，使电流表 G 的指针发生偏转，间接地指示了导体 AB 中流过的电流。

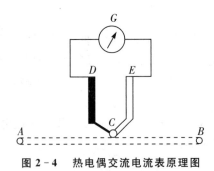

图 2-4　热电偶交流电流表原理图

4. 直流电压的测量

一般来说，直流电压的测量是将直流电压表直接跨接在被测电压的两端，由直流电压表读出被测电压的值。因此，电压测量是一种最简便的电参数测量。从原理上说，直流电压测量是在直流电流测量的基础上加以扩展而来的。通常与表头串联分压电阻，选择适当的分压电阻，对应标出相应电压刻度，即可组成直流电压表。

5. 交流电压的测量

交流电压的测量与直流电压的测量类似，不同点是交流电压测量要将交流整流成直流后再进行测量。

交流电压测量仪表可分为模拟式和数字式两种,模拟式电压测量仪表一般用磁电式电流表作指示器,并在电流表表盘上以电压或 dB 刻度。结构简单,价格低廉,特别是在测高频电压时准确度不低于数字表。模拟式电压测量仪表按检波器的位置又可分为放大 — 检波式、检波 — 放大式和外差式,按检波器的类型又可分为峰值电压表、均值电压表和有效值电压表。数字式电压测量仪表首先通过模 / 数转换器将模拟量转换成数字量,然后用电子计数器计数,并以十进制数字显示被测电压值,读数方便。

1)峰值电压表

交流电压的峰值是指交流电压在一个周期内(或一段时间内)以零电平为参考基准的最大瞬时值,记为 U_P,分为正峰值 U_{P+} 和负峰值 U_{P-},经常用来表征交流电压的还有峰峰值 U_{P-P} 和振幅 U_m,其中峰峰值为正峰值和负峰值之差,即 $U_{P+} - U_{P-}$,振幅是以信号中直流分量为参考的最大电压幅值,如图 2-5 所示。

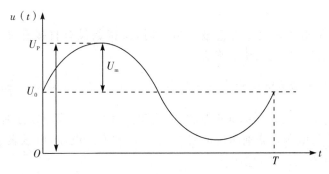

图 2-5 交流电压的峰值与振幅

(1)组成与特点

峰值电压表采用峰值检波器,组成形式一般如图 2-6 所示,为检波 — 放大式。即被测交流电压先检波后放大,然后驱动直流电流表。

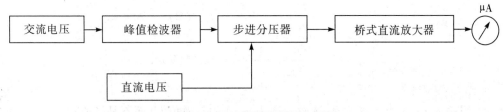

图 2-6 峰值电压表组成框图

在峰值电压表中,一般采用二极管峰值检波器,即检波器是峰值响应的。由于采用桥式直流放大器,故增益不高,灵敏度低,测量电压的上限取决于二极管的反向击穿电压,若采用测量用的真空二极管,约为 100 V;其工作频率取决于检波二极管的高频特性,一般可达几百兆赫。

为了提高灵敏度,目前普遍采用斩波式直流放大器,解决了直流放大器增益与零漂之间的矛盾,它利用斩波器把直流电压变换成交流电压,用交流放大器放大,然后再把放大的交流大电压恢复成直流电压,故亦叫直 — 交 — 直放大器。斩波式直流放大器增益可以做得很高,噪声和零漂都很小,所以用它做成的检波 — 放大式电压表,其灵敏度可高达几十 μV。其结构如图 2-7 所示。

图 2-7 采用斩波式直流放大器的峰值电压表组成框图

（2）刻度特性

峰值电压表的表头偏转正比于被测电压(任意波形)的峰值,但是,除特殊需要外(如脉冲电压表),峰值电压表是按正弦波有效值来刻度的,即

$$\alpha = U_\sim = \frac{U_P}{K_{P\sim}}$$

其中,α 为电压表读数,$U_\sim$ 为正弦电压有效值,$K_{P\sim}$ 为正弦波波峰因数,U_P 为被测电压峰值。

因此,当用峰值电压表测量任意波形电压时,其读数没有直接意义,只有把读数乘以 $K_{P\sim} = 1.414$,才能得到被测电压的峰值。

注   波峰因数为交流电压峰值与有效值之比,用 K_P 表示,即 $K_P = \dfrac{U_P}{U}$,表征同一个信号的峰值与有效值之间的关系。标准正弦波、方波和三角波的波峰因数分别为 $\sqrt{2}$、1、$\sqrt{3}$。

例 2.1   用峰值电压表分别测量正弦波、三角波和方波电压,电压表示值均为 10 V,问三种波形的峰值和有效值各为多少?

解   正弦波的有效值即为电压表读数,即

$$U_\sim = \alpha = 10(V)$$

所以,三种波形电压的峰值均为

$$U_P = \sqrt{2}\,\alpha = \sqrt{2} \times 10 = 14.14(V)$$

三角波、方波的有效值分别为

$$U_\triangle = \frac{U_{P\triangle}}{K_{P\triangle}} = \frac{14.14}{\sqrt{3}} = 8.17(V)$$

$$U_\square = \frac{U_{P\square}}{K_{P\square}} = \frac{14.14}{1} = 14.14(V)$$

总结:

① 当输入 $u(t)$ 为正弦波时,读数 α 即为 $u(t)$ 的有效值 U(而不是峰值 U_P)。

② 对于非正弦波的任意波形,读数 α 没有直接意义,既不等于其峰值 U_P,也不等于其有效值 U,但可由读数 α 换算出峰值 $U_{P任意} = U_{P\sim} = \sqrt{2}\,\alpha$ 和有效值。

2) 均值电压表

数学上定义平均值为 $\overline{U} = \dfrac{1}{T}\displaystyle\int_0^T u(t)\mathrm{d}t$,简称均值,是指波形中的直流成分,所以纯正弦交流电压在一个周期内的平均值为零。例如:$u_1(t) = \sin\omega t(V)$,$\overline{U_1} = 0(V)$;$u_2(t) = \cos\omega t(V)$,$\overline{U_2} = 0(V)$;$u_3(t) = U_0 + \sin\omega t(V)$,$\overline{U_3} = U_0(V)$;$u_4(t) = U_0 + \cos\omega t(V)$,$\overline{U_4} = U_0(V)$。

由此可见,不同信号的平均值有可能相同,数学上所定义的平均值并不能唯一说明信号的特征。

交流电压测量中,平均值通常指经过全波或半波整流后的电压波形平均值。交流电压经半波整流后在一个周期内的平均值称为半波平均值;交流电压经全波整流后在一个周期内的平均值称为全波平均值。

(1) 组成与特点

均值电压表采用均值检波器,一般为放大 — 检波式电子电压表,先放大后检波,如图2-8所示,检波器对被测电压的平均值产生响应,常采用二极管全波或桥式整流电路作为检波器。一般所谓的"宽频毫伏表"基本上属于这种类型。它的频率范围受宽带放大器带宽的限制,灵敏度受放大器内部噪声的限制,一般可做到 mV 级。频率范围为 20 Hz ~ 10 MHz,故又称"视频毫伏表"。

图 2 - 8　均值电压表组成框图

(2) 刻度特性

均值电压表的表头偏转正比于被测电压的平均值,虽然是均值响应,但仍以正弦波有效值刻度,即

$$\alpha = U_{\sim} = K_{F\sim}\overline{U} = 1.11\overline{U}$$

其中,电压 α 为电压表读数,$U_{\sim}$ 为正弦电压有效值,$K_{F\sim}$ 为正弦波波形因数,$\overline{U}$ 为被测电压平均值。

因此,当用均值电压表测量任意波形电压时,其读数没有直接意义,只有把读数除以 $K_{F\sim} = 1.11$,才能得到被测电压的平均值。

注　波形因数为交流电压的有效值与平均值之比,用 K_F 表示,即 $K_F = \dfrac{U}{\overline{U}}$,表征同一个信号的有效值与平均值之间的关系。标准正弦波、方波和三角波的波形因数分别为 1.11、1、1.15。

例 2.2　用均值电压表分别测量正弦波、三角波和方波电压,电压表读数均为 10 V,请问三种波形的有效值、平均值和峰值各为多少?

解　正弦波的有效值即为电压表读数,即 $U_{\sim} = \alpha = 10(\text{V})$,所以,三种波形电压的平均值均为

$$\overline{U} = \frac{\alpha}{K_{F\sim}} = \frac{10}{1.11} = 9(\text{V})$$

对于正弦波:

$$U_{\sim} = \alpha = 10(\text{V}),\quad \overline{U}_{\sim} = 9(\text{V}),\quad U_{P\sim} = \sqrt{2}\,\alpha = \sqrt{2} \times 10 = 14.14(\text{V})$$

对于三角波:

$$\overline{U}_{\triangle} = 9(\text{V})$$

$$U_{\triangle} = K_{F\triangle}\overline{U}_{\triangle} = 1.15 \times 9 \approx 10.4(\text{V})$$

$$U_{P\triangle} = K_{P\triangle} \times U_{\triangle} = \sqrt{3} \times 10.4 \approx 18(\text{V})$$

对于方波：

$$\overline{U}_\square = 9(\mathrm{V})，\quad U_\square = K_{\mathrm{F}\square}\overline{U}_\square = 1 \times 9 = 9(\mathrm{V})，\quad U_{\mathrm{P}\square} = K_{\mathrm{P}\square} \times U_\square = 1 \times 9 = 9(\mathrm{V})$$

总结：

① 当输入 $u(t)$ 为正弦波时，读数 α 即为 $u(t)$ 的有效值 U（而不是平均值 $\overline{U}$）。

② 对于非正弦波的任意波形，读数 α 没有直接意义，既不等于其平均值 $\overline{U}$ 也不等于其有效值 U，但可由读数 α 换算出其平均值 $\overline{U}_{任意} = \overline{U}_\sim = \dfrac{\alpha}{1.11} = 0.9\alpha$、有效值和峰值。

3）有效值电压表

数学定义交流电压的有效值为均方根值，即 $U = \sqrt{\dfrac{1}{T}\displaystyle\int_0^T u^2(t)\mathrm{d}t}$，根据这一定义，可采用多种方案设计出有效值电压表。

（1）组成与特点

有效值电压表采用有效值检波器。有效值检波器输出对应被测信号的有效值，考虑有效值的定义，为方便起见，也可使检波器的输出对应被测信号有效值的平方，即 $U_\circ(t) \propto U_x^2$。可以有以下三种方案：

① 利用二极管伏安特性曲线的起始部分实现检波。二极管的正向特性曲线只有起始部分一小段接近平方律特性，动态范围很窄。如果采用分段逼近法人为地制造一条用折线逼近的平方律曲线，可以大大地扩展有效值检波器的动态范围。但必须用较多的元件，电路复杂。

② 利用热电偶输入输出关系实现检波。根据热电现象和热电偶原理，利用热电偶的热电变换功能可以将被测交流电压的有效值转换成直流电流，而且该电流正比于热电动势。因为热端温度正比于被测电压有效值 U_x 的平方，热电动势正比于热、冷端的温度差，因而通过电流表的电流 I 将正比于 U_x^2，也即实现了被测交流电压有效值到热电偶电路中直流电流之间的变换，从而实现有效值检波。热电转换式有效值电压表中，宽带放大器的增益和带宽直接影响电压表的灵敏度和工作频率范围，表头刻度线性，基本没有波形误差，主要缺点是有热惯性，使用时需等指针偏转稳定后才能读数，而且过载能力差，容易烧坏。

③ 利用模拟运算集成电路实现检波。交流电压的有效值即为均方根值，根据这一概念，利用模拟电路对信号进行平方、积分、开方和比例运算即可得到测量结果。图 2-9 为其运算过程。目前，市场上有很多真有效值交直流转换器，即是采用这种方法实现交流电压到有效值的转换，如集成电路 AD637、AD737 等，使用起来非常方便。

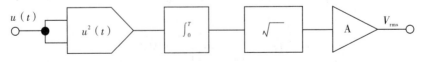

图 2-9　模拟运算电路实现有效值检波的过程

（2）刻度特性和波形误差

有效值电压表以正弦波有效值刻度，当测量非正弦信号时，理论上不会产生波形误差，因为一个非正弦波可分解成基波和一系列谐波。因此，无论被测交流电压为哪种波形，有效值均可直接读出而无需换算。

实际上，利用有效值电压表测量非正弦波时，也可能产生误差，原因有二：① 受电压表线性工作范围的限制,当测量波峰因数大的非正弦波时,有可能削波,从而使一部分谐波得不到响应。② 受电压表带宽限制,使一部分频率的谐波受损。

4) 数字电压表

数字电压表(DVM)是采用模/数转换原理,将被测模拟电压转换成数字量,并将转换结果以数字形式显示出来的一种电子测量仪器。它量程范围宽,精度高,测量速度快,有的还能与其他存储设备、打印设备相连接,输入阻抗高,一般可达 10 MΩ 左右。目前数字电压表已经广泛应用于电压的测量、仪表的校准和自动化测量中。

(1) 数字电压表的分类

按用途可分为直流数字电压表、交流数字电压表和数字万用表;按 A/D 转换原理可分为比较式数字电压表、积分式数字电压表和复合式数字电压表。

比较型数字电压表将被测电压与已知的基准电压进行比较,从而将被测电压转换成数字量,典型的是具有闭环反馈系统的逐次比较式数字电压表。此类电压表一般测量精度高、速度快,但抗干扰能力较差。

积分型数字电压表利用积分原理将被测电压首先转换成时间或频率,然后再转换成数字量。此类数字电压表抗干扰能力强,但测量速度较慢。

复合型数字电压表将比较型和积分型数字电压表结合起来,取两者之优点,综合运用。此类数字电压表成本较高,多用于高精度测量的场合。

(2) 数字电压表的主要技术性能

① 量程

量程表示电压表所能测量的最小和最大电压的范围。数字电压表的量程以其基本量程为基础,再和输入通道中的步进衰减器及输入放大器适当配合向两端扩展来实现。量程转换有手动和自动两种。例如,某数字电压表基本量程为 10 V,可扩展出 0.1 V、1 V、100 V、1000 V 四个量程,共 5 挡量程。

② 显示位数

数字电压表的显示有完整显示位和非完整显示位。完整显示位是指能够显示 0～9 十个数码的那些位,非完整显示位是指只能显示 0 和 1 两个数码(称为 1/2 位或半位)和只能显示 0～5 六个数码(称为 3/4 位)的那些位,非完整显示位一般在最高位上。数字电压表的显示位数是指完整显示位的位数。例如,最大显示位 9999 和 19999 的数字电压表都为四位数字电压表,但为了区分起见,也常把最大显示为 19999 的数字电压表称为 $4\frac{1}{2}$ 位数字电压表。

③ 超量程能力

超量程能力是指数字电压表所能测量的最大电压超过其量程值的能力。它是数字电压表的一个重要指标。数字电压表有无超量程能力要根据它的量程分挡情况和能够显示的最大数字情况决定。超量程能力可按公式"[(能测量的最大电压－量程值)/量程值]×100%"进行计算。

显示位数全是完整显示位的数字电压表没有超量程能力。带有 1/2 位的数字电压表,如果按 2 V、20 V、200 V 等分挡,也没有超量程能力。

带有 1/2 位并以 1 V、10 V、100 V 分挡的数字电压表,具有 100% 的超量程能力。如 $4\frac{1}{2}$

位数字电压表,在 10 V 量程上最大能够显示 19.999 V 的电压,允许有 100% 的超量程。

带有 3/4 位的数字电压表,如果按 5 V、50 V、500 V 分挡,则允许有 20% 的超量程。如 $4\frac{3}{4}$ 位数字电压表,在 5 V 量程上最大能够显示 5.9999 V 的电压,有 20% 的超量程能力。

④ 分辨力(灵敏度)

分辨力是指数字电压表所能显示被测电压最小变化值的能力,即显示器最末位读数跳一个单位所需要的最小电压变化值。显然,在不同的量程上分辨力是不同的。在最小的量程上分辨力最高。通常把一台数字电压表的最高分辨力作为这台数字电压表的分辨力指标。例如,3 位半的 DVM,在 200 mV 最小量程上,可以测量的最大输入电压为 199.9 mV,其分辨力为 0.1 mV(即当输入电压变化 0.1 mV 时,显示器的末位数字将变化"1 个字")。

⑤ 测量速率

测量速率是指在单位时间内以规定的准确度完成的最大测量次数,例如,每秒几次或几十次或更高。它主要取决于电压表内部 A/D 转换器的转换速度。

⑥ 输入阻抗

输入阻抗取决于电压表输入电路,并与量程有关。输入阻抗越大越好,否则将影响测量精度。数字电压表输入阻抗一般不小于 10 MΩ,高精度的数字电压表输入阻抗可大于 1000 MΩ,通常在基本量程上有最大的输入阻抗。

⑦ 抗干扰能力

按干扰作用在输入端的方式可分为串模干扰和共模干扰,一般数字电压表串模干扰抑制比可达 50 ~ 90 dB,共模干扰抑制比可达 80 ~ 150 dB。

⑧ 测量误差

数字电压表的技术指标中常常给出固有误差和工作误差,有时还给出影响误差和稳定误差。其中:

工作误差是指在额定条件下的误差,以绝对值形式给出。

固有误差是指在基准条件下测定的误差,常以 $\Delta U = \pm(\alpha\% \cdot U_x + \beta\% \cdot U_m)$ 的形式给出。式中 U_x 为被测电压的读数;U_m 为量程的满度值;α 为误差的相对项系数,$\alpha\% \cdot U_x$ 为读数误差,随被测电压的变化而变化,与仪器各单元电路的不稳定性有关;β 为误差的固定项系数,$\beta\% \cdot U_m$ 为满度误差,对于给定的量程,$\beta\% \cdot U_m$ 是不变的。有时满度误差又用与之相当的末位数字的跳变个数来表示,记为 $\pm n$ 个字,即在该量程上末位跳 n 个单位时的电压值恰好等于 $\beta\% \cdot U_m$。

例 2.3 现有三种数字电压表,其最大计数容量分别为:(1) 999;(2) 1999;(3) 5999。请问它们各属于几位表? 有无超量程能力,如有则各为多少? 第二种电压表在 200 mV 量程上的分辨力是多少?

解 (1) 它们分别为 3 位表、$3\frac{1}{2}$ 位表、$3\frac{3}{4}$ 位表。

(2) 第一种表为完整显示位数的数字电压表,无超量程能力。

第二种表具有半位。在 1 V、10 V、100 V 等量程上具有 100% 的超量程能力;在 2 V、20 V、200 V 等量程上无超量程能力。

第三种表具有 $\frac{3}{4}$ 位。在 5 V、50 V、500 V 等量程上,最大测量电压为 5.999 V、59.999 V、

599.99 V,具有 20% 的超量程能力。

（3）第二种电压表在 200 mV 量程上,最大测量电压为 199.9 mV,则分辨力为 0.1 mV。

6. 电压和电流测量的注意事项

① 在进行测量前首先应认清被测信号及测量参数,确定正确的测量挡位。

② 选择合适的量程,在接入被测信号前应先估计被测信号的大小,如果被测信号的大小无法估计,则应选择最高量程,测试时如果指示值太小,再降低量程,最后在合适的量程上记下读数。

③ 选择正确的极性,正确地接线,即仪表的正极接被测电路的高电位端,仪表的负极接被测电路的低电位端。在接线时应先接好低端,在拆线时应后拆低端。

④ 在测量电压时,应将电压表并联于被测电路的两端。为了保证测量精度,应尽量少地吸收被测电路的功率。在其他条件相同的条件下,应尽量选择输入电阻大的电压表。在测量高频电压时,应尽量选择输入电容小的电压表。

⑤ 在测量电流时,应将电流表串联接入被测电路中,而且要注意量程和极性。为了保证足够的测量精度,在其他条件相同的情况下,应尽量选择内阻小的电流表。

⑥ 电流测量要求断开被测电路,串联接入电流表,这样很不方便,也比较危险。所以,操作要细心,最好是电流表连接好后再通电测量。这时,也可以选择间接测量法,先测电压,然后计算电流。

⑦ 测量仪表应尽量避免干扰,要求测试环境也尽量避免受到电磁干扰。同时,应使测试连线尽量短一些,以减小输入回路的分布参数。

⑧ 测量仪表应使用正确的电源,按要求连接地线。测量时还要正确放置仪表。

⑨ 在使用按钮或转换开关时不要用力过猛,以防损坏部件。

2.1.2　交流毫伏表

交流毫伏表是一种用来测量正弦交流电压有效值的常用仪表,它具有较高的灵敏度和较大的输入阻抗,测量范围远远超过同样可测量交流电压的万用表。

下面分别以 YB2172 型交流毫伏表和 SM2050A 型交流毫伏表为例来介绍指针式交流毫伏表和数字式交流毫伏表的主要技术指标和使用方法。

1. YB2172 型指针交流毫伏表

YB2172 型交流毫伏表轻盈小巧、造型美观、使用方便,采用先进数码开关代替传统衰减开关,使其轻捷耐用,永不错位、打滑;采用发光二极管清晰指示量程和状态;采用了超 β 低噪声晶体管,以及屏蔽隔离工艺,提高了线性和小信号测量精度。主要用于测量正弦波电压有效值,输入阻抗高,换量程不用调零,测量精度高,频率特性好。

1) 主要技术指标

① 测量电压范围:$100\ \mu V \sim 300\ V$。

仪器共分 12 挡量程:1 mV、3 mV、10 mV、30 mV、100 mV、300 mV 和 1 V、3 V、10 V、30 V、100 V、300V。

dB 量程也分 12 挡:−60 dB、−50 dB、−40 dB、−30 dB、−20 dB、−10 dB 和 0 dB、+10 dB、+20 dB、+30 dB、+40 dB、+50 dB。

采用两种 dB 电压刻度值:正弦波有效值 1 V＝0 dB 值和 1 mW＝0 dBm 值。

② 基准条件下电压的固有误差:≤满刻度的 ±3%(以 1 kHz 为基准)。

③ 测量电压的频率范围:5 Hz～2 MHz。

④ 基准条件下频率影响误差(以 1 kHz 为基准):

20 Hz～200 kHz $\qquad$ ≤±3%

5 Hz～20 Hz 200 kHz～2 MHz: ≤±10%

⑤ 输入阻抗:输入电阻 ≥ 10 MΩ。

⑥ 输入电容:输入电容 ≤ 45 pF。

⑦ 最大输入电压(DC＋AC_{p-p}):在 1 mV～1 V 量程时为 300 V,在 3 V～300 V 量程时为 500 V。

⑧ 噪声:输入短路时小于 2%(满刻度)。

⑨ 输出电压(以 1 kHz 为基准,无负载):1Vrms±10%。(在每一个量程上,当指针指示满度"1.0 V"位置时。)

⑩ 输出电压频响:10 Hz～200 kHz,≤±3%(以 1 kHz 为基准,无负载)。

⑪ 输出电阻:600 Ω,允差±20%。

⑫ 电源电压:AC 220 V±10%,50 Hz±4%。

2) 面板介绍

YB2172 型交流毫伏表面板如图 2-10 所示。

① 显示窗口:表头指示输入信号的幅度。

② 机械零点调节:开机前,如表头指针不在机械零点处,请用小一字起调节机械零调节螺丝,使指针置于零。

③ 电源开关:电源开关按键按下为"开",弹起为"关"。

④ 量程指示:指示灯显示仪器所处的量程和状态。

⑤ 输入(INPUT)端口:输入信号由此端口输入。

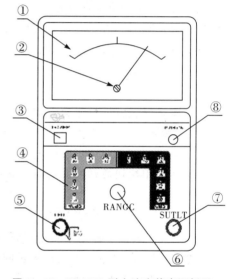

图 2-10 YB2172 型交流毫伏表面板图

⑥ 量程旋钮:开机后,在输入信号前,应将量程调至最大处,即量程指示灯"300 V"处亮;然后,将输入信号送至输入端口,调节量程旋钮,使表头指针正确显示输入信号的电压值。

⑦ 输出(OUTPUT)端口:输出信号由此端口输出。

⑧ 电源指示灯:当电源开关被按入即电源被接通时,此指示灯应当亮。

3) 使用方法

① 检查交流毫伏表指针是否在机械零点。

② 打开电源开关前,首先检查输入的电源电压,220 V,50 Hz。

③ 确保保险丝型号,0.5 A。

④ 电源线接入后,按电源开关以接通电源,并预热 5 分钟。

⑤ 输入信号前,将量程旋钮调至最大量程处(在最大量程处时,量程指示灯"300 V"应亮)。

⑥ 注意输入电压不能大于最大输入电压 300 V,将输入信号由输入端口(INPUT)送入交流毫伏表,送入时注意先接探头接地端,然后接信号端。

⑦ 调节量程旋钮,使表头指针位置在大于或等于满刻度 30% 又小于满刻度值时读出示值,在结束测量时注意先把量程换回最大量程,然后拆除信号端,最后拆除接地端。

⑧ dB 量程的使用。

表头有两种刻度:1 V 作 0 dB 的 dB 刻度值和 0.775 V 作 0 dBm(1 mW/600 Ω)的 dBm 刻度值。

dB 原是功率的比值,然而,其他值(例如电压的比值或电流的比值)的对数,也可以称为"dB"。例如,一个输入电压,幅度为 300 mV,其输出电压为 3 V 时,其放大倍数是:3 V/300 mV = 10 倍,可以用 dB 表示如下:放大倍数 = 20lg(3 V/300 mV) = 20 dB。

dBm 是 dB(mW)的缩写,它表示功率与 1 mW 的比值,通常"dBm"暗指一个 600 Ω 的阻抗在加 0.775 V 电压时所产生的功率,因此"dBm"可被认为:0 dBm = 1 mW 或 0.775 V 或 1.291 mA。

功率或电压的电平由表面读出的刻度值与量程开关所在的位置相加而定。例如:

刻度值	量程	电平
(−1 dB)	+(+20 dB)	= +19 dB
(+2 dB)	+(+10 dB)	= +12 dB
(+2 dBm)	+(+20 dBm)	= +22 dBm

2. SM2050A 型数字交流毫伏表

SM2050A 型数字交流毫伏表是新一代智能化仪表,内部带有微处理器。具有两个独立的输入通道,能同时显示两个通道的测量结果,也能以两种不同的单位显示同一个通道的测量结果;具有量程自动／手动转换功能;能以有效值、峰峰值、电压电平、功率电平等多种测量单位显示测量结果;能同时显示量程转换方式、量程、单位等多种操作信息;显示清晰、直观,操作简单、方便;测量地和大地可以悬浮也可以连接,使用安全;具备 RS - 232 通信功能。

1) 主要技术指标

(1) 量程

3 mV、30 mV、300 mV、3 V、30 V、300 V。

(2) 频率范围

5 Hz ～ 5 MHz。

(3) 测量范围

交流电压:50 μV ～ 300 V。

dBV:−86 dBV ～ 50 dBV(0 dBV = 1 V)。

dBm:−83 dBm ～ 52 dBm(0 dBm = 1 mW/600 Ω)。

Vpp:140 μV ～ 850 V。

(4) 电压分辨力

量程	四位半显示
3 mV	0.0001 mV
30 mV	0.001 mV
300 mV	0.01 mV
3 V	0.0001 V
30 V	0.001 V

　　　　　　　　300 V　　　　　　　　　　　　　　0.01 V

（5）最大不损坏输入电压

　　量程　　　　　　　　　最大输入电压

　　3 V～300 V　　　　　　350 Vrms(5 Hz～5 MHz)

　　3 mV～300 mV　　　　　350 Vrms(5 Hz～1 kHz),35 Vrms(1 kHz～10 kHz)

　　　　　　　　　　　　　10 Vrms(10 kHz～5 MHz)

（6）电压测量误差(23±50 ℃)

±2.5% 读数±0.8% 量程(5 Hz～100 Hz)。

±1.5% 读数±0.5% 量程(100 Hz～500 kHz)。

±2% 读数±1% 量程(500 kHz～2 MHz)。

±3% 读数±1% 量程(2 MHz～3 MHz)。

±4% 读数±2% 量程(3 MHz～5 MHz)。

2）面板介绍

SM2050A 型数字交流毫伏表面板如图 2-11 所示。面板的每个键上都有指示灯,用以指示当前状态。

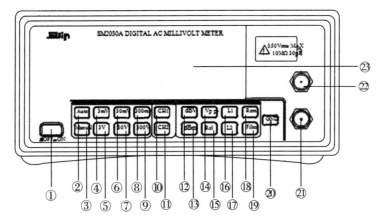

图 2-11　SM2050A 型数字交流毫伏表面板图

①【ON/OFF】键:电源开关。

②～③【Auto】键、【Manual】键:选择改变量程的方法,两键互锁。按下【Auto】键,切换到自动选择量程。此时,当输入信号大于当前量程的约 13% 时,自动加大量程;当输入信号小于当前量程的约 10% 时,自动减小量程。按下【Manual】键切换到手动选择量程。此时,当输入信号大于当前量程的 13%,显示 OVLD,应加大量程;当输入信号小于当前量程的 8%,显示 LOWER,必须减小量程。手动量程的测量速度比自动量程快。

④～⑨【3 mV】键～【300 V】键:使用手动量程时切换并显示量程,六键能够互锁。

⑩～⑪【CH1】键、【CH2】键:选择输入通道,两键互锁。按下【CH1】键选择 CH1 通道,按下【CH2】键选择 CH2 通道。

⑫～⑭【dBV】键～【Vpp】键:把测得的电压值用电压电平、功率电平和峰峰值表示,三键互锁,按下任何一个量程键退出。【dBV】键:电压电平键,0 dBV=1 V。【dBm】键:功率电平键,0 dBm=1 mW/600 Ω。【Vpp】键:显示峰峰值。

⑮【Rel】键:归零键。显示有效值、峰峰值时按归零键有效,再按一次退出。

⑯ ～ ⑰【L1】键、【L2】键:显示屏分为上、下两行,用 L1、L2 键选择其中的一行,可对被选中的行进行输入通道、量程、显示单位的设置,两键互锁。

⑱【Rem】键:进入程控,再按一次退出程控。

⑲【Filter】键:开启滤波器功能,显示 5 位读数。

⑳【GND! 】键:接大地功能。连续按键 2 次,仪器处于接地状态(在接地状态,输入信号切莫超过安全低电压! 谨防电击!!!);再按一次,仪器处于浮地状态。

㉑ CH1:输入插座。

㉒ CH2:输入插座。

㉓ 显示屏:VFD 显示屏。

3) 使用方法

按下面板上的电源开关,接通电源,仪器进入初始状态。 精确测量需预热 30 分钟以上。 如果关机后再开机,间隔时间应大于 10 秒。

(1) 选择输入通道、量程和显示单位。

按下【L1】键,选择显示器的第一行,设置第一行有关参数:

① 用【CH1】/【CH2】键选择向该行送显的输入通道。

② 用【Auto】/【Manual】键选择量程转换方法。使用手动"Manual"量程时,用【3 mV】～【300 V】键手动选择量程,并指示选择结果。使用自动"Auto"量程时,自动选择量程。

③ 用【dBV】、【dBm】、【Vpp】键选择显示结果形式,默认的是有效值。

按下【L2】键,选择显示器的第二行,其他操作同第一行。

(2) 输入被测信号:可以由 CH1 或 CH2 输入被测信号,也可由 CH1 和 CH2 同时输入两个被测信号。

(3) 读取测量结果。

2.1.3 万用表

万用表又叫多用表、三用表、复用表,是一种多功能、多量程的测量仪表,一般利用万用表可测量直流电流、交直流电压、电阻和音频电平等,有的还可以测交流电流、电容量、电感量及半导体的一些参数(如 β 值),使用起来非常方便。目前市场上主要有指针万用表和数字万用表,数字万用表有手持式和台式两种款式,一般台式万用表性能指标要高一些。下面分别以 MF47A、VC890D 和 DM3058 为例介绍指针式万用表、手持式数字万用表和台式数字万用表。

1. MF-47A 指针万用表

MF-47A 万用表是一款多功能、多用途、多重保护的指针万用表,价格低廉,使用方便。

1) 指针万用表的组成

指针式万用表一般由表头、测量电路、转换开关、表壳、表笔等几部分组成。

(1) 表头

表头是一只高灵敏度的磁电式直流电流表,万用表的主要性能指标基本上取决于表头的性能。表头的灵敏度是指使表头指针满刻度偏转时流过表头的直流电流值,这个值越小,表头的灵敏度越高。表头上有数条刻度线,从上到下第一条刻度线标有"R"或"Ω",指示的是电阻值,当测电阻时,读此条刻度线;第二条一般标有"<u>V</u>"和"<u>mA</u>",指示的是交、直流电压和直流电流值,当测量交、直流电压或直流电流时(交流 10 V 量程除外),读此条刻度线;第三条标有"AC10V",是交流 10 V 的专用刻度线,当测量交流电压且量程在 10 V 时,读此条刻度线;第四条标有"C(μF)",测量电容的电容量时读此条刻度线;第五条标有"hFE",测量三极管电流放大倍数时读此条刻度线;下面还有"LV(V)"刻度线和"dB"刻度线。

(2)测量线路

测量线路是用来把各种被测量转换到适合表头测量的微小直流电流的电路,它由电阻、半导体元件及电池组成。它能将各种不同的被测量(如电流、电压、电阻等)和不同的量程,经过一系列的处理(如分流、分压、整流等)变成一定量限的微小直流电流送入表头进行测量。

(3)转换开关

转换开关用来选择各种不同的测量线路,以满足不同种类和不同量程的测量要求。

2)技术指标

MF-47A 指针万用表的技术指标如表 2-5 所示。

表 2-5 MF-47A 指针万用表的技术指标

功　能	基本量程	基本精度
直流电流 DCA	0.05 mA,0.5 mA,5 mA,50 mA,500 mA	±2.5%
	5 A	±5%
直流电压 DCV	0.25 V,1 V,2.5 V,10 V,50 V,250 V,500V,1000 V	±2.5%
	2500 V	±5%
交流电压	10 V,50 V,250 V,500 V,1000 V,2500 V	±5%
直流电阻	×1 Ω,×10 Ω,×100 Ω,×1 kΩ,×10 kΩ	±10%
通路蜂鸣	低于 10 Ω 时,蜂鸣器响	
LI 检测(mA)	100 mA,10 mA,1 mA,100 μA	
LV 检测(mV)	$R \times 1\ \Omega \sim R \times 1\ \mathrm{k}\Omega$　　0～1.5 V	
	$R \times 10\ \mathrm{k}\Omega$　　0～10.5 V	
音频电平 dB	－10 dB～+22 dB　0 dB = 1 mW/600 Ω	
电池电量检测 BATT	0～3.6 V 电池,绿色条位置表示电量充足　　$R_{\mathrm{L}} = 8\ \Omega$	
晶体管直流 放大倍数 hFE	0～1000 hFE　$R \times 10\ \Omega$	
标准电阻箱	0.025 Ω,0.5 Ω,5 Ω,50 Ω,500 Ω,5 kΩ,20 kΩ,50 kΩ,200 kΩ,1MΩ,2.25 MΩ,4.5 MΩ,9 MΩ,22.5 MΩ	
电压降	ACV　9 kΩ/V　　DCV(250 V 以下)　20 kΩ/V 　　　　　　　　DCV(250 V 以上)　9 kΩ/V	
规格重量	165 mm×112 mm×49 mm　≤800 g(不含电池)	

3) 指针万用表的使用

① 熟悉表盘上各符号的含义和各个旋钮及选择开关的主要作用。MF－47A 万用表面板如图 2－12 所示。

② 测量前,首先观察指针是不是在表头左边的"0"位置上,如果不在,调节表头下方的机械调零螺栓,进行机械调零。

③ 根据被测量的种类及大小,选择转换开关的挡位及量程,找出对应的刻度线。

④ 选择表笔插孔的位置。

⑤ 测量电压:测量直流电压时首先要估计被测电压的大小和方向,选择合适的量程,并让红表笔接被测电压的高电位点,黑表笔接被测电压的低电位点。如果无法估计被测信号的大小,则应先选择最高量程,测试时如果指示值太小,再降低量程,最后在合适的量程上记下读数。如果无法估计被测信号的方向,可先假设一个参考方向,按参考方向测量,如果发现指针反偏(说明假设参考方向与实际电压方向相反),则应立即从电路中拔出表笔,然后调换方向,再进行测量。测量交流电压时,也要首先估计被测电压的大小,选择合适的量程,如果无法估

图 2－12   MF－47A 万用表面板图

计,同样先选择高量程,测试时如果指针偏转太小,再降低量程到合适量程。

⑥ 测电流:测量直流电流时首先要估计被测电流的大小和方向,选择合适的量程,测量时必须先断开电路,将万用表串联到被测电路中(如果误将万用表与负载并联,则很可能会因表头的内阻很小,烧毁仪表),并让电流从红表笔流进,黑表笔流出。如果无法估计被测电流的大小,同样先选择高量程,测试时如果指针偏转太小,再降低量程到合适量程。如果无法估计被测电流的方向,应先假设一个参考方向,按参考方向测量,如果发现指针反偏,则应立即从电路中拔出表笔,然后调换方向,再进行测量。

⑦ 测电阻:用万用表测量电阻时,应首先选择合适的倍率挡。因为万用表欧姆挡的刻度线是不均匀的,所以倍率挡的选择应使指针停留在刻度线较稀的部分为宜,且指针越接近刻度尺的中间,读数越准确。一般情况下,应使指针指在刻度尺的 $1/3 \sim 2/3$ 间。然后进行欧姆调零,即将 2 个表笔短接,同时调节"欧姆调零旋钮",使指针刚好指在欧姆刻度线右边的零位。如果指针不能调到零位,说明电池电压不足或仪表内部有问题。并且每换一次倍率挡,都要再次进行欧姆调零,以保证测量准确。最后进行测量读数,被测电阻的电阻值为表头的读数与倍率的乘积。测量时注意不能带电测量。

⑧ 通路蜂鸣检测:首先同欧姆挡一样将仪表调零,此时蜂鸣器工作发出约 2 kHz 长鸣叫声,即可进行测量。当被测电路阻值低于 10 Ω 左右时,蜂鸣器发出鸣叫声。

⑨ 音频电平测量(dB):在一定的负荷阻抗上,用来测量放大器的增益和线路输送的损耗,测量单位以分贝表示。音频电平是以交流 10 V 为基准刻度的,如果指示值大于＋22 dB,可在交流 50 V 挡位及其以上各量程测量,按表上对应的各量限的增加值进行修正。测量方法与交流电压相似,转动开关至相应的交流电压挡,并使指针有较大的偏转。如果被测电路中带有直流电压成分,可在"＋"插座中串接一个 0.1 μF 的隔直电容器。

⑩ 晶体管电流放大倍数的测量(hFE):转动开关至 $R \times 10$ hFE 处,同欧姆挡一样将仪表调零后,将 NPN 或 PNP 型晶体管对应插入晶体管插座中,此时指针指示值即为该管直流放大倍数。如果指针偏转大于1000,应首先检查晶体管是否插错管脚,晶体管是否损坏。另外要注意 MF - 47A 指针万用表是按硅三极管进行标定的,其他三极管的测量结果只能供参考。

⑪ 电池电量测量(BATT):使用 BATT 刻度线,该挡位可供1.2～3.6 V 的各类电池(不包括纽扣电池)电量测量。测量时将电池按正确极性搭在两根表棒上,观察表盘上 BATT 对应刻度(1.2 V、1.5 V、2 V、3 V、3.6 V),绿色(或紫色)区域表示电力充足,"?"区域表示电池尚能使用,红色区域表示电池电力不足。测量纽扣电池及小容量电池时,可用直流 2.5 V 电压挡($R_L = 50$ kΩ)进行测量。

⑫ 负载电压 LV(V)、负载电流 LI(mA) 参数测量:该挡主要测量在不同的电流下非线性器件电压降性能参数或反向电压降(稳压)性能参数。如发光二极管、整流二极管、稳压二极管及三极管等,在不同电流下的曲线,或稳压二极管性能。测量方法同欧姆挡,其中 0～1.5 V 刻度供 $R \times 1$ Ω～$R \times 1$ kΩ 挡用,0～10.5 V 供 $R \times 10$ kΩ 挡用(可测量 10 V 以内稳压管)。各挡满度电流见表 2-6 所示。

表 2 - 6　负载电压 LV(V) 测量的各挡满度电流

开关位置(Ω) 挡	$R \times 1$ Ω	$R \times 10$ Ω	$R \times 100$ Ω	$R \times 1$ kΩ	$R \times 10$ kΩ
满度电流 LI	100 mA	10 mA	1 mA	100 μA	70 μA
测量范围 LV	0～1.5 V				0～10.5 V

⑬ 注意事项:

a. 在测电流、电压时,不能带电切换量程。

b. 选择量程时,要先选大的,后选小的,尽量使被测值接近于量程。

c. 测电阻时,不能带电测量。因为测量电阻时,万用表由内部电池供电,如果带电测量则相当于接入一个额外的电源,可能损坏表头。

d. 用毕,应使转换开关在交流电压最大挡位或空挡上。

2. VC890D、DM3058 数字万用表

数字万用表又称数字多用表,其测量功能较多,不但能测量交直流电压、交直流电流和电阻等参数,还能对电容、二极管、晶体管等电子元器件进行测量,是一种最基本的电子测量仪器。其种类也有很多,按精确度划分有高精度、中精度和低精度万用表;按测量速度划分有高速、中速和低速万用表;按照数字显示的位数来划分有3位、4位和5位等;但最常用的区别方法还是根据 A/D 转换原理,一般有比较型、积分型和复合型。

现在,数字式测量仪表已成为主流,大有取代模拟式仪表的趋势。与模拟式仪表相比,数字式仪表灵敏度高,准确度高,显示清晰,过载能力强,便于携带,使用简单方便。但它也有不足之处,它不能反映被测量的连续变化过程及变化趋势,如用来观察电容器的充、放电过程,就不如指针式万用表方便直观。

1) 数字万用表的组成

数字万用表的内部电路主要由转换电路、A/D 转换器、液晶显示器及电源四部分组成。如图 2-13 所示。它是在直流数字电压表的基础上加上交流 / 直流(AC/DA)、电流 / 电压

(I/U)、电阻／电压(R/U)转换电路而构成的。在测量时,先把其他参数量(如电压、电流、电阻等)转换为等效的直流电压 U,然后由 A/D 转换器将 U 转换为数字量,并送到液晶显示器上显示出来。

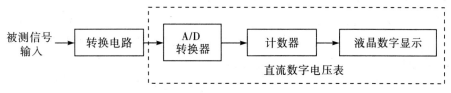

图 2－13　数字万用表的组成框图

2) VC890D 手持式数字万用表

VC890D 手持式数字万用表采用新型防振套,流线型设计,手感舒适;大屏幕显示,字迹清楚;金属屏蔽板,防磁、抗干扰能力强;使用单片机控制背光开关及自动关机开关,满足不同场合的工作需要;具有全保护功能,防高压打火电路设计,使用起来方便安全。

(1) 主要技术指标

VC890D 手持式数字万用表的技术指标如表 2－7 所示。

表 2－7　VC890D 数字万用表技术指标

功　能	量　程	基本准确度
直流电压	200 mV/2 V/20 V/200 V/1000 V	±(0.5%＋3)
交流电压	2 V/20 V/200 V/750 V	±(0.8%＋5)
直流电流	200 μA/20 mA/200 mA/20 A	±(0.8%＋10)
交流电流	20 mA/200 mA/20 A	±(1.0%＋15)
电阻	200 Ω/2 kΩ/20 kΩ/200 kΩ/20 MΩ	±(0.8%＋3)
电容	20 nF/2 μF/200 μF	±(2.5%＋20)
二、三极管测试	√	
通断报警发光	√	
低电压显示	√	
自动关机	√	
功能保护	√	
200 mA 挡保险管	√	
20 A 挡保险管	√	
防振保护	√	
输入阻抗	10 MΩ	
采样频率	3 次／秒	
交流频响	40 ～ 400 Hz	
操作方式	手动量程	
最大显示	1999	
液晶显示	61 mm × 36 mm	
电源	9 V(6F22)	

（2）使用方法

VC890D 手持式数字万用表的面板如图 2-14 所示。

① 初步检查

a. 首先检查万用表外壳及表笔有无损伤。

b. 打开电源开关，显示屏应有数字显示，若显示屏出现低压符号应及时更换电池。

c. 注意表笔旁的"MAX"符号，表示测量时被测电路的电压、电流不得超过规定值。

d. 注意测量电阻和二极管时，不得带电测量。

② 直流电压的测量

直流电压的测量范围为 0 ～ 1000 V，共分五挡。

a. 将黑表笔插进"com"孔，红表笔插进"V/Ω"孔。

b. 估计被测电压的大小和方向，将转换开关置于直流电压挡的合适量程上。将表笔并联在被测电路或元件两端。如果无法估计被测电压的大小，同样先选择大量程，然后往小量程切换，如果显示器显示"1"，表示量程偏小，称为"溢出"，需要换回较大一级量程。如果显示器显示的是正值，表示万用表红表笔接触的是电压的高电位，黑表笔接触的是电压的低电位；如果显示器显示的是负值，表示万用表红表笔接触的是电压的低电位，黑表笔接触的是电压的高电位。

③ 直流电流的测量

直流电流的测量范围为 0 ～ 20 A，共分四挡。

a. 当测量范围在 0 ～ 200 mA 时，将黑表笔插入"com"孔，红表笔插入"mA"孔。当测量范围在 200 mA ～ 20 A 时，黑表笔不动，红表笔改插入"20 A"插孔。

b. 估计被测电流大小和方向，转换开关至直流电流挡的相应量程。将万用表串入被测电路。如果无法估计被测电流的大小，同样先选择大量程，然后往小量程切换，尽量不要超量程，否则可能会烧坏内部熔体。如果显示器显示的是正值，表示电流从红表笔流进，黑表笔流出；如果显示器显示的是负值，表示电流从黑表笔流进，红表笔流出。

④ 交流电压的测量

交流电压的测量范围为 0 ～ 750 V，共分五挡。

a. 将黑表笔插进"com"孔，红表笔插进"V/Ω"孔。

b. 估计被测电压的大小，将转换开关置于交流电压挡的合适量程上。将表笔并联在被测电路或元件两端。如果无法估计被测电压的大小，同样先选择大量程，然后往小量程切换。如果显示器显示"1"，表示量程偏小，需要换回较大一级量程。

图 2-14 VC890D 万用表面板图

⑤ 交流电流的测量

交流电流的测量范围为 0 ～ 20 A，共分四挡。

a. 表笔插法与直流电流相同。

b. 估计被测电流大小，转换开关至交流电流挡的相应量程。将万用表串入被测电路。

如果无法估计被测电流的大小,同样先选择大量程,然后往小量程切换,尽量不要超量程,否则可能会烧坏内部熔体。

⑥ 电阻的测量

电阻的测量范围为 $0 \sim 200\ M\Omega$,共分七挡。

a. 将黑表笔插进"com"孔,红表笔插进"V/Ω"孔。(注:红表笔极性为"+"。)

b. 估计被测电阻的大小,将转换开关置于电阻挡的相应量程上,仪器与被测电阻并联。注意表笔断路或被测电阻大于量程,显示器显示"1"。

c. 严禁带电测量电阻,结果从显示器上直接读出,无需乘以倍率。

d. 测量大于 $1\ M\Omega$ 的电阻时,读数需几秒钟后才能稳定,属正常现象。

⑦ 电容的测量

电容的测量范围为 $0 \sim 200\ \mu F$,共分五挡。

a. 将转换开关置于电容挡的相应量程上。

b. 将待测电容两脚插入"CX"插孔,直接从显示器上读取结果。

⑧ 二极管测试及电路通断检查

a. 将黑表笔插进"com"孔,红表笔插进"V/Ω"孔。

b. 将转换开关置于二极管位置。红表笔接二极管正极,黑表笔接二极管负极,即可测得二极管正向压降的近似值,从而可判断出二极管的好坏和材料。

c. 将两表笔分别接触被测电路两端点,若两点间电阻小于 $70\ \Omega$ 时,蜂鸣器响,说明电路是通的,以此来检查电路的通断。

⑨ 晶体管电流放大倍数的测量(hFE)

a. 将转换开关置于"hFE"位置。

b. 根据晶体管的类型和引脚,将其插入晶体管插座。直接从显示器上读取被测晶体管的近似电流放大倍数。

3) DM3058 台式数字万用表

DM3058是一款 $5\frac{1}{2}$ 位双显数字万用表,它是针对需求高精度、多功能、自动测量的用户而设计的产品,集数字万用表基本测量功能、多种数学运算功能、任意传感器测量功能等于一身。同时拥有高清晰度的 256×64 点阵单色液晶显示屏,易于操作的键盘布置和清晰的按键背光及操作提示;在接口方面支持 RS-232、USB、LAN 和 GPIB 接口,并支持 U 盘存储。支持虚拟终端显示和控制,以及远程网络访问。

(1) 主要技术指标

① 直流特性

具体如表 2-8 所示。

表 2−8 DM3058 万用表的直流特性

准确度指标±（% 读数＋% 量程）[1]

功 能	量 程[2]	测试电流或负荷电压	1年 23±5 ℃	温度系数 0 ~ 18 ℃ 28 ~ 50 ℃
直流电压	200.000 mV		0.015＋0.004	0.0015＋0.0005
	2.00000 V		0.015＋0.003	0.0010＋0.0005
	20.0000 V		0.015＋0.004	0.0020＋0.0005
	200.000 V		0.015＋0.003	0.0015＋0.0005
	1000.00 V[4]		0.015＋0.003	0.0015＋0.0005
直流电流	200.000 μA	＜ 8 mV	0.055＋0.005	0.003＋0.001
	2.00000 mA	＜ 80 mV	0.055＋0.005	0.002＋0.001
	20.0000 mA	＜ 0.05 V	0.095＋0.020	0.008＋0.001
	200.000 mA	＜ 0.5 V	0.070＋0.008	0.005＋0.001
	2.00000 A	＜ 0.1 V	0.170＋0.020	0.013＋0.001
	10.0000 A[5]	＜ 0.3 V	0.250＋0.010	0.008＋0.001
电阻[3]	200.000 Ω	1 mA	0.030＋0.005	0.0030＋0.0006
	2.00000 kΩ	1 mA	0.020＋0.003	0.0030＋0.0005
	20.0000 kΩ	100 μA	0.020＋0.003	0.0030＋0.0005
	200.000 kΩ	10 μA	0.020＋0.003	0.0030＋0.0005
	2.00000 MΩ	1 μA	0.040＋0.004	0.0040＋0.0005
	10.0000 MΩ	200 nA	0.250＋0.003	0.0100＋0.0005
	100.000 MΩ	200 nA ‖ 10 MΩ	1.75＋0.004	0.2000＋0.0005
二极管测试	2.0000 V[6]	1 mA	0.05＋0.01	0.0050＋0.0005
连续性测试	2000 Ω	1 mA	0.05＋0.01	0.0050＋0.0005

注：

(1) 指标指 0.5 小时预热和"慢"速测量，校准温度为 18 ~ 28 ℃。

(2) 除 DCV 1000 V，ACV 750 V，DCI 10 A 和 ACI 10 A 量程外，所有量程均为 20% 超量程。

(3) 指标指 4 线电阻测量或使用"相对"运算的 2 线电阻测量。2 线电阻测量在无"相对"运算时增加 ±0.2 Ω 的附加误差。

(4) 超过 ±500 VDC 时，每超出 1 V 增加 0.02 mV 误差。

(5) 对于大于 DC 7 A 或 AC RMS 7 A 的连续电流，接通 30 秒后需要断开 30 秒。

(6) 精度指标仅为输入端子处进行的电压测量。测试电流的典型值为 1 mA。电流源的变动将产生二极管结上电压降的某些变动。

② 交流特性

具体如表 2−9 所示。

表 2 - 9　DM3058 万用表的交流特性

准确度指标 ±（％读数＋％量程）

功　　能	量　　程	频率范围	1 年 23±5 ℃	温度系数 0 ～ 18 ℃ 28 ～ 50 ℃
真有效值 交流电压	200.000 mV/ 2.00000 V/ 20.0000 V/ 200.000 V/750.00 V	20 Hz ～ 45 Hz	1.5＋0.10	0.01＋0.005
		45 Hz ～ 20 kHz	0.2＋0.05	0.01＋0.005
		20 kHz ～ 50 kHz	1.0＋0.05	0.01＋0.005
		50 kHz ～ 100 kHz	3.0＋0.05	0.05＋0.010
真有效值 交流电流	20.0000 mA	20 Hz ～ 45 Hz	1.5＋0.10	0.015＋0.015
		45 Hz ～ 2 kHz	0.50＋0.10	0.015＋0.006
		2 kHz ～ 10 kHz	2.50＋0.20	0.015＋0.006
	200.000 mA	20 Hz ～ 45 Hz	1.50＋0.10	0.015＋0.005
		45 Hz ～ 2 kHz	0.30＋0.10	0.015＋0.005
		2 kHz ～ 10 kHz	2.50＋0.20	0.015＋0.005
	2.00000 A	20 Hz ～ 45 Hz	1.50＋0.20	0.015＋0.005
		45 Hz ～ 2 kHz	0.50＋0.20	0.015＋0.005
		2 kHz ～ 10 kHz	2.50＋0.20	0.015＋0.005
	10.0000 A	20 Hz ～ 45 Hz	1.50＋0.15	0.015＋0.005
		45 Hz ～ 2 kHz	0.50＋0.15	0.015＋0.005
		2 kHz ～ 5 kHz	2.50＋0.20	0.015＋0.005

注：

（1）真有效值交流电压。

测量方法：AC 耦合真有效值测量，任意量程下可以有最高 1000 V 直流偏置。

波峰因数：满量程波峰因数 ≤ 3。

输入阻抗：所有量程下为 1 MΩ±2％ 并联 ＜100 pF 电容。

输入保护：所有量程下均为 750 Vrms。

AC 滤波器带宽：20 Hz ～ 100 kHz。

共模抑制比：60 dB（对于 LO 引线中的 1 kΩ 不平衡电阻和 ＜60 Hz、最大 ±500 VDC）。

（2）真有效值交流电流。

测量方法：直流耦合到保险丝和分流电阻器，AC 耦合到真有效值测量（测量输入的 AC 成分）。

波峰因数：满量程波峰因数 ≤ 3。

最大输入：DC＋AC 电流峰值必须 ＜300％ 量程。包含 DC 电流成分的 RMS 电流 ＜10 A。

分流电阻器：2 A 和 10 A 挡为 0.01 Ω，20 mA 和 200 mA 挡为 1 Ω。

输入保护：位于后面板的可更换 10 A、250 V 快熔丝，内部 12 A、250 V 慢熔丝。

③ 电容特性

具体如表 2 - 10 所示。

表 2 - 10　DM3058 万用表的电容特性

准确度指标 ± (% 读数 + % 量程)

功　能	量　程	最大测试电流	1 年 23±5 ℃	温度系数 0 ~ 18 ℃ 28 ~ 50 ℃
电容	2.000 nF	200 nA	3 + 1.0	0.08 + 0.002
	20.00 nF	200 nA	1 + 0.5	0.02 + 0.001
	200.0 nF	2 μA	1 + 0.5	0.02 + 0.001
	2.000 μF	10 μA	1 + 0.5	0.02 + 0.001
	200 μF	100 μA	1 + 0.5	0.02 + 0.001
	10000 μF	1 mA	2 + 0.5	0.02 + 0.001

④ 其他测量特性

a. 触发和存储器。

采样 / 触发:1 ~ 2000。

触发延迟:8 ms 至 2000 ms 可设置。

外部触发输入:

输入电平:TTL 兼容(输入端悬空时为高)。

触发条件:上升沿、下降沿、低电平、高电平可选。

输入阻抗: > 20 kΩ 并联 400 pF,直流耦合。

最小脉宽:500 μs。

VMC 输出:

电平:TTL 兼容(输入到 ≥ 1 kΩ 负载)。

输出极性:正极性、负极性可选。

输出阻抗:200 Ω,典型。

b. 任意传感器测量。

支持热电偶、直流电压、直流电流、电阻(2 线或 4 线)和频率输出类型传感器,内置热电偶冷端补偿。冷端补偿准确度:± 3 ℃。

预设 B、E、J、K、N、R、S、T 型热电偶的 ITS - 90 变换和 Pt100、Pt385 铂电阻温度传感器变换。

c. 数学运算功能。

Pass/Fail、相对(RELative)、最小值 / 最大值 / 平均值、dBm、dB、Hold、直方图、标准偏差历史记录功能。

易失性存储器:2000 读数历史数据记录。

非易失性存储:10 组历史数据存储(2000 读数 / 组),10 组传感器数据存储(1000 读数 / 组),10 组仪器设置存储,10 组任意传感器设置存储,支持 U 盘外部存储扩展。

(2)面板介绍

前、后面板分别如图 2 - 15、图 2 - 16 所示。

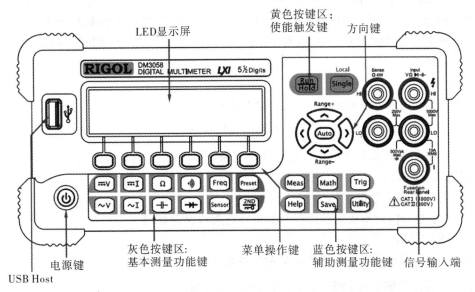

图 2－15　DM3058 万用表前面板示意图

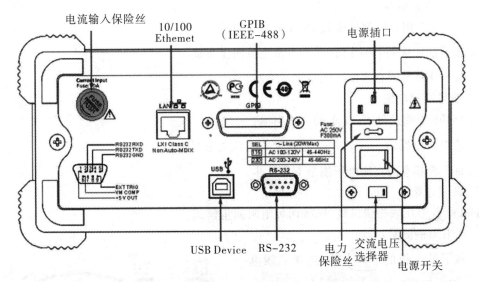

图 2－16　DM3058 万用表后面板示意图

（3）使用方法

① 选择量程

量程的选择有自动和手动两种方式。万用表可以根据输入信号自动选择合适的量程，而手动选择量程可以获得更高的读数精确度。可以通过前面板的功能键选择量程。

自动量程：按 Auto 键，启用自动量程，禁用手动量程。

手动量程：按向上键，量程递增，按向下键，量程递减。此时禁用自动量程。

② 选择测量速率

DM3058 万用表可设置三种测量速率：2.5 reading/s、20 reading/s 和 123 reading/s。

2.5 reading/s 对应"慢"（Slow）速率，状态栏标识为"S"，显示刷新率为 2.5 Hz。

20 reading/s 对应"中"(Middle) 速率,状态栏标识为"M",显示刷新率为 20 Hz。

123 reading/s 对应"快"(Fast) 速率,状态栏标识为"F",显示刷新率为 50 Hz。

测量速率可通过面板上的左、右两个方向键控制。按下左键,速率增加一挡,按下右键,速率降低一挡。

③ 测量直流电压

DM3058 万用表可测量最大 1000 V 的直流电压。

a. 按下前面板的 $\boxed{\text{═V}}$ 键,进入直流电压测量界面。

b. 连接测试引线和被测电路。估计被测电压,手动或自动选择合适量程。

c. 读取测量值。

d. 查看历史测量数据。

e. 按"历史"键,对本次测量所得数据进行查看或保存处理。

④ 测量交流电压

DM3058 万用表可测量最大 750 V 的交流电压。

a. 按下前面板的 $\boxed{\text{∼V}}$ 键,进入交流电压测量界面。

下面步骤基本同直流电压测量 b～e 步。

⑤ 测量直流电流

DM3058 万用表可测量最大 10 A 的直流电流。

a. 按下前面板的 $\boxed{\text{═I}}$ 键,进入直流电流测量界面。

下面步骤基本同直流电压测量 b～e 步。

⑥ 测量交流电流

DM3058 可测量最大 10 A 的交流电流。

a. 选中前面板的 $\boxed{\text{∼I}}$ 按键,进入交流电流测量界面。

下面步骤基本同直流电压测量 b～e 步。

⑦ 测量电阻

DM3058 万用表提供二线、四线两种电阻测量模式。

二线电阻的测量:

a. 按下前面板的 $\boxed{\Omega}$ 键,选择二线电阻模式,进入二线电阻测量界面。

b. 如图 2-17 所示连接测试引线和被测电阻,红色测试引线接"Input - HI"端,黑色测试引线接"Input - LO"端。

c. 根据测量电阻的阻值范围,选择合适的电阻量程。读取测量值。对本次测量所获得数据进行查看或保存处理。

操作提示:当测量较小阻值电阻时,建议使用相对值运算,可以减小测试导线阻抗误差。

四线电阻的测量:

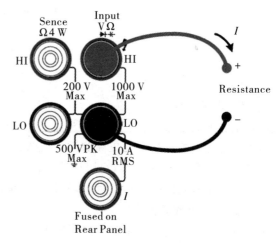

图 2-17　二线电阻测量连接示意图

　　当被测电阻阻值小于 100 kΩ,测试引线的电阻和探针与测试点的接触电阻与被测电阻相比已不能忽略不计时,若仍采用二线法测量必将导致测量误差增大,此时可以使用四线法进行测量。

　　a. 连续按 Ω 键,切换到四线电阻模式,进入四线电阻测量界面。

　　b. 如图 2-18 所示连接测试引线,红色测试引线接"Input-HI"和"HISense"端,黑色测试引线接"Input-LO"和"LOSense"端。

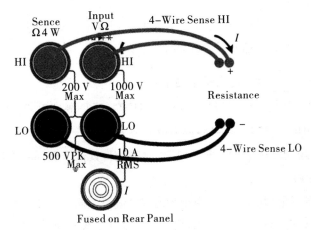

图 2-18　四线电阻测量连接示意图

　　c. 根据测量电阻的阻值范围,选择合适的电阻量程。读取测量值。对本次测量所获得数据进行查看或保存处理。

　　操作提示:测量电阻时,电阻两端不能放置在导电桌面或用手拿着进行测量,这样会导致测量结果不准确,而且电阻越大,影响越大。

　　⑧ 测量电容

　　DM3058 万用表可测量最大 10000 μF 的电容。

　　a. 按下前面板的 ⊣⊢ 键,进入电容测量界面。

　　b. 将测试引线接于被测电容两端,红色测试引线接"Input-HI"端和电容的正极,黑色测试引线接"Input-LO"端和电容的负极。

　　c. 估计被测电容的电容量,选择合适的电容量程。读取测量值。对本次测量所获得数据进行查看或保存处理。

　　操作提示:用万用表测量电解电容前,每次都要用测试引线将电解电容的两个脚短接一下进行放电,然后才可以测量。

　　⑨ 测试连通性

　　当短路测试电路中测量的电阻值低于设定的短路电阻时,仪器判断电路是连通的,发出蜂鸣提示音(声音已打开)。

　　a. 按下前面板的 •┍ 键,测量电路的连通性。

　　b. 连接测试引线和被测电路,红色测试引线接"Input-HI"端,黑色测试引线接"Input-LO"端。

　　c. 设置短路阻抗。按设置键,设置短路电阻值。短路电阻值的默认值为 10 Ω,此参数出厂时已经设置,用户可直接进行连通性测试。如果用户不需要修改此参数,可直接执行。

⑩ 检查二极管

a. 按下前面板的 $\boxed{\rightarrow\vdash}$ 键,进入二极管检测界面。

b. 连接测试引线和被测二极管,红色测试引线接"Input - HI"端和二极管正极,黑色测试引线接"Input - LO"端和二极管负极。

c. 检查二极管通断情况。二极管导通时,仪器发出一次蜂鸣(声音已打开)。

⑪ 测量频率或周期

被测信号的频率或周期可以在测量该信号的电压或电流时,通过打开第二功能测量得到,也可以直接使用频率或周期测量功能键 $\boxed{\text{Freq}}$ 进行测量。

a. 按下前面板的 $\boxed{\text{Freq}}$ 键,进入频率测量界面。

b. 连接测试引线,红色测试引线接"Input - HI"端,黑色测试引线接"Input - LO"端。读取测量值。对本次测量所获得数据进行查看或保存处理。

测量周期时,只需连续按 $\boxed{\text{Freq}}$ 进入周期测量界面,其他步骤同频率测量。

⑫ 任意传感器测量

利用任意传感器测量功能可以方便地对压力、流量、温度等各种类型的传感器进行配接。其原理是将被测物理量转换为电压、电阻、电流等易测物理量,用户可以预先输入响应曲线,再通过数字万用表的内部算法进行数值转换和修正。用户也可以直接在万用表的屏幕上得到传感器的被测物理量显示,并可以随意编辑和修改物理量的显示单位。

DM3058 支持 DCV、DCI、Freq、2WR、4WR 和热电偶 TC 共 6 种传感器类型,同时还预置 10 组标准传感器类型。

不同类型传感器测量时的接线方法不同。对于电压、电阻、热电偶、频率型传感器,红色测试引线接"Input - HI"端,黑色测试引线接"Input - LO"端,如图 2 - 19 所示。对于电流型传感器,红色测试引线接"Input - I"端,黑色测试引线接"Input - LO"端,如图 2 - 20 所示。

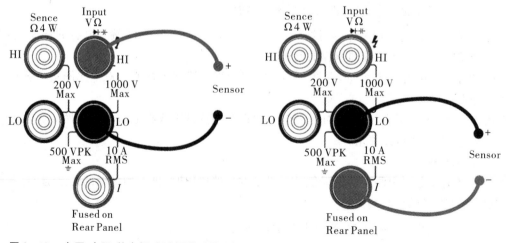

图 2 - 19　电压、电阻、热电偶、频率型传感器连接　　　图 2 - 20　电流型传感器连接

a. 按 $\boxed{\text{Sensor}}$ 键进入任意传感器测量界面。

b. 按"新建"键,建立一个用于适配现有传感器的方案。

c. 如果已存任意传感器配置文件的设置有问题,或者数据不对,可按"修改"键对当前的设置或数据进行修改。

d. 按"装载"键,可将之前存储的传感器配置文件调出。

e. 按"历史"键,可查看历史测量数据。对本次测量所得的数据进行查看或保存处理。

f. 按"相对"键,设置相对值(可选操作)。

g. 按"显示"键,设置传感器测量结果的显示模式:只显示测量值、只显示对应值、同时显示测量值(副显示)和对应值(主显示)。

目前,市场上高精度、多功能的手持式和台式数字万用表很多,它们在高精度测量、自动测量中起到了很大的作用。尽管数字万用表厂家不同,型号各异,但它们的操作方法基本上是类似的,希望读者能够根据本书提供的仪器实例,举一反三,掌握好万用表的使用,电压、电流、电阻等基本电学量的测量方法。

子项目 1　基本电学量的测量和数据处理

知识点:电压、电流、电阻测量的基本原理;均值电压表、有效值电压表、峰值电压表的基本结构、测量原理和使用方法;模拟／数字万用表的基本原理和技术指标。

技能点:能使用模拟式、数字式电压电流表、万用表。学会选用正确的仪表测量电阻,交、直流电压电流信号,以及交、直流叠加信号,非正弦等各种信号。

项目内容:

1. 用万用表测量市电三次,求出平均值。

2. 用万用表测量工频交流电压 3 V、10 V、15 V、20 V。

3. 用万用表测量直流电压 1 V、6 V、12 V、20 V。

4. 自己搭建一简单电路测量直流电流 10 mA、15 mA、20 mA。

5. 测量 100 Ω、1 kΩ、47 kΩ、100 kΩ 电位器,并分别调出 5 Ω、330 Ω、22 kΩ、520 kΩ 4 个电阻值。

6. 测量二极管、三极管、单向稳压管、双向稳压管的好坏。

7. 从函数信号发生器输出峰峰值 10 V、0 直流分量及峰峰值 10 V、6 V 直流分量的正弦波、方波、三角波,按照表 2-11 进行测量和计算。

表 2-11　电压电流测量

	有效值 (V)	平均值 (V)	V_{p-p} (V)	用示波器测其 直流偏值(V)	全波平均 值(V)	波峰系数	波形因数
正弦波							
方波							
三角波							
正弦波							
方波					免测	免测	免测
三角波							

2.2　信号发生器

测量用信号发生器简称信号源。它可以产生不同频率、不同波形甚至不同初相位的各种信号，如正弦信号、方波信号、三角波信号、锯齿波信号、正负脉冲信号、调幅信号、调频信号等。其输出信号的幅值可按需要进行调节。

2.2.1　信号发生器的组成和分类

1. 信号发生器的基本组成

不同类型的信号发生器，其性能、用途虽不相同，但基本构成是类似的，如图 2-21 所示，一般包括振荡器、变换器、指示器、电源及输出电路等五部分。

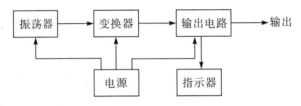

图 2-21　信号发生器的基本组成

1）振荡器

振荡器是信号发生器的核心部分，由它产生各种不同频率的信号，通常是正弦波振荡器或自激脉冲发生器。它决定了信号发生器的一些重要工作特性，如工作频率范围、频率的稳定度等。

2）变换器

变换器用于完成对振荡信号进行放大、整形及调制等工作。变换器可以是电压放大器、功率放大器或调制器、脉冲形成器等，能够将振荡器的输出信号进行放大或变换，进一步提高信号的电平并给出所要求的波形。

3）输出电路

输出电路用于调节输出信号的电平和变换输出阻抗，以提高带负载能力。包括调整信号输出电平和输出阻抗的装置，如衰减器、匹配用阻抗变换器、射极跟随器等电路。

4）指示器

指示器用来指示输出信号的电平、频率及调制度，可能是电压表、频率计、功率计或调制度仪等。指示器本身的准确度一般不高，其示值仅供参考。

5）电源

电源为信号源各部分电路提供所需的直流电压，除了便携式仪器自带电池外，一般仪器都采用直流稳压电源，将 220 V、50 Hz 的市电经变压、整流、滤波及稳压后，供给仪器使用。

2. 信号发生器的分类

信号发生器种类繁多，用途广泛，按照用途的不同可以分为通用信号发生器和专用信号发生器两大类。专用信号发生器是为某种特殊用途而设计生产的，能提供特殊的测量信号，如电视信号发生器、调频信号发生器等，而通用信号发生器则具有广泛而灵活的应用性。除此之外还有以下一些分类。

1）按频率范围分

按照输出信号的频率范围对无线电测量用正弦信号发生器进行分类是传统的分类方法，如表 2 - 12 所示。

表 2 - 12　各信号发生器对应频率和应用

类　别	频率范围	主要应用
超低频信号发生器	1 kHz 以下	电声学、声纳
低频信号发生器	1 Hz ～ 1 MHz	低频电子技术
视频信号发生器	20 Hz ～ 10 MHz	无线电广播
高频信号发生器	30 kHz ～ 30 MHz	高频电子技术
甚高频信号发生器	30 MHz ～ 300 MHz	电视、调频广播
超高频信号发生器	300 MHz 以上	雷达、导航、气象

2）按输出波形分

根据所输出信号波形的不同，信号发生器可分为正弦信号发生器、矩形信号发生器、脉冲信号发生器、三角波信号发生器、钟形脉冲信号发生器和噪声信号发生器等。

3）按调制方式分

按调制方式的不同，信号发生器可分为调频、调幅、调相、脉冲调制等。

3. 信号发生器的主要性能指标

1）频率特性

（1）有效频率范围

有效频率范围是指各项指标均能得到保证时的输出频率范围。在该频率范围内，有的仪器频率连续可调，有的仪器频率分波段连续可调，有的则由一系列的离散频率覆盖。

（2）频率准确度

频率准确度是指输出信号频率的实际值 f 与其标称值 f_0 的相对偏差，其表达式为 $\alpha = \dfrac{f - f_0}{f_0} = \dfrac{\Delta f}{f_0}$。频率准确度实际上表示了输出信号频率的误差。

（3）频率稳定度

频率稳定度是指一定时间内仪器输出频率准确度的变化，它表示了信号源维持工作于某一恒定频率的能力。信号发生器的频率稳定度是由振荡器的频率稳定度来保证的。频率稳定度可分为短期频率稳定度和长期频率稳定度。短期频率稳定度定义为信号发生器经规定的预热时间后，频率在规定的时间间隔内的最大变化，表示为 $\delta = \dfrac{f_{\max} - f_{\min}}{f_0}$。长期频率稳定度是指信号源在长时间内输出频率的变化。

（4）非线性失真度

正弦信号发生器应输出单一频率的正弦信号，但由于非线性失真、噪声等原因，其输出信号中都含有谐波等其他成分，即信号的频谱不纯。用来表征信号频谱纯度的技术指标就是非线性失真度 γ，一般用 $\gamma = \dfrac{\sqrt{U_2^2 + U_3^2 + \cdots + U_n^2}}{U_1} \times 100\%$ 表示，式中，U_1 为输出信号基波的有效值。一般信号发生器非线性失真度 γ 应小于 1%。

2）输出特性

（1）电平特性

信号发生器的电平特性包括输出电平范围及其平坦度。输出电平范围是指输出信号幅度的有效范围，也就是信号发生器的最大和最小输出电平的可调范围。输出电平平坦度是指在有效频率范围输出电平随频率变化的程度。现在的信号发生器一般都有自动电平控制电路，可使其平坦度保持在 ± 1 dB 以内。

（2）输出阻抗

输出阻抗的高低随信号发生器类型而异。低频信号发生器一般有 50 Ω、600 Ω、5 kΩ 等几种不同的输出阻抗，而高频信号发生器一般只有 50 Ω 或 75 Ω 一种输出阻抗，在使用高频信号发生器时，要注意阻抗的匹配。

（3）输出波形

输出波形是指信号发生器所能输出信号的波形。

3）调制特性

许多信号源还包含调制功能。如任意波形发生器、高频信号发生器，一般都具有输出多种调制信号的能力，如调幅信号和调频信号，有些还带有调相、脉冲调制、数字调制等功能。调制特性包括调制方式、调制频率、调制系数、最大频偏以及调制线性等。

2.2.2 低频信号发生器

低频信号发生器的输出信号频率范围通常为 20 Hz ~ 20 kHz，也称为音频信号发生器。目前低频信号发生器的频率范围已延伸到 1 Hz ~ 1 MHz，且可产生正弦波、方波及其他波形信号。低频信号发生器可用于调试低频放大器、传输网络和广播、音响等电声设备，还可以用于调制高频信号发生器或标准电子电压表等。

1. 低频信号发生器的组成

低频信号发生器组成框图如图 2 - 22 所示，主要包括主振器、缓冲放大器、输出衰减器、功率放大器、阻抗变换器和指示电压表等部分。

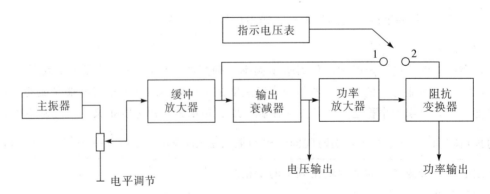

图 2 - 22　低频信号发生器组成框图

1）主振器

主振器是低频信号发生器的核心部分，产生频率可调的正弦信号，它决定了信号发生器的有效频率范围和频率稳定度。低频信号发生器中产生振荡信号的方法有多种，现代低频信号发生器中,主振器常采用 RC 文氏电桥振荡电路和差频式振荡电路。其原理框图如图 2-23 和图 2-24 所示。其中 RC 文氏电桥振荡电路主要由 RC 文氏电桥和集成运算放大器构成。R_1、C_1、R_2、C_2 组成 RC 选频网络,形成正反馈,可改变振荡器的频率 $f_0 = \dfrac{1}{2\pi\sqrt{R_1 C_1 R_2 C_2}}$;$R_3$、$R_4$ 组成负反馈臂,可自动稳幅。一般通过改变电容 C 来改变频段,改变电阻 R 进行频段内的频率微调。RC 文氏电桥振荡器具有输出波形失真小、振幅稳定、频率调节方便和频率范围宽等优点,但其每个波段的频率覆盖系数比较小,因此,要覆盖 1 Hz～1 MHz 的频率范围就需要较多的频段,一般至少需要 5 个。为了在不分波段的情况下得到很宽的频率范围,一般采用差频式振荡电路。差频式振荡电路由固定频率的高频振荡器、可变频率的高频振荡器、混频器、低通滤波器和低频放大器几部分组成。其优点是无需转换波段就可在整个频段范围内实现频率连续可调。缺点是电路复杂,频率稳定度较低。

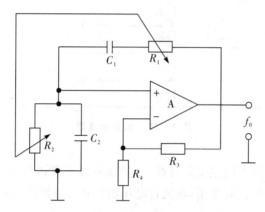

图 2-23　文氏电桥振荡器原理框图

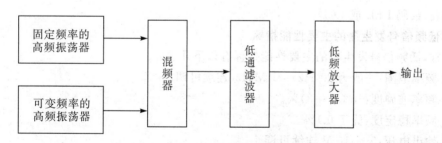

图 2-24　差频式低频振荡器组成框图

2) 缓冲放大器

缓冲放大器兼有缓冲和电压放大的作用。缓冲是为了将后级电路与主振器隔离,防止后级电路、负载等的变化对主振器的影响,保证主振频率稳定,一般采用射极跟随器或运放组成的电压跟随器。

3) 功率放大器

功率放大器用来对输出衰减器送来的电压信号进行功率放大,使之达到额定的功率输出,驱动低阻抗负载。通常采用电压跟随器或 BTL 电路等。

4）输出衰减器

输出衰减器用于改变信号发生器的输出电压和功率,由连续调节器和步进调节器组成。常用的输出衰减器原理图如图 2 - 25 所示。图中电位器 R_P 为连续调节器(电压幅度细调),电阻 $R_1 \sim R_8$ 与开关构成了步进衰减器,开关就是步进调节器(电压幅度粗调)。调节电位器 R_P 或变换开关 S 所接的挡位,均可使衰减器输出不同的电压幅度。步进衰减器一般以分贝(dB)来标注刻度。

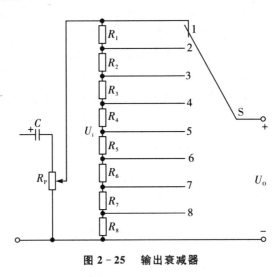

图 2 - 25　输出衰减器

5）阻抗变换器

阻抗变换器用于匹配不同阻抗的负载,以便在负载上获得最大输出功率。阻抗变换器在信号发生器进行功率输出时才用,在进行电压输出时只需使用衰减器即可。

6）指示电压表

指示电压表用来指示输出端输出电压的幅度,或对外部信号电压进行测量,可能是指针式电压表、数码 LED 或 LCD。

3. 低频信号发生器的主要性能指标

通常,低频信号发生器的主要性能指标有以下几项:

① 频率范围:一般为 20 Hz ～ 1 MHz,连续可调。

② 频率准确度:±(1 ～ 3)％。

③ 频率稳定度:优于 0.1％。

④ 输出电压:0 ～ 10 V 连续可调。

⑤ 输出功率:0.5 ～ 5 W 连续可调。

⑥ 非线性失真范围:0.1％ ～ 1％。

⑦ 输出阻抗:50 Ω、75 Ω、600 Ω、5 kΩ。

⑧ 输出形式:平衡输出与不平衡输出。

3. XD - 2 型低频信号发生器

FJ - XD22PS 型低频信号发生器是一种多用途仪器,它能够输出正弦波、矩形波、尖脉冲、TTL 电平和单次脉冲五种信号,还可以作为频率计使用,测量外来输入信号的频率。

1）面板

FJ - XD22PS 型低频信号发生器的面板如图 2 - 26 所示。

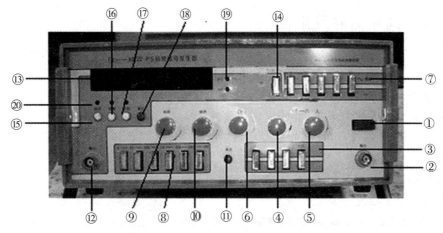

图 2 - 26 FJ - XD22PS 型低频信号发生器面板图

① 电源开关;② 信号输出端子;③ 输出信号波形选择键;④ 正弦波幅度调节旋钮;⑤ 矩形波、尖脉冲波幅度调节旋钮;⑥ 矩形脉冲宽度调节旋钮;⑦ 输出信号衰减选择键;⑧ 输出信号频段选择键;⑨ 输出信号频率粗调旋钮;⑩ 输出信号频率细调旋钮;⑪ 单次脉冲按钮;⑫ 信号输入端子;⑬ 六位数码显示窗口;⑭ 频率计内测、外测功能选择键(按下:外测,弹起:内测);⑮ 测量频率按钮;⑯ 测量周期按钮;⑰ 计数按钮;⑱ 复位按钮;⑲ 频率或周期单位指示发光二极管;⑳ 测量功能指示 LED

2)基本操作

① 接通 220 V、50 Hz 交流电源。应注意三芯电源插座的地线脚应与大地妥善接好,避免干扰。

② 开机前应把面板上各输出旋扭旋至最小。

③ 为了得到足够的频率稳定度,需预热。

④ 频率调节:面板上的频率波段按键作频段选择用,按下相应的按键,然后再调节粗调和细调旋钮至所需要的频率上。此时"内外测"键置内测位,输出信号的频率由六位数码管显示。

⑤ 波形转换:根据需要选择波形种类,按下相应的波形键位。波形选择键从左至右依次是:正弦波、矩形波、尖脉冲、TTL 电平。

⑥ 输出衰减有 0 dB、20 dB、40 dB、60 dB、80 dB 五挡,根据需要选择,在不需要衰减的情况下须按下"0 dB"键,否则没有输出。

⑦ 幅度调节:正弦波与脉冲波幅度分别由正弦波幅度旋钮和脉冲波幅度旋钮调节。本机充分考虑到输出的不慎短路,增加了一定的安全措施,但是不要做人为的频繁短路实验。

⑧ 矩形波脉宽调节:通过矩形脉冲宽度调节旋钮调节。

⑨ "单次"触发:需要使用单次脉冲时,先将六段频率键全部弹起,脉宽电位器顺时针旋到底,轻按一下"单次"输出一个正脉冲;脉宽电位器逆时针旋到底,轻按一下"单次"输出一个负脉冲,单次脉冲宽度等于按钮按下的时间。

⑩ 频率计的使用:频率计可以进行内测和外测,"内外测"功能键按下时为外测,弹起时为内测。频率计可以实现频率、周期、计数测量。轻按相应按钮开关后即可实现功能切换,请同时注意面板上相应的发光二极管的功能指示。当测量频率时"Hz 或 MHz"发光二极管亮,测量周期时"ms 或 s"发光二极管亮。为保证测量精度,频率较低时选用周期测量,频率较高时选用频率测量。如发现溢出显示"- - - - - -"时请按复位键复位,如发现三个功能指示同时亮时可关机后重新开机。

2.2.3　高频信号发生器

高频信号发生器也称射频信号发生器,通常产生 200 kHz～30 MHz 的等幅正弦波或调制信号波,主要是用来向各种电子设备和电路供给高频能量,或是供给高频标准信号,以便测试各种电子设备和电路的电气工作特性。它能提供在频率和幅度上都经过校准了的从 1 V 到几分之一微伏的信号电压,并能提供等幅波或调制波,广泛应用于研制、调制和检修各种无线电收音机、通讯机、电视接收机以及测量电场强度等场合。这类的信号发生器通常也称为标准信号发生器。

1. 高频信号发生器的组成

高频信号发生器的一般组成框图如图 2 - 27 所示,主要包括振荡器、缓冲级、调制级、输出级、内调制振荡器、频率调制器、监测指示电路、电源等。振荡器产生的高频振荡信号经缓冲后送到调制级进行幅度调制和放大,然后再送至输出级输出,进而保证有一定的输出电平调节范围。电压表和调制度计显示输出的载波电平和调制系数。电源电路用于提供各部分所需的直流电压。

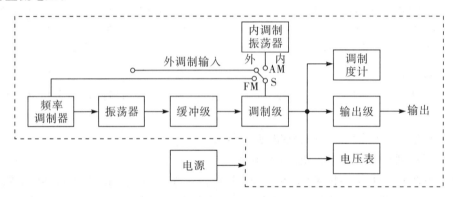

图 2 - 27　高频信号发生器框图

1) 振荡器

振荡器是高频信号发生器的核心,一般采用可调频率范围宽、频率准确度高和稳定度好的 LC 振荡器,它用于产生高频振荡信号。LC 振荡器根据反馈方式可分为变压器反馈式、电感反馈式(也称电感三点式或哈特莱式)及电容反馈式(也称电容三点式或考毕兹式)三种,如图 2 - 28 所示。

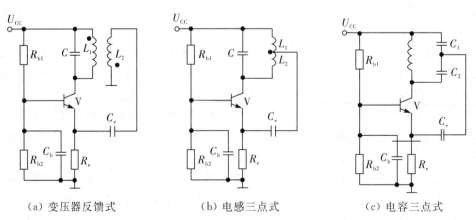

（a）变压器反馈式　　　　（b）电感三点式　　　　（c）电容三点式

图 2 - 28　LC 振荡器电路的三种构成形式

2）缓冲级

主要起隔离放大的作用，用来隔离调制级对主振级可能产生的不良影响，以保证主振级工作稳定，并将主振信号放大到一定的电平。

3）内调制振荡器

用于为调制级提供 400 Hz 或 1 kHz 的内调制正弦信号，该方式称为内调制。当调制信号由外部电路提供时，称为外调制。

4）调制级

主要完成对主振信号的调制。其中调频技术因具有较强的抗干扰能力而得到了广泛的应用，但调频后信号占据的频带较宽，故调频技术主要应用于甚高频以上的频段（一般频率在 30 MHz 以上的信号发生器才具有调频功能）。

5）输出级

主要由放大器、滤波器、输出微调、输出衰减器等组成。

6）监测指示电路

监测指示输出信号的载波电平和调制系数。

2. XFG - 7 型高频信号发生器

调幅高频信号发生器的型号很多，但除载波频率范围、输出电压、调幅信号频率大小、调制方式等有些差异外，它们的使用方法是类似的，下面以 XFG - 7 型高频信号发生器为例介绍其原理、面板和使用方法等内容。

1）XFG - 7 型高频信号发生器结构框图

XFG - 7 型高频信号发生器结构框图如图 2 - 29 所示。

（1）振荡电路

振荡电路用于产生高频振荡信号。信号发生器的主要工作特性由本级决定。通常采用 LC 三点式振荡电路，一般能够输出等幅正弦波的频率范围为 100 kHz ～ 30 MHz（分若干个频段）。这个信号被送到调幅电路作为幅度调制的载波。

（2）放大与调幅电路

通常既是缓冲放大电路（放大振荡电路输出的高频等幅信号，减小负载对振荡电路的影响），又是调制电路（用音频电压对高频率等幅振荡信号进行调幅）。

（3）音频调幅信号发生电路

该电路是一个音频振荡器，一般调幅高频信号发生器具有 400 Hz、1000 Hz 两挡频率，改变音频振荡输出电压大小，可以改变调幅度。在需要用 400 Hz 或 1000 Hz 以外频率的音频信号进行调制时，可以从外调制输入端引入所需幅度、所需频率的信号。

（4）电压与指示电路

电压与指示电路是两个电子电压表电路。电压指示电路用以测读高频等幅波的电压值。调幅度指示电路用以测读调幅波的调幅度值。

（5）输出电路

进一步控制输出电压幅度，包括输出微调和输出倍乘，使最小输出电压达微伏数量级。

（6）输出插孔

一般仪器有两个输出插孔，一个是 0 ～ 1 V 插孔，输出 0.1 ～ 1 V 电压；一个是 0 ～ 0.1 V 插孔，输出 0.1 μV ～ 0.1 V 电压。0 ～ 0.1 V 插孔配有终端分压电路的输出电缆。

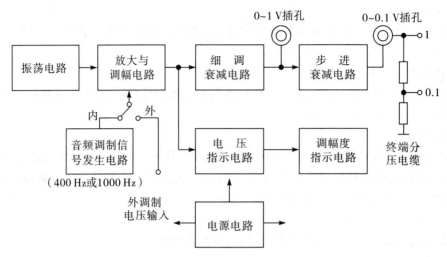

图 2-29　XFG-7 型高频信号发生器结构框图

2）面板

XFG-7 型高频信号发生器的面板如图 2-30 所示。

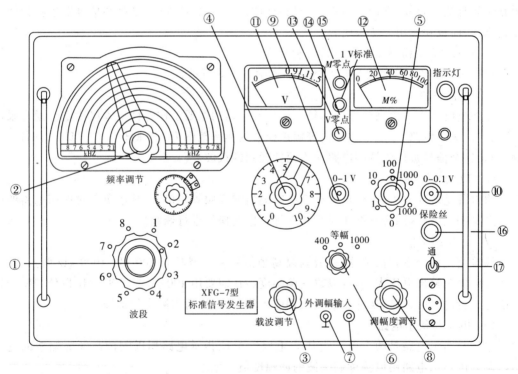

图 2-30　XFG-7 型高频信号发生器面板图

①　波段开关：变换振荡电路工作频段。分 8 个频段，与频率调节度盘上的 8 条刻度线相对应。

②　频率调节旋钮：在每个频段中连续地改变频率。使用时可先调节粗调旋钮到需要的频率附近，再利用微调旋钮调节到准确的频率上。

③ 载波调节旋钮:用以改变载波信号的幅度值。一般情况下都应该调节它使电压表指在1 V上。

④ 输出 — 微调旋钮:用以改变输出信号(载波或调幅波)的幅度。共分10大格,每大格又分成10小格,这样便组成一个1:100的可变分压器。

⑤ 输出 — 倍乘开关:用来改变输出电压的步进衰减器。共分5挡:1,10,100,1000和10000。当电压表准确地指在1 V红线上时,从0~0.1 V插孔输出的信号电压幅度,就是微调旋钮上的读数与这个开关上倍乘数的乘积,单位为μV。

⑥ 调幅选择开关:用以选择输出信号为等幅信号或调幅信号。当开关在等幅挡时,输出为等幅波信号;当开关在400 Hz或1000 Hz挡时,输出调制频率分别为400 Hz和1000 Hz的典型调幅波信号。

⑦ 外调幅输入接线柱:当需要400 Hz或1000 Hz以外的调幅波时,可由此输入音频调制信号(此时调幅度选择开关应置于等幅挡)。另外,也可以将内调制信号发生器输出的400 Hz或1000 Hz音频信号由此引出(此时调幅度选择开关应置于400 Hz或1000 Hz挡)。当连接不平衡式的信号源时,应该注意标有接地符号的黑色接线柱表示接地。

⑧ 调幅度调节旋钮:用以改变内调制信号发生器的音频输出信号的幅度。当载波频率的幅度一定时(1 V),改变音频调制信号的幅度就是改变输出高频调幅波的调幅度。

⑨ 0~1 V输出插孔:它是从步进衰减器前引出的。一般是电压表指示值保持在1 V红线上时,调节输出 — 微调旋钮改变输出电压,实际输出电压值为微调旋钮所指的读数的1/10,即为输出信号的幅度值,单位为V。

⑩ 0~0.1 V输出插孔:它是从步进衰减器后引出的。从这个插孔输出的信号幅度由"输出 — 微调"旋钮、"输出 — 倍乘"开关和带有分压器电缆接线柱的三者读数的乘积决定,单位为μV。

⑪ 电压表(V表):指示输出载波信号的电压值。只有在1 V时(即红线处)才能保证指示值的准确度,其他刻度仅供参考。

⑫ 调幅度表(M%表):它指示输出调幅波信号的调幅度,不论对内调制和外调制均可指示。在30%调幅度处标有红线,为常用的调幅度值。

⑬ V表零点旋钮:调节电压表零点用。

⑭ 1 V校准电位器:用以校准V表的1 V挡读数(刻度)。平常用螺丝盖盖着,不得随意旋动。

⑮ M表零点旋钮:调幅度调节旋钮置于起始位置(即逆时针旋到底),将M表调整到零点,这一调整过程须在电压表在1 V时进行,否则M表的指示是不正确的。

3)使用方法

(1)等幅波输出

① 将"调幅选择"开关置于"等幅"位置。

② 根据所需频率,将波段开关置于相应的频段,然后调节频率粗调、频率微调旋钮,得到准确的频率。

③ 调载波调节旋钮,使电压表指示在1 V红线上(若进行其他操作后发现电压表指示不在1 V红线上了,应重新调回到1 V红线上)。若要求输出大于0.1 V应选"0~1 V"插孔。若要求输出在0.1 V以下应选"0~0.1 V"插孔。若要得到1 μV以下的输出电压,必须使用带有分压器的输出电缆。

例如,在"0～0.1 V"插孔,如果输出—微调旋钮指在5处,就表示输出电压为0.5 V;在"0～0.1 V"插孔,如果输出—微调旋钮指在5,输出—倍乘开关置于10挡,输出信号电压便为 $5 \times 10 \ \mu V = 50 \ \mu V$;如果电缆终端分压为0.1 V,则输出电压应将上述方法计算所得的数值乘0.1。

（2）调幅波输出

使用内调制信号时:

① 将"调幅选择"开关置于相应位置(400 Hz 或 1000 Hz)。

② 按输出等幅波调节频率的方法调节载波频率。

③ 调载波调节旋钮,使电压表指示在1 V红线上。

④ 调节调幅度旋钮,得到所需调幅度,一般为30%。

⑤ 利用输出微调旋钮和倍乘旋钮来控制载波的输出幅度。

使用外调制信号时:

① 将"调幅选择"开关置于"等幅"位置。

② 按输出等幅波调节频率的方法调节载波频率。

③ 选择合适的音频调幅信号源,音频信号发生器应有对应的工作频段、0.5 W以上输出功率。

④ 接通外加信号源的电源,预热几分钟后,将输出调到最小,然后将它接到"外调幅输入"插孔,逐渐增大输出,直到调幅度表上的读数满足要求为止。

⑤ 利用输出微调旋钮和倍乘旋钮来控制载波的输出幅度。

4）使用注意事项

① 用"0～0.1 V"插孔输出时,必须将"0～1 V"插孔用铜幅盖住,以避免干扰,减小误差。

② 使用前,必须对仪器进行调零校准,当通电半个小时后,把"波段"开关置于任何两挡之间,使振荡器不工作,这时如果电压表有指示,应调"零点"旋钮使指针指在零位上。

③ 只有在载波电压表指示在1 V时,调幅度的读数才是正确的。

2.2.4 函数/任意波形发生器

1. 频率合成技术

一般的高频信号源主要采用LC振荡器作为主振器,通过改变电感 L 来改变频段,改变电容 C 进行频段内频率的微调。通常把这种由调谐振荡器构成的信号发生器称为调谐信号发生器。传统的调谐信号发生器指标不高,但价格低廉,在要求不高的场合较受欢迎。

近年来,随着通信技术和电子测量水平的不断发展与提高,对信号源输出频率稳定度和准确度的要求越来越高,而一个信号源的这些指标在很大程度上由主振器决定。普通的LC振荡器已满足不了高性能信号源的要求。若利用频率合成技术代替调谐信号发生器中的LC振荡器,就可以有效地解决上述问题。由于高精度的信号发生器主要采用石英晶体振荡器,其稳定度优于 10^{-8},但它只能产生某些特定频率,所以需要利用频率合成技术对一个或多个基准频率(石英晶体振荡器频率)进行加、减、乘、除运算,得到一系列所需的频率。频率的加减运算通过混频获得,乘除运算通过倍频和分频获得,也可通过锁相技术实现频率合成。

采用频率合成技术制成的频率源统称为频率合成器,用于各种专用设备或系统中。频率合成的方法很多,但基本上分为两大类:一类是直接合成法,另一类是间接合成法。

直接合成法分为模拟直接合成法和数字直接合成法。模拟直接合成法采用基准频率通过谐波发生器,产生一系列谐波频率,然后利用混频、倍频和分频进行频率的算术运算,最终得到所需的频率;数字直接合成法则是利用 ROM 和 DAC 结合,通过控制电路,从 ROM 单元中读出数据,再进行数／模转换,得到一定频率的输出波形。

间接合成法则通过锁相技术进行频率的算术运算,最后得到所需的频率。

1) 直接合成法

(1) 模拟直接合成法

图 2-31 所示为模拟直接合成法的例子,基准频率源(石英晶体振荡器)产生 1 MHz 基准频率,通过谐波发生器产生 2 MHz,3 MHz,…,9 MHz 等谐波频率,连同 1 MHz 基准频率一起并接在纵横制接线的电子开关上,通过电子开关取出 8 MHz、2 MHz、6 MHz、4 MHz 信号,再经过 10 分频器(完成 ÷ 10 运算)、混频器(完成加法或减法运算)和滤波器,最后产生 4.386 MHz 输出信号。

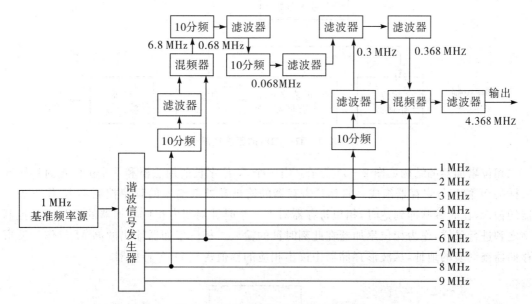

图 2-31　直接频率合成器原理框图

(2) 数字直接合成法

数字直接合成法又叫直接数字频率合成(DDS),是近年来迅速发展起来的一种新的频率／波形合成方法。它将先进的数字处理理论与方法引入信号合成领域,通过控制相位变化速度来直接产生各种不同频率信号。该技术具有频率分辨力高、转换速度快、信号纯度高、相位可控、输出可平稳过渡且相位保持连续变化等优点。近年来在通信、雷达、GPS、图像处理、信号产生等领域得到了广泛的应用。目前市场上基于数字技术的函数信号发生器和函数／任意波形发生器基本上都采用 DDS 技术,逐渐取代了原来的模拟函数信号发生器。

直接数字频率合成技术是根据奈奎斯特取样定理,从连续信号的相位 φ 出发,对一个正弦信号进行取样、量化、编码,然后将形成的正弦函数表存入 ROM 或 RAM 中,合成时则通过改变相位累加器的频率控制字来改变相位增量,相位增量的不同将导致一个周期内取样点数的不同。因角频率 $\omega = \Delta\varphi \cdot \Delta t$，故可在取样频率不变的情况下，通过改变相位累加器的频率控制字的方法将这种变化的相位/幅值量化为数字信号，然后通过 D/A 转换器和低通滤波器得到相位变化的合成模拟信号频率。图 2-32 是 DDS 的基本原理框图，主要由四部分组成，第一部分为相位累加器，主要用于决定输出信号频率的范围和精度；第二部分为正弦函数功能表，用于存储经量化和离散后的正弦函数幅值，每个存储单元的地址即是对应的相位取样地址，存储单元的内容即是已经量化了的正弦波幅值，这样这个存储器便构成了一个与 2π 周期内相位取样相对应的正弦函数功能表；第三部分为 D/A 转换器，产生所需要的模拟信号；第四部分为低通滤波器，用来减少量化噪声、消除波形尖峰。参考信号源一般是一个高稳定度的晶体振荡器，用以同步 DDS 中各部分的工作。因此，DDS 输出的合成信号的频率稳定度和晶体振荡器是一样的。从原理上还可以看出，它是用高稳定度的固定时钟频率来对所需合成的信号进行相位取样的，单位时间内取样量越大，合成的频率越低，取样量的大小由可程控的频率设定数据决定。

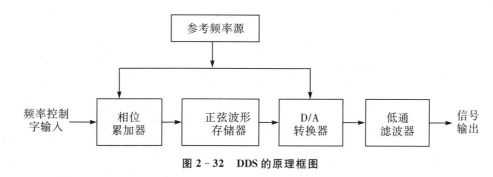

图 2-32 DDS 的原理框图

相位累加器的结构如图 2-33 所示。由一个 N 位字长的加法器和一个由固定时钟脉冲取样的 N 位相位寄存器组成。将相位寄存器的输出和外部输入的频率控制字 K 作为加法器的输入，在时钟脉冲到达时，相位寄存器对上一个时钟周期内相位累加器的值与频率控制字之和进行采样，作为相位累加器在此刻时钟的输入。相位累加器输出的高 M 位作为波形存储器查询表的地址，从波形存储器中读出相应的幅值送到 D/A 转换器。

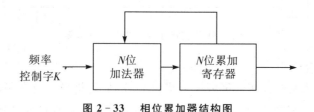

图 2-33 相位累加器结构图

当 DDS 正常工作时，在标准参考频率源的控制下，相位累加器不断进行相位线性累加（每次累加值为频率控制字 K），当相位累加器积满时，就会产生一次溢出，从而完成一个周期的动作，这个周期就是 DDS 合成信号的频率周期，输出信号的频率为

$$f_{out} = \frac{\omega}{2\pi} = \frac{\frac{2\pi}{2^N} \times K \times f_c}{2\pi} = \frac{K \times f_c}{2^N}$$

式中，f_{out} 为输出信号频率，K 为频率控制字，N 为相位累加器字长，f_c 为标准参考频率源工作频率。显然，当 $K = 1$ 时，输出频率最小。

目前,市场上已有了各种各样的 DDS 专用芯片,为电路设计提供了很大的方便。但这些芯片不可能满足所有的设计要求,所以现在很多设计采用 DDS 和可编程逻辑器件(CPLD)或可编程门阵列(FPGA)或单片机结合,以实现更庞大、更复杂的功能。

　　2)间接合成法

　　间接合成法也称锁相合成法,是一种利用锁相环(PLL)的频率合成法,即对频率的加、减、乘、除运算是通过锁相环来间接完成的。锁相信号发生器是在高性能的调谐信号源中进一步增加了频率计数器,并将信号源的振荡频率用锁相原理锁定在频率计数器的时基上,而频率计数器又是以高稳定度的石英晶体振荡器为基准频率的,因此可使锁相信号发生器的输出频率稳定度和准确度大大提高,能达到与基准频率相同的水平。由于锁相环也具有滤波作用,因此可以省去直接合成法中所用的大量滤波器,且可以自动跟踪输入频率,因此结构简单、价格低廉、便于集成,在频率合成技术中获得了广泛的应用。但间接合成法受锁相环锁定过程的限制,转换速度较慢,转换时间一般为毫秒(ms)级。

　　(1)基本锁相环

　　基本框图如图 2-34 所示,基本锁相环是由基准频率源、鉴相器(PD)、环路滤波器(LPF)和压控振荡器(VCO)组成的一个闭环反馈系统,所以习惯上又称之为锁相环电路。

　　基本锁相环的工作过程为:锁相环开始工作时,$f_i \neq f_o$,存在频率差 $\Delta f = f_o - f_i$,则两个信号 u_i 和 u_o 之间的相位差将随时间变化,利用 PD 将此相位的变化鉴出,输出与之成正比的误差电压 u_d,u_d 经 LPF 滤波后送至 VCO,VCO 受误差电压控制,其输出频率朝着减少 Δf 的方向变化,使 f_o 向基准频率源输入频率 f_i 靠拢,这个过程称为频率牵引。在一定条件下,通过频率牵引,f_o 与 f_i 越来越接近,直至 $f_o = f_i$,环路很快就稳定下来,此时 PD 的两个输入信号的相位差为一个恒定值,即 $\Delta \varphi = C$(C 为常量),这种状态称为环路的相位锁定状态。

　　可见,当环路锁定时,其输出频率具有与输入频率相同的频率特性,即锁相环能够使 VCO 输出频率的指标与基准频率的指标相同。

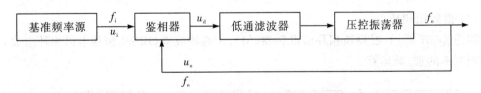

图 2-34　锁相环的基本原理框图

　　(2)倍频锁相环

　　图 2-35(a)所示是数字式倍频锁相环。它首先将 f_o 进行 N 分频,然后在 PD 中与输入频率 f_i 比较,当环路锁定时,PD 两输入信号的频率相等,即 $f_o/N = f_i$。因此倍频环的输出频率为 $f_o = Nf_i$。图 2-35(b)所示是脉冲式倍频锁相环。

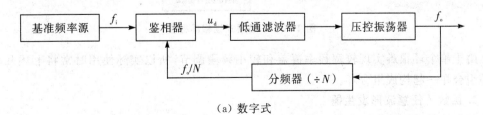

　　(a)数字式

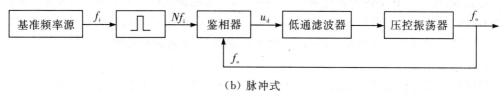

（b）脉冲式

图 2-35 倍频式锁相环原理图

（3）分频锁相环

分频锁相环对输入信号进行除法运算,可用于向低端扩展合成器的频率范围。原理框图如图 2-36 所示,当环路锁定时,输出频率为 $f_o = f_i/N$。

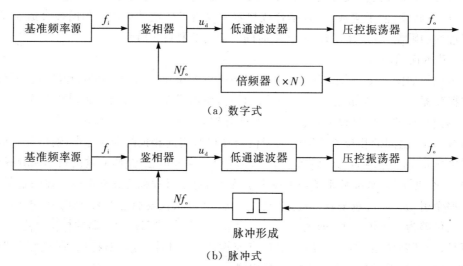

（a）数字式

（b）脉冲式

图 2-36 分频式锁相环原理图

（4）混频锁相环

如图 2-37 所示,混频锁相环由混频器（M）、带通滤波器（BPF）和基本锁相环组成,它可以实现频率的加、减运算。

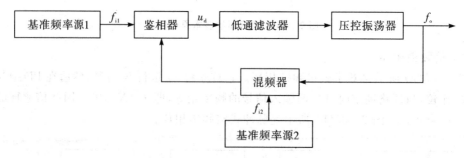

图 2-37 混频式锁相环框图

由于单个环很难实现较宽频率覆盖和较小频段调节,所以实际使用时常将上述几种锁相环组合在一起构成组合环。

2. 函数／任意波形发生器

函数信号发生器实际上是一种多波形信号源,可以输出正弦波、方波、三角波、斜波及指数波等,由于其输出波形均为数学函数,故称函数信号发生器。随着电子技术的发展,尤其是频率合成技术的发展,当前信号发生器一般内置上百种波形,并且可编辑任何波形,同时还具有调频、调幅等多种调制功能和压控频率(VCF)特性,所以被称为任意波形发生器。函数／任意波形发生器被广泛应用于生产测试、仪器维修和实验室等工作中,是一种不可缺少的通用信号发生器。

函数信号发生器构成的方式有多种,下面主要介绍常见的两种。

1) 方波 — 三角波 — 正弦波方式(脉冲式)

脉冲式函数信号发生器先由施密特电路产生方波,然后经过变换得到三角波和正弦波,其组成如图 2-38 所示。它包括内触发脉冲发生器、施密特触发器、积分器、正弦波形成电路等部分。

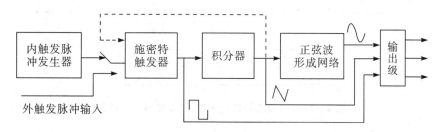

图 2-38　由方波产生三角波、正弦波原理方框图

在本电路中正弦波形成电路起着非常重要的作用,它主要用于将三角波转换成正弦波,能够完成这样变换的电路种类比较多,这里介绍典型的二极管变换电路,如图 2-39 所示。

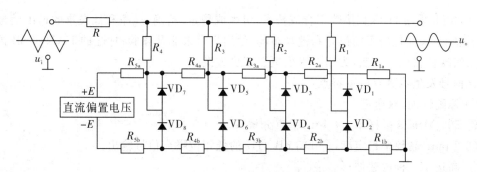

图 2-39　正弦波形成电路原理图

在三角波的正半周,当 U_i 瞬时值较小时,所有的二极管都被 $+E$ 和 $-E$ 截止,U_i 经电阻 R 直接输出,即 $u_o = u_i$,输出与输入波形相同。

当 u_i 上升到 U_1 时,二极管 VD_1 导通,电阻 R、R_1、R_{1a} 构成第一级分压器,输入三角波通过该分压器分压送到输出端,u_o 比 u_i 有所降低。

随着 u_i 的不断增大,VD_3、VD_5、VD_7 依次导通,分压比逐步减小,u_o 的衰减幅度逐渐变小,三角波也趋于正弦波。

以上描述的是正半周的情况,对于负半周与此类似,如图 2-40 所示。

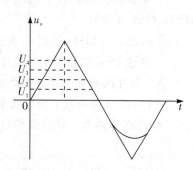

图 2-40　正弦波形成电路波形图

2）正弦波 — 方波 — 三角波方式（正弦式）

正弦式函数信号发生器先振荡输出正弦波,然后经变换得到方波和三角波,其组成如图 2-41 所示。它包括正弦振荡器、缓冲级、方波形成器、积分器、放大器和输出级等部分。其工作过程是:正弦振荡器输出正弦波,经缓冲级隔离后,分为两路信号,一路经放大器输出正弦波,另一路作为方波形成器的触发信号。方波形成器通常是施密特触发器,它输出两路信号,一路送放大器,经放大后输出方波;另一路作为积分器的输入信号。积分器通常是密勒积分器,积分器将方波变换为三角波,经放大后输出。

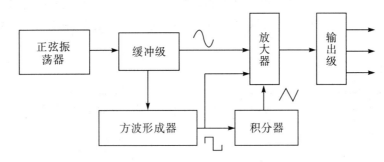

图 2-41　由正弦波产生方波、三角波原理方框图

3. DG4062 型函数／任意波形发生器

DG4062 是集函数发生器、任意波形发生器、脉冲发生器、谐波发生器、模拟／数字调制器、频率计等功能于一身的多功能信号发生器。具有 2 个功能完全相同的通道,通道间相位可调。

DG4062 采用 DDS 直接数字合成技术,可生成稳定、精确、纯净和低失真的输出信号;高清宽屏显示,人性化的界面设计和键盘布局,给用户带来非凡体验;标配的 LAN、USB 接口,可轻松实现仪器远程控制,为用户提供更多解决方案。

该信号发生器具有以下特点:

① 标配性能,双通道。

② 500 MSa/s 采样率,14 bits 垂直分辨率。

③ 2 ppm 高频率稳定度,-115 dBc/Hz 的低相位噪声信号输出。

④ 高达 150 种内建波形。

⑤ 丰富的模拟和数字调制功能（AM、FM、PM、ASK、FSK、PSK、BPSK、QPSK、3FSK、4FSK、OSK、PWM）。

⑥ 标配 200 MHz 带宽,7 digits/s 高精度频率计。

⑦ 高达 16 次的谐波信号发生器功能。

⑧ 7 英寸高清屏（800×480 pixels）。

1）DG4062 型函数／任意波形发生器工作过程

DG4062 型函数／任意波形发生器的工作过程如图 2-42 所示。

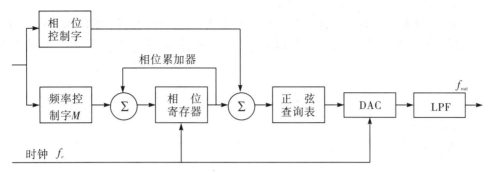

图 2-42 DG4062 型函数／任意波形发生器的工作过程图

① 将存于数表中的数字波形,经 D/A 数模转换器,形成模拟量波形。

② 改变输出信号频率的两种方法:

改变查表寻址的时钟 CLOCK 的频率,可以改变输出波形的频率。

改变寻址的步长来改变输出信号的频率,DDS 即采用此法。步长即为对数字波形查表的相位增量。由累加器对相位增量进行累加,累加器的值作为查表地址。

③ D/A 输出的阶梯形波形,经低通(带通)滤波,成为质量符合需要的模拟波形。

2) DG4062 型函数／任意波形发生器前面板图

DG4062 型函数／任意波形发生器前面板如图 2-43 所示。

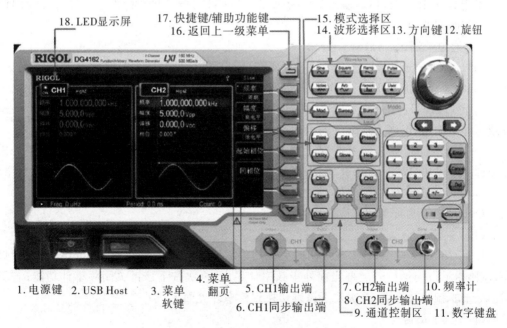

图 2-43 DG4062 型函数／任意波形发生器前面板图

(1) 电源键

用于开启或关闭信号发生器。当该电源键关闭时,信号发生器处于待机模式。只有拔下后面板的电源线,信号发生器才会处于断电状态。可以选择启用或禁用该按键自身的功能。启用时,仪器上电后,需要手动按下该按键启动仪器;禁用时,仪器上电后自动启动。

（2）USB Host

支持 FAT 格式的 U 盘。可读取 U 盘中的波形或状态文件,或将当前的仪器状态和编辑的波形数据存储到 U 盘中,也可以将当前屏幕显示的内容以指定的图片格式(.bmp)保存到 U 盘。

（3）菜单软键

与其左侧菜单一一对应,按下任一软键激活对应的菜单。

（4）菜单翻页

打开当前菜单的上一页或下一页。

（5）CH1 输出端

BNC 连接器,标称输出阻抗为 50 Ω。当 Output1 打开时(背灯变亮),该连接器以 CH1 当前配置输出波形。

（6）CH1 同步输出端

采用 BNC 连接器,标称输出阻抗为 50 Ω。当 CH1 打开同步时,该连接器输出与 CH1 当前配置相匹配的同步信号。

（7）CH2 输出端

采用 BNC 连接器,标称输出阻抗为 50 Ω。当 Output2 打开时(背灯变亮),该连接器以 CH2 当前配置输出波形。

（8）CH2 同步输出端

采用 BNC 连接器,标称输出阻抗为 50 Ω。当 CH2 打开同步时,该连接器输出与 CH2 当前配置相匹配的同步信号。

（9）通道控制区

CH1:选择通道 CH1。选择后,背灯变亮,用户可以设置 CH1 的波形、参数和配置。

CH2:选择通道 CH2。选择后,背灯变亮,用户可以设置 CH2 的波形、参数和配置。

Trigger1:CH1 手动触发按键,在扫频或脉冲串模式下,用于手动触发 CH1 产生一次扫频或脉冲串输出(仅当 Output1 打开时)。

Trigger2:CH2 手动触发按键,在扫频或脉冲串模式下,用于手动触发 CH2 产生一次扫频或脉冲串输出(仅当 Output2 打开时)。

Output1:开启或关闭 CH1 的输出。

Output2:开启或关闭 CH2 的输出。

（10）频率计

按下 Counter 按键,开启或关闭频率计功能。频率计功能开启时,Counter 按键背灯变亮,左侧指示灯闪烁。若屏幕当前处于频率计界面,再次按下该键关闭频率计功能;若屏幕当前处于非频率计界面,再次按下该键切换到频率计界面。

（11）数字键盘

用于输入参数,包括数字键 0～9,小数点".",符号键"+/-",按键"Enter"、"Cancel"和"Del"。注意,要输入一个负数,需在输入数值前输入一个符号"-"。此外小数点"."还可以用于快速切换单位,符号键"+/-"用于切换大小写。

（12）旋钮

在设置参数时,用于增大(顺时针)或减小(逆时针)当前突出显示的数值。在存储或读取文件时,用于选择文件保存的位置或用于选择需要读取的文件。在输入文件名时,用于切换软键盘中的字符。在定义 User 按键快捷波形时,用于选择内置波形。

(13) 方向键

在使用旋钮和方向键设置参数时,用于切换数值的位。在文件名输入时,用于移动光标的位置。

(14) 波形选择区

Sine—— 正弦波:提供频率从 1 μHz 至 160 MHz 的正弦波输出。

• 选中该功能时,按键背灯将变亮。

• 可以改变正弦波的"频率 / 周期"、"幅度 / 高电平"、"偏移 / 低电平"和"起始相位"。

Square—— 方波:提供频率从 1 μHz 至 50 MHz 并具有可变占空比的方波输出。

• 选中该功能时,按键背灯将变亮。

• 可以改变方波的"频率 / 周期"、"幅度 / 高电平"、"偏移 / 低电平"、"占空比"和"起始相位"。

Ramp—— 锯齿波:提供频率从 1 μHz 至 4 MHz 并具有可变对称性的锯齿波输出。

• 选中该功能时,按键背灯将变亮。

• 可以改变锯齿波的"频率 / 周期"、"幅度 / 高电平"、"偏移 / 低电平"、"对称性"和"起始相位"。

Pulse—— 脉冲波:提供频率从 1 μHz 至 40 MHz 并具有可变脉冲宽度和边沿时间的脉冲波输出。

• 选中该功能时,按键背灯将变亮。

• 可以改变脉冲波的"频率 / 周期"、"幅度 / 高电平"、"偏移 / 低电平"、"脉宽 / 占空比"、"上升沿"、"下降沿"和"延迟"。

Noise—— 噪声:提供带宽为 120 MHz 的高斯噪声输出。

• 选中该功能时,按键背灯将变亮。

• 可以改变噪声的"幅度 / 高电平"和"偏移 / 低电平"。

Arb—— 任意波:提供频率从 1 μHz 至 40 MHz 的任意波输出。

• 支持逐点输出模式。

• 可输出内建的 150 种波形:直流、Sinc、指数上升、指数下降、心电图、高斯、半正矢、洛仑兹、脉冲和双音频等。也可以输出 U 盘中存储的任意波形。

• 还可以输出用户在线编辑(16 kpts)或通过 PC 软件编辑后下载到仪器中的任意波。

• 选中该功能时,按键背灯将变亮。

• 可改变任意波的"频率 / 周期"、"幅度 / 高电平"、"偏移 / 低电平"和"起始相位"。

Harmonic—— 谐波:提供频率从 1 μHz 至 80 MHz 的谐波输出。

• 可输出最高 16 次谐波。

• 可以设置谐波的"谐波次数"、"谐波类型"、"谐波幅度"和"谐波相位"。

User—— 用户自定义波形键:用户可以将该按键定义为最常用的内建波形的快捷键(Utility → 用户键),此后便可以在任意操作界面,按下该键快速打开所需的内建波形并设置其参数。

(15) 模式选择区

Mod—— 调制:可输出经过调制的波形,提供多种模拟调制和数字调制方式,可产生 AM、FM、PM、ASK、FSK、PSK、BPSK、QPSK、3FSK、4FSK、OSK 和 PWM 调制信号。

- 支持"内部"和"外部"调制源。

Sweep—— 扫频：可产生"正弦波"、"方波"、"锯齿波"和"任意波（DC 除外）"的扫频信号。

- 支持"线性"、"对数"和"步进"3 种扫频方式。
- 支持"内部"、"外部"和"手动"3 种触发源。
- 提供"标记"功能。
- 选中该功能时，按键背灯将变亮。

Burst—— 脉冲串：可产生"正弦波"、"方波"、"锯齿波"、"脉冲波"和"任意波（DC 除外）"的脉冲串输出。

- 支持"N 循环"、"无限"和"门控"3 种脉冲串模式。
- "噪声"也可用于产生门控脉冲串。
- 支持"内部"、"外部"和"手动"3 种触发源。
- 选中该功能时，按键背灯将变亮。

注意，当仪器工作在远程模式时，该键用于返回本地模式。

（16）返回上一级菜单

该按键用于返回上一级菜单。

（17）快捷键／辅助功能键

Print—— 打印功能键：执行打印功能，将屏幕以图片形式保存到 U 盘。

Edit—— 编辑波形快捷键：该键是"Arb→编辑波形"的快捷键，用于快速打开任意波编辑界面。

Preset—— 恢复预设值：用于将仪器状态恢复到出厂默认值或用户自定义状态。

Utility—— 辅助功能与系统设置：用于设置辅助功能参数和系统参数。

Store—— 存储功能键：可存储／调用仪器状态或者用户编辑的任意波数据。支持常规文件操作。

- 内置一个非易失性存储器（C 盘），并可外接一个 U 盘（D 盘）。
- 选中该功能时，按键背灯将变亮。

Help—— 帮助：要获得任何前面板按键或菜单软键的上下文帮助信息，按下该键将其点亮后，再按下你所需要获得帮助的按键。

（18）LCD800×480TFT 彩色液晶显示器

显示当前功能的菜单和参数设置、系统状态以及提示消息等内容。

注意，通道输出端设有过压保护功能，满足下列条件之一则产生过压保护：

- 仪器幅度设置大于 4 Vpp，输入电压大于 ±11.25 V（±0.1 V），频率小于 10 kHz。
- 仪器幅度设置小于等于 4 Vpp，输入电压大于 ±4.5 V（±0.1 V），频率小于 10 kHz。

产生过压保护时，仪器屏幕显示提示消息"过载保护，输出关闭！"。

3）输出基本波形

DG4000 系列函数／任意波形发生器可从单通道或同时从双通道输出基本波形，包括正弦波、方波、锯齿波、脉冲和噪声。开机时，仪器默认输出一个频率为 1 kHz、幅度为 5 Vpp 的正弦波。如果用户不需要此波形，可以从以下 4 个方面进行调节，输出所需信号波形。

（1）选择通道

用户可以配置 DG4000 从单通道或同时从双通道输出基本波形。配置波形参数之前，请选择所需的通道。开机时,仪器默认选中 CH1。按下前面板 CH1 或 CH2 按键,用户界面中对应的通道区域变亮。此时,可以配置所选通道的波形和参数。

注意,CH1 与 CH2 不可同时被选中。可以首先选中 CH1,完成波形和参数的配置后,再选中 CH2 进行配置。

(2)选择基本波形

DG4000 可输出 5 种基本波形,包括正弦波、方波、锯齿波、脉冲和噪声。开机时,仪器默认选中正弦波。

① 正弦波

按下前面板 Sine 按键选择正弦波,按键背灯变亮。此时,用户界面右侧显示"Sine"及正弦波的参数设置菜单。

② 方波

按下前面板 Square 按键选择方波,按键背灯变亮。此时,用户界面右侧显示"Square"及方波的参数设置菜单。

③ 锯齿波

按下前面板 Ramp 按键选择锯齿波,按键背灯变亮。此时,用户界面右侧显示"Ramp"及锯齿波的参数设置菜单。

④ 脉冲

按下前面板 Pulse 按键选择脉冲,按键背灯变亮。此时,用户界面右侧显示"Pulse"及脉冲的参数设置菜单。

⑤ 噪声

按下前面板 Noise 按键选择噪声,按键背灯变亮。此时,用户界面右侧显示"Noise"及噪声的参数设置菜单。

(3)设置频率

频率是基本波形最重要的参数之一。仪器默认值为 1 kHz。按"频率/周期"软键使"频率"突出显示。此时,使用数字键盘或方向键和旋钮输入频率的数值,然后在弹出的单位菜单中选择所需的单位即可。可选的频率单位有 MHz、kHz、Hz、mHz 和 μHz。再次按下此软键将切换至周期设置,此时"周期"突出显示。可选的周期单位有 sec、msec、μsec 和 nsec。

(4)设置幅度

幅度的可设置范围受"阻抗"和"频率/周期"设置的限制,默认值为 5 Vpp。按"幅度/高电平"软键使"幅度"突出显示。此时,使用数字键盘或方向键和旋钮输入幅度的数值,然后在弹出的单位菜单中选择所需的单位。可选的幅度单位有 Vpp、mVpp、Vrms、mVrms 和 dBm(高阻时无效)。再次按下此软键将切换至高电平设置,此时"高电平"突出显示。可选的高电平单位有 V 和 mV。

4)输出基本波形实例

设置信号发生器从 CH1 输出一个脉冲波形,频率为 1.5 MHz,幅度为 500 mVpp,DC 偏移为 5 mVDC,脉宽为 200 ns,上升沿时间为 75 ns,下降沿时间为 100 ns,延时为 5 ns。

① 按前面板 CH1 按键,背灯变亮,选中 CH1。

② 按前面板 Pulse 按键,背灯变亮,选中 Pulse 波形。

③ 按"频率/周期"软键使"频率"突出显示,数字上方的亮点表示光标处于当前位(见图 2-44)。使用数字键盘或方向键和旋钮输入频率的数值"1.5"。在弹出的菜单中选择所需

的单位"MHz"。

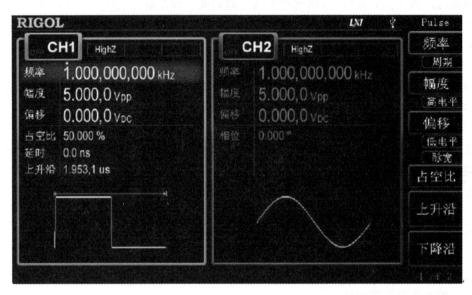

图 2 - 44　按"频率 / 周期"软键使"频率"突出显示

　　④ 按"幅度 / 高电平"软键使"幅度"突出显示,数字上方的亮点表示光标处于当前位。使用数字键盘或方向键和旋钮输入幅度的数值"500"。在弹出的菜单中选择所需的单位"mVpp"。

　　⑤ 按"偏移 / 低电平"软键使"偏移"突出显示,数字上方的亮点表示光标处于当前位。使用数字键盘或方向键和旋钮输入偏移的数值"5"。在弹出的菜单中选择所需的单位"mVDC"。

　　⑥ 按"脉宽 / 占空比"软键使"脉宽"突出显示,数字上方的亮点表示光标处于当前位。使用数字键盘或方向键和旋钮输入数值"200"。在弹出的菜单中选择单位"nsec"。此时,脉冲占空比随之改变。

　　⑦ 按"上升沿"软键使"上升沿"突出显示,数字上方的亮点表示光标处于当前位。使用数字键盘或方向键和旋钮输入数值"75"。在弹出的菜单中选择单位"nsec"。按"下降沿"软键使"下降沿"突出显示,数字上方的亮点表示光标处于当前位。使用数字键盘或方向键和旋钮输入数值"100"。在弹出的菜单中选择单位"nsec"。

　　⑧ 按"延时"软键使其突出显示,数字上方的亮点表示光标处于当前位。使用数字键盘或方向键和旋钮输入数值"5"。在弹出的菜单中选择单位"nsec"。

　　⑨ 按前面板 Output1 按键打开 CH1 的输出。此时,CH1 输出具有指定参数的波形。将 CH1 输出端连接到示波器可以观察到如图 2 - 45 所示的波形。

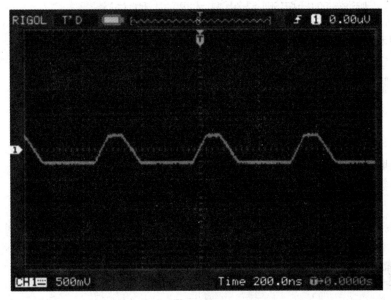

图 2-45　CH1 输出波形

子项目 2　函数 / 任意波形发生器的使用

知识点：函数信号发生器和任意波形发生器的基本原理、基本结构和使用方法。
技能点：学会选用及正确使用函数信号发生器和任意波形发生器产生特定的波形。
项目内容：

1. 用传统函数信号发生器产生 1 kHz、峰峰值电压 5 V 的正弦波。

2. 用传统函数信号发生器产生 1 MHz、峰峰值电压 0.5 V 的三角波。

3. 用传统函数信号发生器产生 400 Hz、峰峰值电压 0.15 V、占空比为 30% 的方波。

4. 用 DG4062 型函数 / 任意波形发生器输出以上三点要求的波形。

5. 用 DG4062 型函数 / 任意波形发生器输出机器内置的 150 种任意波中的 3 种进行观察。

6. 用 DG4062 型函数 / 任意波形发生器输出 3 种调制波形。

7. 用 DG4062 型函数 / 任意波形发生器输出扫频波形。

2.3　时间和频率的测量

　　时间和频率是电子技术中两个重要的基本参量，其他许多电参量的测量方案、测量结果都与频率有着十分密切的关系，因此频率的测量是相当重要的。目前，在电子测量中，时间和频率的测量精确度是最高的。在检测技术中，常常将一些非电量或其他电参量转换成频率进行测量。本节主要介绍时间和频率的测量方法与常用测量仪器，包括模拟与数字示波器的原理、特点及应用，电子计数器的组成、主要功能以及测频测周的误差分析。

2.3.1　频率和时间测量的基本要求和方法

1. 频率和周期的基本概念

频率的定义为相同的现象在单位时间内重复出现的次数。周期则是指出现相同现象的最小时间间隔。

$$f = \frac{N}{T_s} \qquad (2-1)$$

式中,f 表示频率;N 表示相同的现象重复出现的次数;T_s 表示单位时间。

所谓周期性现象,是指经过一段相等的时间间隔又出现相同状态的现象,在数学上可用一个周期函数来表示:

$$F(t) = F(t+T) = F(t+nT) \qquad (2-2)$$

式中,n 为正整数,表示相同的现象重复出现的次数;T 为周期过程的周期时间。

对于一个周期现象来说,周期和频率都是描述它的重要参数。两者互为倒数关系,只要测出一个,便可以求出另一个。

$$f = \frac{1}{T} \qquad (2-3)$$

式中,f 表示频率,单位为赫兹(Hz);T 为周期,单位是秒(s)。

2. 时间和频率测量的特点

时间是七个国际基本单位之一,时间和频率作为最常见和最重要的测量,与其他各种物理测量相比,具有如下特点:

① 测量准确度高。在时间的计量中,由于采用了"原子秒"和"原子时"定义的量子基准,使时间和频率基准具有最高的准确度。而且对于不同场合的时频测量,都可以找到相应的各种等级的时频标准源。如石英晶体振荡器结构简单,使用方便,其精度在 10^{-10} 左右,已能满足大多数电子设备的需要,是一种常用的频率标准源;原子频标的精度可以达到 10^{-13},广泛应用于航天、测控等频率准确度要求较高的领域。

② 测量范围广、速度快。时间和频率测量可以做到快速响应。信号可以通过电磁波传播,极大地扩大了时间／频率的比对和测量范围。例如 GPS 卫星导航系统,可以实现全球范围的、最高准确度的频率比对和测量。

③ 测量的动态性、自动化程度高。在时刻和时间间隔的测量中,时刻始终在变化,上一次和下一次的时间间隔是不同时刻的时间间隔,频率也是如此,都具有动态性。随着新的测量技术的发展,时频测量的自动化程度有了很大的提高。

④ 频率信息的传输和处理比较容易。可以通过倍频、分频、混频、扫频等技术,对不同频段的频率信号进行灵活的测量,并且频率信号传输不易受到干扰。

3. 频率的测量方法

频率的测量方法按工作原理可以分为直接法和比对法两大类。具体如表 2-13 所示。

直接法是指直接利用电路的某种频率响应特性来测量频率的方法。该法常常通过数学模型先求出频率表达式,然后利用频率与其他已知参数的关系测量频率。电桥法和谐振法是这类测量方法的典型代表。

比对法是利用标准频率与被测频率进行比较来测量频率。其测量准确度主要取决于标准频率的准确度。拍频法、外差法、示波法及计数器测频法是这类测量方法的典型代表。电子计数器测量频率和时间具有测量精度高、速度快、操作简单、可直接显示数字、便于与计算机结合实现测量过程自动化等优点,是目前最好的测频方法之一。

表 2 - 13　频率测量方法

直接法		比对法			
				示波法	计数法
谐振法	电桥法	拍频法	差频法	(1) 李沙育图形法	(1) 电容充放电法
				(2) 测量周期法	(2) 电子计数法

下面分别介绍几种典型的频率测量方法。

1) 谐振法测频

(1) 谐振法测频的基本原理

谐振法测频以 LC 调谐电路的谐振为基础,即利用电感、电容的串联谐振回路或并联谐振回路的谐振特性来实现测频,如图 2 - 46 所示。

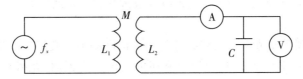

图 2 - 46　LC 谐振法测频原理图

L_2、C 构成一个串联谐振电路,被测信号 f_x 通过互感线圈与被测电路耦合。调节 C 的电容值,即改变 L_2、C 组成的测量回路的固有频率 f_0。当 $f_x = f_0$ 时,测量回路谐振。谐振回路电流达到最大,同时电容两端的电压值也达到最大,这时,串接于回路中的电流表或并接于电容 C 两端的电压表读数示值最大。当被测信号频率偏离 f_0 时,读数下降。

显然,有

$$f_x = f_0 = \frac{1}{2\pi\sqrt{L_2 C}} \tag{2-4}$$

式中,f_x 为被测信号的频率;f_0 为测量回路的固有频率;L_2 为测量回路的电感值;C 为测量回路的电容。

通常,用改变电感的方法改变频段,用可变电容作频率细调。L_2 的值预先给定,C 是标准可变电容器,由面板上的刻度盘可直接读出 C 值,根据上式便可算出待测频率 f_x。

(2) 谐振点的判断

在谐振点附近随着频率 f_0 的变化,电流和电压表的读数变化比较缓慢,这给准确判断谐振点的位置带来了一定的困难,使得测量误差较大。而利用谐振回路的谐振曲线具有较好对称性的特点,采用对称交叉读数法,可以大大提高测量的精确度。谐振电路的曲线如图 2 - 47 所示。

该曲线是一条以谐振频率为中心的对称曲

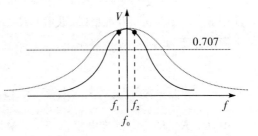

图 2 - 47　LC 谐振法的谐振曲线

线,曲线在半功率点处斜率最大。所以在测量时,可以故意使回路失谐,在谐振频率 f_0 附近的左、右对称点读取两个对应的失谐频率 f_1 和 f_2,求其平均值即为比较准确的谐振频率 f_0,也就是被测信号的频率。

其中,f_1 和 f_2 的频率值可由面板上的刻度盘直接读出。被测信号频率 f_x 为

$$f_x = f_0 = \frac{f_1 + f_2}{2} \tag{2-5}$$

（3）谐振法测频的误差分析

谐振法测量频率的原理和测量方法都比较简单,应用也比较广泛,利用该法测量频率的测量误差大约在 $\pm 0.25\% \sim \pm 1\%$ 范围内。可作为频率粗测或某些仪器的附属测频部件。这种测频误差的来源主要有以下几种:

① 实际中电感、电容的损耗越大,品质因数越低,谐振曲线越平滑,越不容易找出真正的谐振点。如图 2-47 中虚线所示。

② 面板上的频率刻度是在规定的标定条件下刻度的,当环境温度、湿度等因数变化时,将使电感、电容的实际值发生变化,从而使回路的固有频率发生变化。

③ 由于频率刻度不能分得无限细,人眼读数常常有一定的误差。

2）电桥法测频

电桥法测频是利用交流电桥平衡条件与加在该电桥中的交流工作信号频率有关的特性来进行的。交流电桥种类很多,这里以最常用的文氏电桥为例,介绍电桥法测频的原理,如图 2-48 所示。

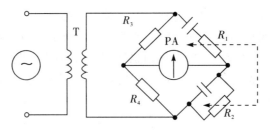

图 2-48　电桥法测频原理

电桥平衡的两个条件为

$$\begin{cases} \dfrac{R_2}{R_3} + \dfrac{C_3}{C_2} = \dfrac{R_1}{R_4} \\ \omega_x R_2 C_3 - \dfrac{1}{\omega_x R_3 C_2} = 0 \end{cases} \tag{2-6}$$

其中 R_1、R_4、C_2、C_3 为常量（标准值）,R_2、R_3 是可调电位器,令 $R_2 = R_3 = R$,$C_2 = C_3 = C$,则平衡条件变为

$$\begin{cases} R_1 = 2R_4 \\ f_x = \dfrac{1}{2\pi RC} \end{cases} \tag{2-7}$$

式中,R_1、R_4、R——标准电阻;f_x——被测信号的频率;C——标准电容。

在 $R_1 = 2R_4$ 条件下,调节 R 或 C,可使电桥对被测信号频率 f_x 达到平衡,此时检流计指示值最小。如果根据式（2-7）,先换算出 f_x 与 R、C 的比例关系,然后直接在机板上按频率

刻度,测试人员就可直接读取被测信号 f_x 的频率值。

电桥测频法的测量精确度取决于电桥中各元件的精确度、检流计的灵敏度、测试者判断电桥平衡的准确度以及被测信号的频谱纯度等。该法测量误差大约为 $\pm(0.5\sim1)\%$。高频时,由于寄生参数的影响,会使测量精确度大大下降,所以该法只适用于 10 kHz 以下的频率测量。

3)频率 — 电压转换法测频

频率电压转换的方法是把被测信号的频率大小转换成与之成比例的时间间隔,其原理框图如图 2-49 所示。

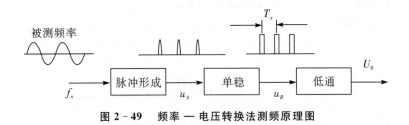

图 2-49 频率 — 电压转换法测频原理图

脉冲形成电路把频率为 f_x 的正弦信号 u_x 转换成周期与之相等的尖脉冲 u_A,该尖脉冲加入单稳多谐振荡器,产生周期为 T_x、宽度为 τ、幅度为 U_m 的矩形脉冲序列 U_B,U_B 的平均值为

$$U_0 = \overline{u_B} = \frac{U_m \cdot \tau}{T_x} = U_m \cdot \tau \cdot f_x \tag{2-8}$$

式中,U_0 —— 换转后的矩形脉冲电压的平均值幅度;U_m —— 矩形脉冲的幅度,为定值;τ —— 矩形脉冲的宽度,为定值;f_x —— 被测信号的频率。

由于 U_m、τ 为定值,所以输出电压与被测信号频率之间为线性关系,如果电压表表盘根据式(2-8)按频率刻度,则从电压表上可直接读出被测信号的频率 f_x。

这种频率 — 电压转换法测量频率最高可达几兆赫兹,其突出优点是可以连续监视频率的变化。

4)比较法测频

比较法测频就是用标准频率与被测频率进行比较,当把标准频率调节到与被测频率相等时,指零仪表指零,此时的标准频率值即为被测频率值。比较法测频可分为拍频法测频与差频法测频两种。

拍频法是将被测频率信号与标准频率信号通过线性电路进行叠加,然后把叠加结果显示在示波器上观察波形,或者送入耳机进行监听。当 $f_x = f_s$ 时,线性叠加结果振幅恒定;当 $f_x \neq f_s$ 时,线性叠加结果振幅是变化的。这种方法适用于测量低频,且被测信号与标准信号波形应相同,因此目前很少应用。

差频法测频是将待测频率信号与标准频率信号在非线性元件上进行混频,测出差频信号,然后根据公式 $f_x = f_0 + F$(F 为差频信号频率)求得被测信号的频率 f_x。差频法测量频率的误差约为 10^{-5},最低可测信号电平为 $0.1\sim1$ μV。

此外,频率的测量还可以使用示波器或电子计数器来实现,后面会详细讨论。

2.3.2 模拟示波器

示波器是一种用显示屏(即荧光屏)显示信号波形随时间变化过程的电子测量仪器。能将人眼无法直接观察到的电信号以波形的形式显示在示波器显示屏上。所以很多非电量可以转换为电量通过示波器进行观察。示波器是一种应用极为广泛的电子测量仪器。它可以用来观察信号波形,测量信号的幅度、频率、时间、相位等,还可以测量电路网络的频率特性和伏安特性。

示波器是时域分析的最典型仪器,也是当前电子测量领域中,品种最多、数量最大、最常用的一种仪器。按照对信号的处理方式不同,可以把示波器分为模拟示波器和数字示波器两大类,进一步可分为通用示波器、取样示波器、存储示波器、专用示波器等。

1. 示波器的结构组成

示波管是示波器的显示部件,也是示波器的核心元器件。目前,阴极射线示波管仍然是示波器的重要显示部件,简称示波管,常用符号 CRT 表示。CRT 主要由电子枪、偏转系统和荧光屏三部分组成,它们都被密封在真空的玻璃壳内,其结构如图 2-50 所示。

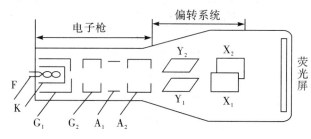

图 2-50 示波管的结构示意图

示波管的工作原理是由电子枪产生的高速电子束轰击荧光屏的相应部位产生荧光,而偏转系统则能使电子束产生偏转,从而改变荧光屏上光点的位置。

1)电子枪

电子枪由灯丝 F、阴极 K、栅极 G_1 和 G_2、阳极 A_1 和 A_2 组成。当灯丝 F 通电后,加热阴极,涂有氧化物的阴极 K 发射出大量的电子,电子在阳极吸引下形成电子束,轰击荧光屏上的荧光粉发光。

阴极和第一、第二阳极之间为控制栅极 G_1 和 G_2。控制栅极 G_1 呈圆筒状,包围着阴极,只在面向荧光屏的方向开一个小孔,使电子束从小孔中穿过。通过调节 G_1 对 K 的负电位来控制阴极发射的电子数,从而可调节荧光屏上光点的亮度,即进行"辉度"控制。G_1 的电位越负,打到荧光屏上的电子数越少,图形越暗。调节 G_1 电位的电位器因此称为"辉度"旋钮。

当电子束离开栅极小孔时,电子互相排斥而发散,于是引入第一阳极 A_1,即聚焦极。引入第二阳极 A_2,即加速极。A_1 和 A_2 的电位远高于阴极 K,它们与 G_2 形成聚焦系统,对电子束进行聚焦和加速,使得到达荧光屏的电子形成很细的一束并具有很高速度。

调节第一阳极 A_1 的电位器称为"聚焦"旋钮;调节第二阳极 A_2 电位的旋钮称为"辅助聚焦"旋钮。可以同时调节 G_2 和 A_1、A_1 和 A_2 之间的电位,使电子束的焦点正好落在荧光屏上。

2)偏转系统

示波管的偏转系统由两对相互垂直的平行金属板组成,分别称为垂直(Y)偏转板和水平(X)偏转板,偏转板在外加电压信号的作用下使电子枪发出的电子束产生偏转。

当偏转板上没有外加电压时,电子束打向荧光屏的中心点;如果有外加电压,则在偏转电场作用下,电子束打向由 X、Y 偏转板共同决定的荧光屏上的某个坐标位置。电子的位移与所加电压的大小成正比。

图 2-51 为 y 偏转系统对电子束的影响示意图。在偏转电压 u_y 的作用下,y 方向的偏转距离为

$$y = \frac{LS}{2bU_a}u_y \qquad\qquad (2-9)$$

式中,L—— 偏转板的长度;S—— 偏转板中心到屏幕中心的距离;b—— 偏转板之间的距离;u_y—— 垂直偏转板所加的偏转电压;U_a—— 第二阳极电压。

由式(2-9)可见,偏转距离 y 与 u_y、L、S 成正比,与 b、U_a 成反比。即偏转板间的相对电压 u_y 越大,偏转板的长度越长,偏转板中心到荧光屏之间的距离 S 越长,都会使偏转距离增大,使电子束在屏幕垂直方向 y 的偏转距离增大。对于同样的偏转电压 u_y,若板间距离 b 变大,则电场强度和偏转距离都变小。同样,若第二阳极电压 U_a 越高,电子在轴线方向或者说 z 方向的运动速度越高,穿过偏转板所用的时间减少,电场对它的作用也越小,偏转距离也会减小。

当示波管制成以后,L、b、S 均为常数,第二阳极电压 U_a 也基本不变,所以 y 方向上的偏转距离正比于偏转板上的电压 u_y,即

$$y = h'_y u_y \qquad\qquad (2-10)$$

式中,y—— y 方向的偏转距离;h'_y—— 比例系数,称为示波管的偏转因数,单位为 cm/V;u_y—— 垂直偏转板所加的偏转电压。

其中,比例系数 h'_y 的倒数称为示波管的垂直灵敏度,单位为 V/cm。它是示波管的一个重要参数。

在一定范围内,荧光屏上光点偏移的距离与偏转板上所加电压成正比,这是用示波管观测波形的理论根据。

3）荧光屏

荧光屏将电信号变为光信号,它是示波管的波形显示部分,通常制作成矩形平面。其内壁有一层磷光物质,这种由磷光物质组成的荧光膜在受到高速电子轰击后,将电子的动能转化为光能,产生亮点,光点的亮度取决于轰击电子束中电子的数目、密度和速度。

当电子束从荧光屏上移去后,光点仍能在屏上保持一定的时间才消失。从电子束移去到光点亮度下降为原始值的 10%,所延续的时间称为余辉时间,用符号 I_s 表示。正是利用荧光屏的余辉时间和人眼的视觉暂留特性,当电子束随信号电压偏转时,人们才能观察到由光点的移动轨迹而形成的整个信号波形。

荧光屏的余辉时间的长短随着各种荧光物质的不同而不同,常见的有极短余辉($I_s \leqslant$ 10 μs)、短余辉($I_s = $ 10 μs $\sim$ 10 ms)、中余辉($I_s = $ 1 ms $\sim$ 0.1 s)、长余辉($I_s = $ 0.1 s $\sim$ 1 s)、极长余辉($I_s \geqslant$ 1 s)等。要根据实际应用选择不同余辉的示波管,频率越高要求余辉时间越短。同时,在使用示波器时,要避免过密的光束长时间停留在一点上,因为电子的动能在转换成光能的同时还产生大量热能,会减弱荧光物质的发光效率,严重时还可能把屏烧成一个黑点。

在荧光屏上还常标有刻度线,方便测量所显示波形的高度和宽度读数。

2. 波形显示原理

电子束在荧光屏上产生的亮点在屏幕上移动的轨迹,是加到偏转板上的电压信号的

波形。

1）显示随时间变化的图形

电子束进入偏转系统后，要受到 X、Y 两对偏转板间电场的控制，它们对 X、Y 的控制作用有如下几种情况。

（1）U_x、U_y 为固定电压的情况：

① 设 $U_x = U_y = 0$，则光点在垂直和水平方向都不偏转，出现在荧光屏的中心位置，如图 2-51(a) 所示。

② 设 $U_x = 0$，$U_y = $ 常量，光点在垂直方向偏移。设 U_y 为正电压，则光点从荧光屏的中心沿垂直方向上移，如图 2-51(b) 所示；若 U_y 为负电压，则光点从荧光屏的中心沿垂直方向下移。

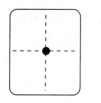 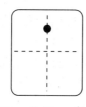 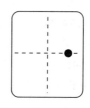 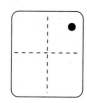

(a) $U_x = U_y = 0$　(b) $U_x = 0$，$U_y = $ 常量　(c) $U_x = $ 常量，$U_y = 0$　(d) $U_x = $ 常量，$U_y = $ 常量

图 2-51　固定电压与光点偏移的关系

③ 设 $U_y = 0$，$U_x = $ 常量，光点在水平方向偏移。若 U_x 为正电压，则光点从荧光屏的中心沿水平方向右移，如图 2-51(c) 所示；若 U_x 为负电压，则光点从荧光屏的中心沿水平方向左移。

④ $U_x = $ 常量，$U_y = $ 常量，则光点在水平和垂直方向都有偏转，根据所加电压的极性不同，可以分布在任何一个象限，如 U_x 为正电压，U_y 也为正电压，如图 2-51(d) 所示。

（2）X、Y 偏转板上分别加变化电压（见图 2-52）：

① 设 $u_x = 0$，$u_y = U_m \sin\omega t$，由于 X 偏转板不加电压，光点在水平方向是不偏移的，则光点只在荧光屏的垂直方向来回移动，出现一条垂直线段。

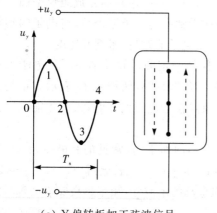 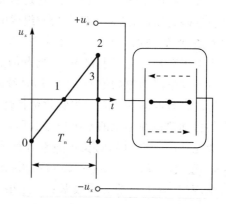

（a）Y 偏转板加正弦波信号　　　　　　　　（b）X 偏转板加锯齿波信号

图 2-52　可变电压与光点偏移关系图

② 设 $u_x = kt$，$u_y = 0$，由于 Y 偏转板不加电压，光点在垂直方向是不移动的，则光点在荧光屏的水平方向上来回移动，出现的是一条水平线段。

（3）Y 偏转板加正弦波信号电压 $u_y = U_m \sin\omega t$，X 偏转板加锯齿波电压 $u_x = kt$：

即 X、Y 偏转板同时加电压,假设 $T_x = T_y$,则电子束在两个电压的同时作用下,在水平方向和垂直方向同时产生位移,荧光屏上将显示出被测信号随时间变化的一个周期的波形曲线。如图 2 - 53 所示。

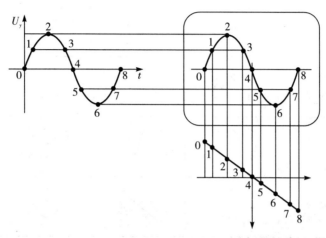

图 2 - 53　X、Y 偏转板同时加信号时光点轨迹图

2) 显示任意两个变量之间的关系

示波器两个偏转板上都加正弦电压时显示的图形称为李沙育(Lissajous)图形,这种图形在相位和频率测量中常会用到。

① 若两信号的初相相同,则可在荧光屏上画出一条直线,若两信号在 X、Y 方向的偏转距离相同,这条直线与水平轴呈 45° 角。如图 2 - 54(a) 所示。

② 如果这两个信号初相位差 90°,则在荧光屏上画出一个正椭圆;若 X、Y 方向的偏转距离相同,则荧光屏上画出的图形为圆。如图 2 - 54(b) 所示。

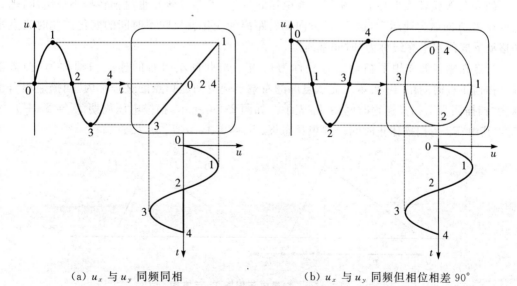

　(a) u_x 与 u_y 同频同相　　　　　　(b) u_x 与 u_y 同频但相位相差 90°

图 2 - 54　两个同频率正弦信号构成的李沙育图

用示波器 X－Y 工作方式,显示任意两个变量之间的关系,得到的常用的李沙育图形如图 2-55 所示。

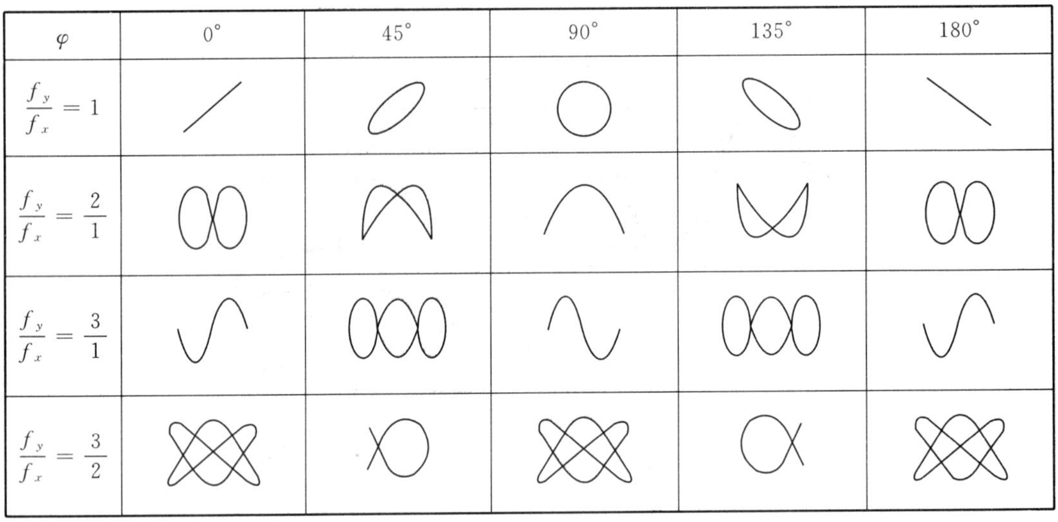

φ	0°	45°	90°	135°	180°
$\dfrac{f_y}{f_x}=1$					
$\dfrac{f_y}{f_x}=\dfrac{2}{1}$					
$\dfrac{f_y}{f_x}=\dfrac{3}{1}$					
$\dfrac{f_y}{f_x}=\dfrac{3}{2}$					

图 2-55　任意两变量之间的李沙育图形

3. 扫描

被测电压是时间的函数,对应于每一个时刻,它都有确定的值与之对应。要在荧光屏上显示被测电压波形,就要把屏幕作为一个直角坐标,其垂直轴作为电压轴,水平轴作为时间轴,使电子束在垂直方向偏转距离正比于被测电压的瞬时值,沿水平方向的偏转距离与时间成正比,也就是使光点在水平方向做恒速运动。

要达到此目的,就必须在示波管的 X 轴偏转板上加随时间线性变化的扫描锯齿波电压,称之为扫描电压。

如果在 X 偏转板上加上一个锯齿波电压 $u_x=kt$(k 为常数),垂直偏转板不加电压,那么光点在 X 方向做匀速运动,这样,X 方向偏转距离的变化就反映了时间的变化。此时光点水平移动形成的水平亮线称为"时间基线"。

光点在锯齿波作用下扫动的过程称为扫描。光点自左向右的连续扫动称为"扫描正程",扫描正程时间用 T_s 表示。光点自屏的右端迅速返回起扫点的过程称为"扫描逆程",也称为"扫描回程",扫描逆程时间用 T_b 表示。如图 2-56 所示,扫描电压周期 $T_x=T_s+T_b+T_w$。其中 T_w 为扫描休止时间。理想状态下:$T_b=T_w=0$,$T_x=T_s$。

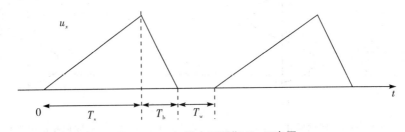

图 2-56　扫描电压周期 T_x 示意图

如前所述:Y 偏转板加正弦波信号电压 $u_y=U_m\sin\omega t$,X 偏转板加锯齿波电压 $u_x=kt$,被测电压的周期 T_Y 正好等于扫描电压的周期 T_x,则在 u_x 和 u_y 作用下,亮点的光迹正好是一

条与 u_y 相同的曲线。

4. 同步

荧光屏上要想显示稳定的波形,就要求每个扫描周期所显示的信号波形在荧光屏上完全重合,即曲线形状相同,并有同一个起点。如果 $T_x = T_y$,在同一位置又描绘出同一条曲线,于是屏幕上显示出稳定的一个周期的波形。这个过程称为同步扫描。如果正弦电压与锯齿波电压的周期稍有不同,则第二次所描出的曲线将和第一次描出的曲线不相重合,而使荧光屏的图形不稳定,呈跑动状态甚至紊乱而无法辨认,这种现象称为不同步。

① $T_x = nT_y$(n 为正整数),称扫描电压与被测电压"同步"。

如 $T_x = 2T_y$ 时,每个扫描正程在荧光屏上都能显示出完全重合的 2 个周期的被测信号波形,其波形显示过程如图 2-57 所示。

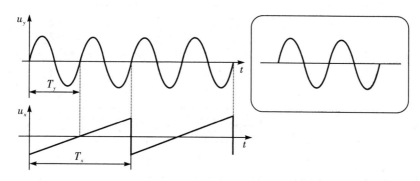

图 2-57　$T_x = 2T_y$ 时荧光屏显示的波形

② $T_x \neq nT_y$(n 为正整数),扫描电压与被测电压"不同步",后一扫描周期描绘的图形与前一扫描周期的图形不重合,显示的波形是不稳定的,如图 2-58 所示。

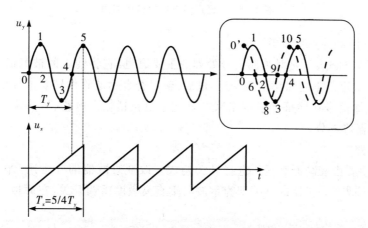

图 2-58　$T_x = 5/4T_y$ 时荧光屏显示的波形

扫描电压与被测电压同步至关重要,由于扫描电压是由示波器本身的时基电路产生,它与被测信号是不相关的,为此常利用被测信号产生一个触发信号,去控制示波器的扫描发生器,迫使扫描电压与被测电压同步。也可以利用外加信号产生同步信号,但这个外加信号周期应与被测信号的周期有一定的关系。

5. YB43020B 型模拟示波器

本小节以 YB43020B 型模拟示波器为例来介绍通用示波器的组成、性能指标与使用方法。

1）通用示波器的组成及各部分作用

通用示波器主要由示波管、垂直通道和水平通道三部分组成，如图 2-59 所示。此外，还包括电源电路，它产生示波管和仪器电路中需要的多种电源。通用示波器中还常附有校准信号发生器，产生幅度或周期非常稳定的校准信号，用于示波器的校准，以便对被测信号进行定量测试。

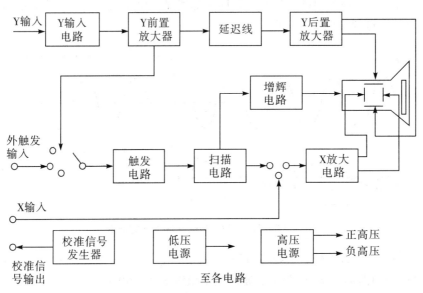

图 2-59　通用示波器的组成框图

（1）通用示波器的垂直通道

垂直通道（Y 轴通道）是对被测信号处理的主要通道，它将输入的被测信号进行衰减或线性放大，并在一定范围内保持增益稳定，最后，输出符合示波管偏转要求的信号，以推动垂直偏转板，使被测信号在屏幕上显示出来。垂直通道包括输入电路、Y 前置放大器、延迟线和 Y 后置放大器等部分。

① 输入电路

输入电路主要由衰减器和输入选择开关构成。改变衰减器的分压比，即可改变示波器的偏转灵敏度。改变分压比的开关即为示波器垂直灵敏度粗调开关，在面板上常用"V/cm"标记。

② 前置放大器

前置放大器将信号适当放大，并从中取出内触发信号，具有灵敏度调节、校正、Y 轴移位等控制作用。

③ 延迟线

延迟线是一种起延迟时间作用的传输线。目前延迟线主要有两种，一种是采用双股螺旋平衡式延迟电缆，另一种是利用 LC 非线性电路的后滞作用构成的多节 LC 网络。

④ Y 输出放大器

　　Y 输出放大器是 Y 通道的主放大器,它的功能是将延迟线传输来的被测信号放大到足够的幅度,用以驱动示波管的垂直偏转系统,使电子束获得 Y 方向的满偏转。

　　(2) 通用示波器的水平通道

　　水平通道(X 轴通道)的主要任务是产生随时间线性变化的扫描电压,再放大到足够幅度,然后输出推挽信号,加到水平偏转板上,使光点在荧光屏的水平方向达到满偏转。如图 2 - 60 所示。

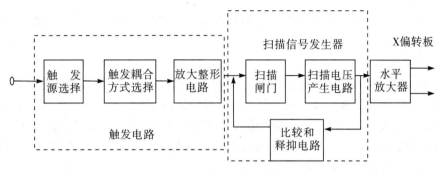

图 2 - 60　水平系统组成框图

　　① 触发电路

　　触发电路的作用是为扫描信号发生器提供符合要求的触发脉冲。触发电路包括触发源选择、触发耦合方式选择、触发方式选择、触发极性选择、触发电平选择和触发放大整形等电路。

　　a. 触发源选择。

　　一般有内触发、外触发和电源触发三种类型,如图 2 - 61 所示。

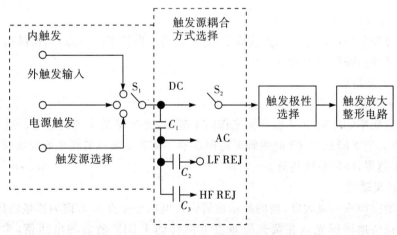

图 2 - 61　触发源与触发耦合方式选择电路

　　b. 扫描触发方式选择。

　　"常态(NORM)方式":相当于触发扫描。有信号输入时屏幕显示被测信号波形;无信号时屏幕无显示。

　　"自动(AUTO)方式":有信号时相当于触发扫描,屏幕显示被测信号波形;无信号时相当于连续扫描,屏幕显示水平扫描线。需与触发电平配合使用使波形稳定显示。自动触发方式是一种最常用的触发方式。

c. 触发极性选择和触发电平调节。

触发极性和触发电平决定触发脉冲产生的时刻,并决定扫描的起点,调节它们可便于对波形进行观测和比较。触发极性指触发点位于触发源信号的上升沿还是下降沿。触发点处于触发源信号的上升沿为"+"极性;触发点位于触发源信号的下降沿为"一"极性。触发电平指触发脉冲到来时所对应的触发放大器输出电压的瞬时值。

② 扫描信号发生电路

扫描信号发生器用来产生线性良好的锯齿波,又叫时基电路,常由积分器、扫描门及比较和释抑电路组成。

③ 水平放大器

水平放大器的基本作用是选择 X 轴信号,并将其放大到足以使光点在水平方向达到满偏的程度。示波器除了显示随时间变化的波形外,还可以作为一个 X－Y 图示仪来显示任意两个函数间的关系,因此 X 放大器的输入端有"内"、"外"信号的选择。置于"内"时,X 放大器放大扫描信号;置于"外"时,水平放大器放大由面板上 X 输入端直接输入的信号。

(3) 通用示波器的其他电路

① 高、低压电源

低压电源为电路各级提供所需的直流电压,根据需要电压的种类分成若干组,一般采用串联式稳压电路。高压电源电路多用于示波器的高、中压供电,属于二次电源,一般采用变换器,将直流低压变换成中频高压,然后再经倍压整流得到所需的直流高压。

② Z 轴增辉与调辉电路

Z 轴增辉电路的作用是将闸门信号放大,加到示波器管上,使显示的波形正程加亮。调辉电路的作用是将外调制信号或时标信号加到示波管上,使屏幕显示的波形与调制发生相应的变化。

③ 校准信号发生器电路

校准信号发生器可产生基准方波信号,它为仪器提供校准信号源,以便随时校准示波器的垂直灵敏度和扫描时间因数。

2) 主要性能指标

(1) 频率响应

示波器的频率响应就是 Y 轴系统工作频率范围,或指 Y 放大器的带宽。通常以 -3 dB 处,即相对放大量下降到 0.707 时的频率范围表示。宽带示波器的频率响应低端通常从零开始,所以频带越宽,高频特性越好。

(2) 偏转灵敏度

偏转灵敏度即垂直灵敏度,指的是示波器输入电压与亮点 Y 方向偏移量的比值,也称为偏转因数。通俗地讲即光点在荧光屏垂直方向移动 1 DIV 所需的电压值,常用 V/DIV、mV/DIV、V/cm、mV/cm 表示。Div 指荧光屏刻度 1 大格,1 div＝1 cm。偏转因数数值可表示灵敏度,数值越小,灵敏度越高。每种示波器都有一个最高灵敏度。一般示波器最高灵敏度为 5 mV/DIV 或 10 mV/DIV。

(3) 扫描速度

扫描速度也称为扫描时间因数,指单位时间内光点水平移动距离,一般用 cm/s、DIV/s 表示,数值越大,显示的波形越宽。扫描速度的倒数称为时基因数,它表示光点水平移动单位长度(cm 或 div)所需的时间,用"微调"旋钮、"扩展"开关来调节。扫描速度越高,表示示波器能够展开高频信号或窄脉冲信号波形的能力越强。为了观察缓慢变化的信号,则要求示波器具有较低的扫描速度。因此,示波器的扫描频率范围越宽越好。

(4)输入阻抗

输入阻抗是指示波器输入端对地的电阻 R_i 和分布电容 C_i 的并联阻抗。输入阻抗越大,示波器对被测电路的影响就越小。一般用 MΩ//pF 表示。

(5)瞬态响应

瞬态响应指示波器的垂直系统电路在方波脉冲输入信号作用下的过渡特性,一般可用上升时间和下降时间来表示。瞬态响应指标在一定程度上反映了示波器所能观测到的脉冲信号的最小宽度。

(6)输入方式

示波器输入方式即输入耦合方式,一般有直流(DC)、交流(AC)、接地(GND)三种。选择直流耦合时,输入信号直接接到衰减器,用于观测频率很低的信号或带有直流分量的交流信号;选择交流耦合时,输入信号经电容耦合到衰减器上,只有交流分量可通过,可以抑制工频干扰,适于观察高频和交流瞬变信号;接地耦合时,将示波器 Y 通道输入短路,通常在测量直流电压时,用来确定零电平,即不需断开被测信号,可为示波器提供接地参考电平。

(7)触发源选择方式

触发源指用于提供产生扫描电压的同步信号来源。一般有内触发(INT)、外触发(EXT)和线触发(LINE)三种方式。内触发指由被测信号产生同步信号,即将 Y 前置放大器输出(延迟线前的被测信号)作为触发信号,适用于观测被测信号;外触发是用外接的、与被测信号有严格同步关系的信号作为触发源,用于比较两个信号的同步关系,或者当被测信号不适于作触发信号时使用;线触发又称电源触发,指利用示波器内部 50 Hz 的工频正弦信号作为触发源,适用于观测与 50 Hz 交流有同步关系的信号。

3)YB43020B 型模拟示波器的应用

YB43020B 型模拟示波器是双通道模拟示波器,其外观如图 2 - 62 所示。

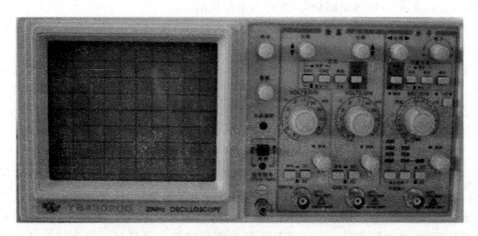

图 2 - 62　YB43020B 型模拟示波器的外观

(1)示波器前面板及主要控键功能

YB43020B 双通道模拟示波器前面板控键如图 2 - 63 所示,主要按键及旋钮的功能如下:

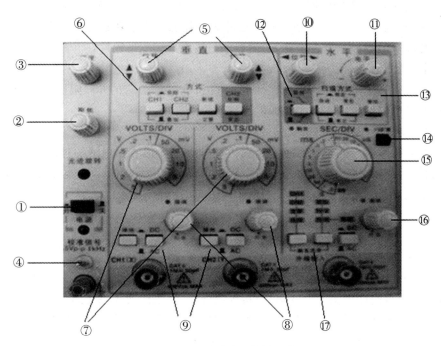

图 2-63 示波器主要控键示意图

① 电源开关:按下此开关,仪器电源接通,指示灯亮。

② 聚焦:用以调节示波管电子束的焦点,使显示的光点成为细而清晰的圆点。

③ 辉度:用以调节光迹的亮度。

④ 校准信号:此端口输出幅度为 0.5 V、频率为 1 kHz 的方波信号。

⑤ 垂直位移:用以调节光迹在垂直方向的位置。

⑥ 垂直方式:选择垂直系统的工作方式。具体分为以下几种情况:

CH1:只显示 CH1 通道的信号,此时为单踪显示。

CH2:只显示 CH2 通道的信号,此时为单踪显示。

交替(ALT):用于同时观察两路信号,此时两路信号交替显示,该方式适合于在扫描速率较快时使用。

断续(CHOP):两路信号断续工作,适合于在扫描速率较慢时使用,同时观察两路信号。

叠加(CH1+CH2):用于显示两路信号相加的结果,当 CH2 极性开关被按下时,则两信号相减。

CH2 反相:按下此键,CH2 的信号被反相。

⑦ 灵敏度选择开关(VOLTS/DIV):选择垂直轴的偏转系数,从 2 mV/div~10 V/div,分 12 个挡级调整,可根据被测信号的电压幅度选择合适的挡级。

⑧ 微调旋钮:用以连续调节垂直轴偏转系数,调节范围 ≥ 2.5 倍,该旋钮逆时针旋足时为校准位置,此时可根据"VOLTS/DIV"开关度盘位置和屏幕显示幅度读取该信号的电压值。

⑨ 耦合方式:通过按钮来选择垂直通道的输入耦合方式,有 AC、GND、DC 三种。

AC:信号中的直流分量被隔开,用以观察信号的交流成分。

DC:信号与仪器通道直接耦合,当需要观察信号的直流分量或被测信号的频率较低时应选用此方式。

GND:输入端处于接地状态,用以确定输入端为零电位时光迹所在位置。

⑩ 水平位移:用以调节光迹在水平方向的位置。

⑪ 电平:用以调节被测信号在变化至某一电平时触发扫描。

⑫ 极性:用以选择被测信号在上升沿或下降沿触发扫描。

⑬ 扫描方式:选择产生扫描的方式。有自动、常态、锁定、单次等按键。

自动:当无触发信号输入时,屏幕上显示扫描光迹,一旦有触发信号输入,电路自动转换为触发扫描状态,调节电平可使波形稳定地显示在屏幕上,此方式适合观察频率在 50 Hz 以上的信号。

常态:无信号输入时,屏幕上无光迹显示,有信号输入,且触发电平旋钮在合适位置上时,电路被触发扫描,当被测信号频率低于 50 Hz 时,必须选择该方式。

锁定:仪器工作在锁定状态后,无需调节电平即可使波形稳定地显示在屏幕上。

单次:用于产生单次扫描,进入单次状态后,按动复位键,电路工作在单次扫描方式,扫描电路处于等待状态,当触发信号输入时,只产生一次扫描,下次扫描需再次按动复位按键。

⑭ ×5 扩展:按入后扫描速度扩展 5 倍。

⑮ 扫描速率选择开关(SEC/DIV):根据被测信号的频率高低,选择合适的挡级。当扫描“微调”置校准位置时,可根据度盘的位置和波形在水平轴的距离读出被测信号的时间参数。

⑯ 微调:用于连续调节扫描速率,调节范围 ≥ 2.5 倍,逆时针旋足为校准位置。

⑰ 触发源:用于选择不同的触发源。

CH1:在双踪显示时,触发信号来自 CH1 通道,单踪显示时,触发信号则来自被显示的通道。

CH2:在双踪显示时,触发信号来自 CH2 通道,单踪显示时,触发信号则来自被显示的通道。

交替:在双踪交替显示时,触发信号交替来自于两个 Y 通道,此方式用于同时观察两路不相关的信号。

外接:触发信号来自于外接输入端口。

(2) YB43020B 的主要技术指标

· DC:DC ～ 20 MHz(−3 dB)。

· AC:10 Hz ～ 20 MHz(−3 dB)。

· 偏转系数:5 mV/diV ～ 5 V/div ± 3%。

· 输入阻抗:1 ± 3% MΩ//30 ± 5 pF。

· 最高安全输入电压:400 V(DC + ACp - p)。

· 上升时间: ≤ 17.5 ns(2 mV/div ≤ 35 ns)。

· 工作方式:CH1、CH2、交替、断续、叠加。

· 扫描时间:0.2 s/div ～ 0.1 μs/div ± 3%。

· 交替扩展扫描:扩展 ×5。

· 扫描方式:自动、触发、锁定、单次、X − Y。

- 触发源及触发方式:CH1、CH2、交替、电源、外、常态、TV－V、TV－H。
- 频率范围:自动 50 Hz～20 MHz,内 1 div,触发 DC～20 MHz,外 0.2 Vp-p。
- 校准信号:方波 0.5±1% Vp-p1±1% kHz。
- Z 轴输入:TTL 电平,DC～5 MHz。
- 触发输出:≥50 mV/div(50 Ω),DC～20 MHz。
- 余辉、颜色:中余辉,绿色。
- 尺寸重量:130×285×285(高×宽×深),6.5 kg。
- 用电电源:AC 220 V±10%。

(3) 测量前的准备工作及示波器使用步骤

使用示波器进行测量前,要进行以下准备工作:

① 必须先检查电网电压是否与示波器要求的电源电压一致。

② 示波器通电后需预热几分钟再调整各旋钮。注意各旋钮不要立即旋在极限位置,应先大致旋在中间位置,以便找到被测信号波形。

③ 注意示波器的亮度不宜开得过亮,且亮点不宜长期停留在固定位置,特别是暂时不观测波形时,更应该将辉度调暗,以免缩短示波管的使用寿命。

④ 输入信号电压的幅度应控制在示波器的最大允许输入电压范围。

⑤ 示波器的探头有的带有衰减器,读数时需注意。

⑥ 示波器进行定量测量时,一定要注意校准。

示波器的使用步骤如下:

① 测量前,顺时针调整辉度和聚焦旋钮到居中。

② 选择正确的通道。

③ 确保扫描方式(自动或常态)被按下,选择合适的触发源。

④ 先将输入耦合方式接地按下,然后调上下位移、水平位移旋钮,上下左右找到零电平基准线,把它调至屏幕中央,然后再选择合适的输入耦合方式。

⑤ 调节垂直灵敏度和水平扫描速度以及电平旋钮使波形便于观察。

(4) 探头的正确使用

由于示波器放大器的输入阻抗不够高,用它去测试电路时,会对被测电路造成影响,所以示波器一般使用探头输入。探头和示波器是配套使用的,不能互换,否则会导致分压比误差增加或高频补偿不当。

常见探头为低电容高电阻探头,它带有金属屏蔽层的塑料外壳,内装一个 RC 并联电路,其一端接探针,另一端通过屏蔽电缆接到示波器的输入端。低电容探头的应用使示波器的输入阻抗大大提高,特别是输入电容大大减小。但由于探头具有衰减,所以示波器的灵敏度下降了。一般来说,应该选择和示波器带宽相匹配的探头,如果做不到,尽量选择超过示波器带宽的探头。探头的电阻和电容也要与示波器相匹配,这样才能提高测量精度。

低电容高电阻探头可进行定期校正。具体方法是:以良好的方波电压通过探头加到示波器,若高频补偿良好,应显示如图 2-64(a) 所示波形;若补偿不足或者过补偿,则分别会出现图 2-64(b)、(c) 所示的波形,这时可以微调电容 C,直至出现良好的方波。在没有方波发生器时,可以利用示波器本身的幅值校准电压。

（a）补偿合适的波形　　　（b）欠补偿的波形　　　（c）过补偿的波形

图 2-64　不同补偿时的波形图

（5）电压测量

利用示波器测量电压有其独特的优点，可以测量各种波形任何瞬间的数值，如电压幅度，包括测量脉冲和各种非正弦波电压的幅度；脉冲电压波形的各部分的电压幅值，如上冲量、顶部下降量等，这是其他电压测量仪表如电子电压表无法做到的。用示波器测量电压主要包括直流电压的测量和交流电压的测量。

① 直流电压的测量

示波器测量直流电压的原理，是利用被测电压在屏幕上呈现一条直线，该直线偏离时间基线（零电平线）的高度与被测电压大小成正比的关系进行的。被测直流电压值为

$$U_{DC} = h \times D_y \qquad (2-11)$$

式中，U_{DC} 为被测直流信号的电压；h 为被测直流信号线的电压偏离零电平线的高度；D_y 为示波器的垂直灵敏度。

若使用带衰减的探头，应考虑探头衰减系数。此时，被测直流电压值为

$$U_{DC} = h \times D_y \times k \qquad (2-12)$$

式中，k 为用于测量的探头的衰减系数。

测量直流电压的方法和步骤如下：

a. 首先将示波器的垂直偏转灵敏度微调旋钮置于校准挡（CAL），否则电压读数不准确。

b. 把被测信号送入示波器垂直输入端。

c. 确定零电平线。将示波器输入耦合开关置于"GND"位置，调节垂直位移旋钮，使屏幕上的扫描线（零电平线）移到荧光屏的中间位置，即水平坐标轴上。此后，不再调动调节垂直位移旋钮。

d. 确定直流电压的极性。调节垂直灵敏度开关至适当位置，将示波器输入耦合开关拨至"DC"挡，观察此时水平线的位置。若位于零水平线上面，则被测直流电压为正极性；若位于零水平线的下面，则被测直流电压为负极性。

e. 读出被测直流电压偏离零电平线的距离 h。

f. 根据式（2-11）或式（2-12）计算被测直流电压值。

例 2.4　如图 2-65 所示，$h = 5$ cm，$D_y = 1$ V/cm，$k = 10:1$，求被测直流电压的值。

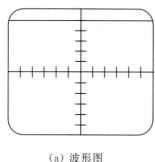　　　　　　　　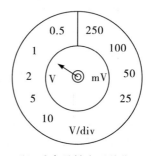

　（a）波形图　　　　　　　　　　（b）垂直灵敏度开关位置

图 2 - 65　　测量直流电压示意图

解　　由式（2-12）可得

$$U_{DC} = h \times D_y \times k = 5 \times 1 \times 10 = 50(V)$$

② 交流电压的测量

示波器测量交流电压的优点是可以直接观察到信号的波形，但示波器只能测交流电压的峰峰值或任意两点间电位差，其有效值和平均值无法直接得到。被测交流电压值可表示为

$$U_{p-p} = h \times D_y \tag{2-13}$$

式中，U_{P-P} 为被测信号的峰峰值电压；h 表示被测交流电压波形的波峰和波谷之间的高度或任意两点间的高度；D_y 为示波器的垂直灵敏度。

使用带衰减器的探头时，也应考虑探头衰减系数。被测交流电压值为

$$U_{p-p} = h \times D_y \times k_y \tag{2-14}$$

式中，k 为测量探头的衰减系数。

测量交流电压的方法和步骤如下：

a. 首先将示波器的垂直偏转灵敏度微调旋钮置于校准挡（CAL），否则电压读数不准确。

b. 把被测信号送入示波器垂直输入端。

c. 将示波器输入耦合开关置于"AC"输入位置。

d. 调节扫描速度，使显示的波形稳定。

e. 调节垂直灵敏度开关，使荧光屏上显示的波形位置适当，记下 D_y 值。

f. 读出被测交流电压波峰和波谷的高度或任意两点间的高度 h。

g. 根据式（2-13）或式（2-14）计算出交流电压的峰峰值。

例 2.5　　如图 2-66 所示，$h=6$ cm、$D_y=1$ V/cm、$k=10:1$，求交流信号的峰峰值和有效值。

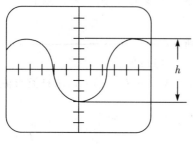　　　　　　　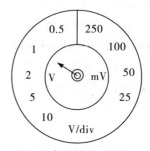

　　（a）波形图　　　　　　　　　（b）垂直灵敏度开关位置

图 2 - 66　　测量交流电压示意图

解 由式(2-14)可得交流信号的峰峰值为
$$U_{P-P} = h \times D_y \times k = 6 \times 1 \times 10 = 60(V)$$
交流信号的有效值为
$$V = \frac{U_{P-P}}{2\sqrt{2}} = \frac{60}{2\sqrt{2}} = 21.22(V)$$

(6) 测量时间

示波器对被测信号进行线性扫描时,一般情况下扫描电压线性变化和 X 放大器的电压增益一定,则扫描速度也为定值。那么,用示波器可直接测量整个信号波形持续的时间。

① 测量信号波形任意两点间的时间间隔

用示波器测量同一信号中任意两点 A 与 B 的时间间隔,如图 2-67(a) 所示。

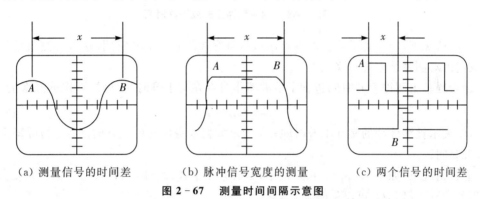

(a) 测量信号的时间差   (b) 脉冲信号宽度的测量   (c) 两个信号的时间差

图 2-67 测量时间间隔示意图

其测量方法与测量电压的方法类似,它们的区别在于测量时间要着眼于时间轴。被测交流信号的 A、B 两点间的时间间隔为
$$t_{A-B} = X \times D_x \tag{2-15}$$
式中,t_{A-B} 表示同一信号中任意两点间的时间间隔;X 表示 A 与 B 的时间间隔在荧光屏上水平方向所占的距离;D_x 表示示波器的扫描速度。

若 A、B 两点分别为脉冲信号的前后沿中心,如图 2-67(b) 所示,则所测时间为脉冲宽度。

若采用双踪示波器,如图 2-67(c) 所示,可测量两个信号的时间差。将两个被测信号同时输入到示波器的两个通道,采用双踪显示方式,通过调节,使波形稳定且有适当的长度,选择合适的测量点,即可测量两被测信号起始点的水平距离,由式(2-15) 即可求出两个信号的时间差。

② 测量脉冲上升时间

因为示波器的 Y 轴放大器内安装了延迟线,如采用内触发方式,则可测量脉冲波形的上升时间或下降时间。测量方法是读出波形幅度在 $10\% \sim 90\%$ 范围内的前沿或后沿。如图 2-68 所示。

由式(2-15)可得上升时间为
$$t_1 = x_1 \times D_x \tag{2-16}$$

下降时间为

$$t_2 = x_2 \times D_x \tag{2-17}$$

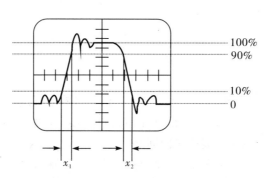

图 2-68　测量脉冲上升或下降时间

　　一般情况下,应注意示波器的垂直通道本身存在固有的上升时间,这将对测量结果有影响,故应该对测量结果进行修正。

　　因为屏幕上测得上升时间包含了示波器本身存在的上升时间,可按下式进行修正:

$$t_r = \sqrt{t_{rx}^2 - t_{r0}^2} \tag{2-18}$$

式中,t_r 表示被测脉冲的实际上升时间;t_{r0} 为示波器本身固有的上升时间;t_{rx} 为屏幕上读到的上升时间。

　　通常情况下,如果 t_{rx} 和 t_{r0} 相差很小,尽管采用了式(2-18)进行修正,仍会有较大的误差;当 $t_{rx} > 5t_{r0}$ 时,t_{r0} 可以忽略。

　　(7) 测量相位差

　　相位差是指两个同频信号的相位之差,测量方法有线性扫描法、椭圆法等。

　　① 线性扫描法

　　线性扫描法也叫双踪示波法,利用示波器线性扫描下的多波形显示,是测量相位差的最直观、最简便的方法。进行测量时,将两个信号分别接入双踪示波器的两个输入端,选用相位超前的信号作为内触发源,采用交替显示或断续显示方式。适当调节"Y"轴位移旋钮,使两个信号的水平中心轴重合。如图 2-69 所示。

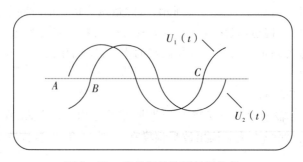

图 2-69　直线扫描法测量相位差

　　测出 AB 和 AC 的长度,代入下式得相位差为

$$\Delta\varphi = \frac{AB}{AC} \times 360° \tag{2-19}$$

式中,AB 为两波形上对应点之间的水平距离,AC 为被测信号一个周期在水平方向所占的

距离,两者的单位都为 cm 或 div;$\Delta\varphi$ 为两个信号的相位差。

使用这种方法测量相位差时应该注意,只能用其中一个波形去触发另一路信号,最好选择其中幅度较大的那一个,而不要用多个信号分别去触发,以便提供一个统一的参考点去进行比较。尽管可以采取一些措施减小误差,但由于光迹的聚焦不可能非常细,读数时又有一定误差,这种线性扫描法测量相位差的准确度是不高的,尤其是当相位差较小时误差更大。

② 椭圆法

当两个正弦信号分别加到示波器的 X 和 Y 输入端时,两个信号同时在示波器的 X 和 Y 偏转板间产生电场,同时对电子束产生作用,使电子束在荧光屏上扫描得到如图 2-70 所示的椭圆形的波形。

相位差大小可按下式进行计算:

$$\Delta\varphi = \arcsin\frac{A_y}{B_y} = \arcsin\frac{A_x}{B_x} \tag{2-20}$$

式中,A_x 为椭圆横轴与椭圆两个交点的水平间距;A_y 为椭圆纵轴与椭圆两个交点的垂直间距;B_x 为两条垂直线与椭圆切点的水平距离;B_y 为两条水平线与椭圆切点的垂直距离。

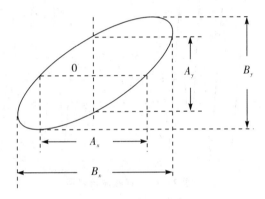

图 2-70　椭圆法测相位差

(8) 测量频率

使用示波器测量频率的方法有周期法、李沙育图形法等。

① 周期法

根据周期与频率的关系,可先测出信号的周期 T,然后再换算出频率 f。根据式 (2-15),取 A 和 B 的间距恰好为一个信号的周期,先求出周期 $T = t_{A-B} = X \times D_x$,进而求出频率:

$$f = 1/T = 1/xD_x$$

② 李沙育图形法

李沙育图形法测量频率时,应使示波器工作于 X-Y 方式。将一个频率已知的信号与被测的信号同时输入到示波器的两个输入端,调节已知信号的频率,使荧光屏上得到稳定的图形,这些图形就是李沙育图形。根据已知信号的频率便可求得被测信号的频率。李沙育图形法也可以测量相位,即前面所介绍的椭圆法。

示波器工作于 X-Y 显示方式时,两个输入信号分别控制电子束的水平和垂直方向的位移,并且两者对电子束的作用总是相等的,所以信号频率越高,波形经过垂直线(Y 轴)和水平线(X 轴)的次数越多。因此,用 X、Y 轴与李沙育图形的交点数以及已知信号的频率就可求得被测信号的频率：

$$\frac{f_y}{f_x}=\frac{n_x}{n_y} \quad \text{或} \quad f_x=\frac{n_y}{n_x}\times f_y \qquad (2-21)$$

式中，f_y 为已知信号的频率；n_y 为水平线与李沙育图形的相交点数；n_x 为垂直线与李沙育图形的相交点数。

由于李沙育图形法测量频率利用的是频率比，因此测量准确度取决于标准信号源频率的准确度和稳定度。这种方法一般适用于被测信号频率和标准频率十分稳定的低频信号，而且一般要求两者的比值不大于 10 倍，否则图形过于复杂难以测量。

（9）测量调幅系数

调幅系数的测量，常见的测量方法有直线扫描法、梯形图法和椭圆法等。

① 直线扫描法

该方法是将被测信号加到示波器 Y 轴输入端，选择合适的垂直衰减和扫描速度，在荧光屏上得到稳定的波形，如图 2-71 所示。

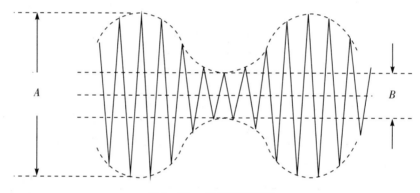

图 2-71 调幅波示意图

测出 A、B 的长度，得调幅系数：

$$m_a=\frac{A-B}{A+B}*100\% \qquad (2-22)$$

② 梯形法

采用梯形法测量调幅系数，示波器应工作于 X－Y 方式，将调幅波和调制信号分别加至示波器的 X 和 Y 轴输入端，在荧光屏上的显示如图 2-72 所示。测出 A、B 的长度，利用式（2-22）计算即可。

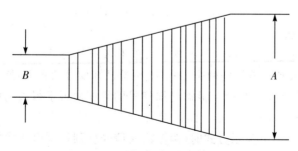

图 2-72 梯形法测量调幅系数

③ 椭圆法

该方法是将被测信号用 RC 电路移相后加到示波器 X－Y 方式下的 X 和 Y 输入端，得到如图 2－73 所示的图形，测出 A、B 的长度，利用式（2－22）计算即可。

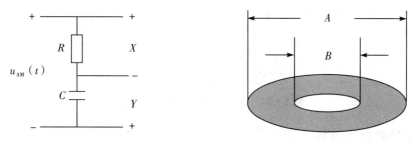

图 2－73　椭圆法测量调幅系数

2.3.3　数字存储示波器

模拟示波器从原理上来看，具有以下不足：

① 难以清晰地显示周期信号中的窄脉冲，例如 0.01％ 以下的窄脉冲。

② 不能捕捉单次和偶然出现的脉冲信号。

③ 难以进行屏幕冻结，不能实现波形存储。

④ 不能将波形数据传到计算机进行更进一步的分析。

⑤ 不能自动对波形进行多种参数测量，如平均值、均方根值、FFT 等。

⑥ 难以捕捉在时间轴上抖动的波纹或者干扰。

具有波形存储功能的示波器称为存储示波器（DSO），而将信号以数字形式存储在存储器中的示波器，称为数字存储示波器。输入信号先经过 A/D 转换器，将模拟波形变换成数字信息，并将其存入存储器，需要显示时，再从存储器中取出，经过 D/A 转换器将数字信息变换成模拟波形显示在荧光屏上。数字存储示波器能截获、观察短暂而单一的事件，将重复频率低的颤动现象固定下来，对不同波形进行比较，对偶发事件进行自动监察、记录和保存等。数字存储示波器中信号的存储和显示功能是分开的，它常采用大规模集成电路和微处理器，整个仪器在微处理器统一指挥下工作。

1. 数字存储示波器的基本组成及特点

1）基本组成与工作原理

数字存储示波器首先将被测的模拟信号经过 A/D 转换后，得到数字信号存储于随机存储器 RAM 中。在显示时，再将数字信号读出，经 D/A 转换恢复为模拟信号，加在普通示波器的 Y 偏转板上。此时，X 偏转板上不再加入锯齿波电压信号，而是与取样示波器类似地，加入由数码经过 D/A 产生的阶梯波。数字存储示波器的基本组成如图 2－74 所示。

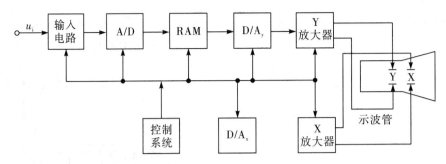

图 2 - 74   数字存储示波器的原理框图

（1）A/D 和 D/A 变换器

在数字存储示波器中,将模拟量转换为数字量需要三个过程,即采样、量化和编码。这三个过程都是由 A/D 变换器来完成的,因此,A/D 变换器是数字存储示波器的核心。它决定着示波器的存储带宽、分辨率等主要指标。A/D 变换器将模拟量进行数字化,D/A 变换器用于产生阶梯波。

（2）存储器

从数字存储示波器的要求来看,应该选择高速大容量的存储器。

（3）控制系统

控制系统主要包括时基控制电路、存储控制电路和功能控制电路。数字存储示波器在控制系统的管理下完成各种测量任务,控制系统的核心是微处理器。

2）数字存储示波器的性能特点

数字存储示波器在微型计算机的控制下,与普通示波器相比,具有以下特点：

（1）可长期存储波形

在数字存储示波器中,把需要保存的波形存放在 RAM 中,由后备电源供电,因此存储内容可长期保存。

（2）可进行负延时触发

普通模拟示波器只能观察触发以后的信号,而数字存储示波器的触发点可以位于显示波形的任意位置,即具有负延时(预延时)功能。利用负延时功能可观测出发点以前的信号,这一功能非常适合观测非周期信号和缓变信号。

（3）便于观测单次过程和突发事件

只要设置好触发源和采样速度,就能在事件发生时将其采集并存入存储器,还可以长期保存和多次显示,并且采样存储和读出显示的速度可以在很大范围内调节。利用这一特点,可以捕捉和显示瞬变信号和突发信号。

（4）具有多种显示方式

数字存储示波器的显示方式灵活多样,具有基本显示、抹迹显示、卷动显示、放大显示和 X－Y 显示等,分别适合不同情况下波形观测和显示的需要。

（5）便于数据分析和处理

由于具备微处理器,所以数字存储示波器可以进行各种数据分析和处理,如多次等精度测量取平均值、求方差,对信号进行有效值、峰值、均值换算等。

（6）可用数字显示测量结果

数字存储示波器存储的数据可以直接在屏幕上用数字形式显示测量结果,读数直观,无视觉误差,测量准确度高。

(7) 具有多种方式输出

数字存储示波器存储的数据可在微机控制下,通过接口以各种方式输出,如直接在屏幕上用数字形式、BCD 码,用 GPIB 接口总线或其他接口输出。

(8) 便于进行功能扩展

数字存储示波器与其他智能化仪器一样,可在不改动或少量改动仪器硬件的情况下,通过改变工作程序来扩展仪器功能。

3) 数字存储示波器的显示方式

数字示波器的显示方式较为灵活,有基本显示、抹迹显示、卷动显示、放大显示和 X－Y 显示等,分别适合不同情况下波形的观测和显示。

(1) 基本显示方式

基本显示方式是将存储在存储器中的数据按地址顺序取出,经过 D/A 变换还原为模拟量,送示波管的 Y 偏转板;同时把地址按顺序送出,经过 D/A 变换为阶梯波,送 X 轴作扫描信号,即可将存储的波形显示在屏幕上。这种显示方式的特点是,无论是 Y 轴还是 X 轴数据,都必须通过 CPU 传送,所以数据传送速度受到一定限制。

(2) 抹迹显示方式

抹迹显示方式是在 CRT 屏幕从左到右更新数据。通过配置写、读和扫描计数器,当某存储单元有新的数据写入时,马上读出并显示出来,在屏幕上看到波形曲线自左向右刷新。

(3) 卷动显示方式

卷动显示方式和数据存储与读出的方式有关。特点是,新数据出现在 CRT 屏幕的最右侧,并从右向左连续推出,相当于观测时间窗口从左向右移动。该方式与抹迹显示方式的区别在于,抹迹显示方式无预触发功能。

(4) 放大显示

该方式适合于观测信号波形的细节,它是利用延迟扫描方法实现的。此时,荧光屏一分为二,上半部分显示原波形,下半部分显示放大了的部分波形,其放大位置可用光标控制,放大比例也可调节。

(5) 显示技术的改进

数字存储示波器是将采样数据显示出来,由于采样点的数量不能无限增加,要正确显示波形的前提是必须要有足够的点来重新构成信号波形。考虑到有效存储带宽问题,一般要求每个信号显示 20 ～ 25 个点,较少的采样点会造成视觉误差,可能使人看不到正确的波形。利用数据点插入技术可以解决这一问题。

数据点插入技术是使用插器将一些数据补充给仪器,插在所有相邻的采样点之间,有线性插入和曲线插入两种方式。线性插入法是将一些点插入到采样点之间,如果有足够的插入点,这一方法能令人满意。曲线插入法是以曲线形式将点插入到采样点之间,可以用较少的点构成较好的圆滑曲线,但这也与仪器带宽有关。

4) 数字存储示波器的技术指标

数字存储示波器除了具有普通示波器相同的指标外,还有其特有的技术指标,主要有以下几项:

（1）采样速率

采样速率是指单位时间内获取被测信号的样点数。在数字存储示波器的 Y 通道中,限制最高采样速率的因素主要是 A/D 的转换速度。因此,采样速率通常指对被测信号进行采样和 A/D 转换的最高频率。

（2）测量分辨率

测量分辨率一般用 A/D 转换器或 D/A 转换器的二进制位数来表示,转换器位数越多,则分辨率越高,测量误差和波形失真越小。

（3）存储带宽

存储宽度是指以存储方式工作时所具有的频带宽度。根据采样定理,存储带宽上限值低于最高采样频率的二分之一,它反映了示波器捕捉信号的能力。

（4）断电存储时间

断电存储时间是指参考波形存储器断电后所能保存波形的最长时间。

（5）存储容量

存储容量指存储器能够存储数据量的多少,在此处是指示波器获取波形的采样点数目的多少。通常用存储器容量的字节数表示。

（6）测量准确度

该指标是指数字存储示波器在进行波形测量时,测量结果数字示值的最大误差,包括水平通道准确度和垂直通道准确度。

（7）测量计算功能

该功能说明数字存储示波器具有各种测量计算功能,如波形电压、频率、时间等参数的测量和计算。

（8）触发延迟范围

触发延迟范围表明信号触发点与时间参考点之间相对位置的变化范围,分为正延迟和负延迟,通常用格数或字节数表示。

（9）读/写速度

读/写速度指从存储器读出数据和向存储器写入数据的速度,通常用读或写一个字节所用的时间来表示,该指标可选择。

（10）输出信号

输出信号表明数字存储示波器输出信号的种类和特性,包括输出信号种类、输出信号电平和通信接口标准等。

2. DS1102D 型数字存储示波器

下面以 DS1102D 数字存储示波器为例,介绍数字存储示波器的主要技术指标及特点。

1）DS1102D 数字存储示波器前面板及主要特点

DS1102D 数字存储示波器是一款高性价比的、由双通道外加一个外部触发输入通道组成的混合信号示波器(MSO),配备 16 通道逻辑分析仪。其前面板设计清晰直观,如图 2-75 所示,完全符合传统仪器的使用习惯,方便用户操作。其具有高速采样率及强大的触发和分析能力,可使用户快捷、细致地观察、捕获和分析波形。

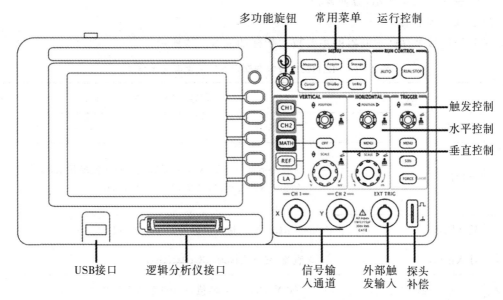

图 2 - 75　DS1102D 数字存储示波器前面板

DS1102D 数字存储示波器的主要特点如下：

(1) 提供双模拟通道输入，最大 1 GSa/s 实时采样率，25 GSa/s 等效采样率，每通道带宽 100 MHz，存储深度高达 1 Mpts。

(2) 16 个数字通道，可独立接通或关闭。

(3) 5.6 英寸 64 K 色 TFTLCD，波形显示更清晰。

(4) 具有丰富的触发功能：边沿、视频、脉宽、斜率、交替、码型等。

(5) 独一无二的可调触发灵敏度，适合不同场合的需求。

(6) 自动测量 22 种波形参数，具有自动光标跟踪测量功能。

(7) 独特的波形录制和回放功能。

(8) 精细的延迟扫描功能。

(9) 内嵌 FFT 功能。

(10) 拥有 4 种实用的数字滤波器：LPF、HPF、BPF、BRF。

(11) Pass/Fail 检测功能：可通过光电隔离的 Pass/Fail 端口输出检测结果。

(12) 多重波形数学运算功能。

(13) 提供功能强大的上位机应用软件 UltraScope。

(14) 标准配置接口：USBDevice，USBHost，RS - 232，支持 U 盘存储和 PictBridge 打印。

(15) 独特的锁键盘功能，可满足工业生产需要。

(16) 支持远程命令控制。

(17) 嵌入式帮助菜单，方便信息获取。

(18) 多国语言菜单显示，支持中英文输入。

(19) 支持 U 盘及本地存储器的文件存储。

(20) 模拟通道波形亮度可调。

(21) 波形显示可以自动设置（AUTO）。

（22）弹出式菜单显示，方便操作。

2）主要技术指标

DS1102D数字存储示波器的主要技术指标如表2－14所示。

表 2 - 14　DS1102D 数字存储示波器的主要技术指标

	采样方式	取样、平均、峰值检测等
采样	采样率	1.0 GSa/s
	平均值	所有通道同时达到 N 次采样后完成一次波形显示，N 次数可在 2、4、8、16、32、64、128 和 256 之间选择
输入	输入阻抗	1 MΩ±2%，输入电容为 18 pF±3 pF
	输入耦合	直流、交流或接地（DC、AC、GND）
	最大输入电压	400 V（DC＋AC 峰值、1 MΩ 输入阻抗）
	探头衰减系数设定	1X、5X、10X、50X、100X、500X、1000X
	通道间时间延迟	500 ps
水平系统	采样率范围	实时：13.65 Sa/s ～ 1 GSa/s 等效：13.65 Sa/s ～ 25 GSa/s
	存储深度	单通道采样率 500 MSa/s 或 1 GSa/s 时普通存储深度为 16 kpts，长存储 N.A.；双通道采样率 500 MSa/s 或 250 MSa/s 时普通存储深度为 8 kpts，长存储 N.A. 或 512 kpts
	扫描速度范围	2 ns/div ～ 50 s/div
	采样率和延迟时间精确度	±50 ppm（任何 ≥1 ms 的时间间隔）
	时间间隔（ΔT）测量精确度（满带宽）	单次：±（1 采样间隔时间＋50 ppm×读数＋0.6 ns） ＞16 个平均值：±（1 采样间隔时间＋50 ppm×读数＋0.4 ns）
	波形内插	$\mathrm{Sin}(x)/x$

续表

垂直系统	模数（A/D）转换器	8 比特分辨率，两个通道同时采样
	灵敏度（伏／格）范围	2 mV/div ～ 10 V/div（在输入 BNC 处）
	模拟通道最大输入电压	CATI：300Vrms，1000Vpk；瞬态过压 1000Vpk； CATII：100Vrms，1000Vpk； 使用 RP2200（或 RP3200、RP3300）10：1 探头时：CATII300Vrms
	位移范围	± 40 V（250 mV/div ～ 10 V/div） ± 2 V（2 mV/div ～ 245 mV/div）
	等效带宽	100 MHz
	单次带宽	100 MHz
	可选择的模拟带宽限制	20 MHz
	低频响应（交流耦合，－3dB）	≤ 5 Hz（在 BNC 上）
	BNC 上等效采样时上升时间	＜ 3.5 ns、＜ 7 ns 分别在带宽 100 MHz、50 MHz 上
	直流增益精确度	2 mV/div ～ 5 mV/div，± 4％； 10 mV/div ～ 10 V/div，± 3％ （以上均为普通或平均值获取方式）
	直流测量精确度（平均值获取方式）	垂直位移为零，且 $N \geqslant 16$ 时：±（直流增益精确度 × 读数 ＋ 0.1 格 ＋ 1 mV）；垂直位移不为零，且 $N \geqslant 16$ 时：±［直流增益精确度 ×（读数 ＋ 垂直位移读数）＋（1％ × 垂直位移读数）＋ 0.2 格］ 设定值从 2 mV/div 到 245 mV/div 加 2 mV 设定值从 250 mV/div 到 10 V/div 加 50 mV
	电压差（ΔV）测量精确度（平均值获取方式）	在同样的设置和环境条件下，经对捕获的 $\geqslant 16$ 个波形取平均值后波形上任两点间的电压差（ΔV）：±（直流增益精确度 × 读数 ＋ 0.05 格）
触发	触发灵敏度	0.1 div ～ 1.0 div，用户可调节
	触发电平范围	内部：距屏幕中心 ± 6 格； EXT：± 1.2 V
	触发电平精确度（适用于上升和下降时间 $\geqslant 20$ ns 的信号）	内部：±（0.3 div × V/div）（距屏幕中心 ± 4 div 范围内）； EXT：±（6％ 设定值 ＋ 200 mV）
	触发位移	正常模式：预触发（存储深度 /（2 × 采样率））延迟触发 1 s； 慢扫描模式：预触发 6 div，延迟触发 6 div
	释抑范围	500 ns ～ 1.5 s

触发方式	边沿触发	上升、下降、上升＋下降	
	脉宽触发	（大于、小于、等于）正／负脉宽，脉冲宽度范围 20 ns ～ 10 s	
	视频触发	支持标准的 NTSC、PAL 和 SECAM 广播制式，行数范围是 1 ～ 525(NTSC) 和 1 ～ 625(PAL/SECAM)	
	斜率触发	（大于、小于、等于）正／负斜率，时间设置20 ns ～ 10 s	
	交替触发	CH1 触发：边沿、脉宽、视频、斜率 CH2 触发：边沿、脉宽、视频、斜率	
测量	光标	手动模式	光标间电压差（ΔV） 光标间时间差（ΔT） ΔT 的倒数（Hz）($1/\Delta T$)
		追踪模式	波形点的电压值和时间值
		自动模式	允许在自动测量模式时显示光标
	自动测量	峰峰值、幅值、最大值、最小值、顶端值、底端值、平均值、均方根值、过冲、预冲、频率、周期、上升时间、下降时间、正脉宽、负脉宽、正占空比、负占空比、延迟、相位等测量	
电源	电源电压	100 ～ 240 VACRMS，45 ～ 440 Hz，CATII	
	功耗	小于 50 W	
	保险丝	2A，T 级，250 V	

3) 应用简介

数字存储示波器的主要特点是具有良好的信号存储和数据处理能力，因此，使用数字示波器进行测量时，测量范围较大，超出了模拟示波器所能测量的范围。

(1) Δt 和 ΔV 的测量

数字存储示波器可以测量 Δt 和 ΔV，即可以测量信号波形任意局部的时间和电压。

通用示波器也可测量 Δt 和 ΔV。但是通用示波器是通过荧光屏的垂直和水平坐标刻度来读出测量数据的，这种测量方法既麻烦又欠准确，一般测量精度只能达到 1% ～ 3%。

数字存储示波器则与之完全不同，它可在测量屏幕上对信号要测量的部位加上光标，数字存储示波器就能记录这两个采样点的位置和相应的数据，并计算 Δt 和 ΔV，最后自动以字符表示测量结果。

(2) 捕捉尖峰干扰

数字存储示波器中设置了峰值检测模式。在一个采样区间对应很多采样时钟，尖峰脉冲就能可靠被检出、存储和显示。

峰值检测模式在一个采样区间内只检出其中的最大值和最小值作为有效采样点，这样，无论尖峰位于何处，宽范围的高速采样保证了尖峰总能被数字化，而且尖峰上的采样点必然是本区间的最大值或最小值,其中正尖峰对应最大值,负尖峰对应最小值,这样,将触发电平设置到刚刚高于正常信号电平,尖峰脉冲就能可靠地检出,再利用数字存储示波器的负延迟触发功能,还可以观察单次或尖峰干扰发生之前的波形。

（3）对机电信号进行测试

数字存储示波器如果配以适当的传感器就能测量振动、加速度、角度、位移、功率等机电参数。数字存储示波器本身带有较强的数据处理能力。有些数字存储示波器可利用加法和乘法功能将传感器输出的电压标定为工程单位并显示出来;有些数字存储示波器带有微分和积分的数学处理功能,在计算加速度、计算面积和功率时得到广泛的应用;还有一些数字存储示波器具备 RS-232、GPIB、USB 通信模块,可将波形进行录制和回放,利用外接计算机增强仪器功能。

2.3.4　电子计数器

在时频测量仪器中,通常把数字式测量频率和时间的仪器称为电子计数器。按照测试功能不同,电子计数器可以分为以下几类:

① 通用电子计数器。通用电子计数器一般是多功能电子计数器,可以测量频率、频率比、周期、时间间隔及累加计数等,通常还具有自检功能。

② 频率计数器。频率计数器主要是专门用来测量高频和微波的电子计数器,它具有较宽的频率范围。

③ 计算计数器。带有微处理器、能够进行数学运算、具有求解较复杂方程式等功能的电子计数器。

④ 特种计数器。指具有特殊功能的计数器,如可逆计数器、预置计数器、差值计数器、程序计数器等,它们主要用于工业生产自动化,特别是在自动控制和自动测量等方面。

1. 电子计数器的组成

通用电子计数器的面板和主要控键如图 2-76 所示。

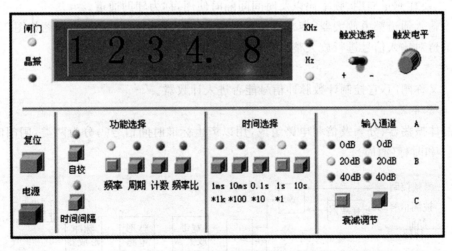

图 2-76　电子计数器的面板和主要控键图

由图可知,面板上主要包含以下项目:

① 功能选择:共有六个选择键,分别完成计数、测量频率、测量周期、测量时间间隔、测

量频率比和自校功能。

②时间选择:测量频率时,用来选择闸门时间;测量周期时,用于选择周期倍乘。

③输入通道:具有 A、B、C 三个通道,其中 A、B 通道可对输入信号进行衰减。

④触发选择:用于选择触发方式。置"+"时,为上升沿触发;置"一"时,为下降沿触发。

⑤触发电平:可以连续调节触发电平。

⑥数码显示器:用于测量值显示,小数值可以自动定位。

电子计数器由主门、输入通道、计数显示单元、逻辑控制单元、时基单元五个部分组成。结构框图如图 2-77 所示。

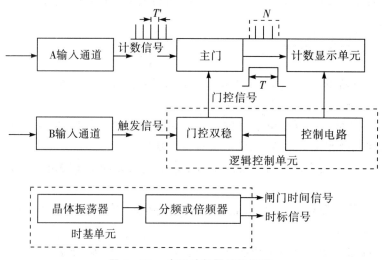

图 2-77　电子计数器结构框图

1) 输入通道

通用电子计数器的输入电路一般包含 A、B、C 三个输入通道。其中 A 为主通道,频带较宽;B、C 主要在测量周期、频率比以及时间间隔时使用,称为辅助通道。

三个输入通道都由放大器、衰减器及整形电路等组成。A 通道的基本框图如图 2-78 所示。A 通道对输入信号进行放大整形和频率变换,输出计数脉冲信号。

2) 主门

主门又称闸门,它控制计数脉冲信号能否进入计数器。

3) 时基单元

由晶体振荡器、分频及倍频电路组成,用以产生标准时间信号。分为两类:闸门时间信号(测频)和时标(测周)。

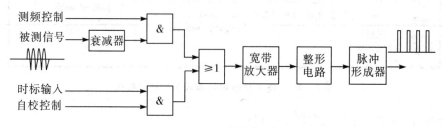

图 2-78　A 通道的基本框图

　　4）逻辑控制单元

由门电路和触发器组成的时序逻辑电路。它能产生各种指令信号,如闸门脉冲、闭锁脉冲、显示脉冲、复零脉冲、记忆脉冲等,这些指令控制整机各单元电路的工作,使整机按一定的工作程序完成测量任务。一般每次测量都按照以下次序进行:准备 → 计数 → 显示 → 复原 → 准备下次测量。

　　5）计数及显示电路

本单元用于对主门输出的脉冲计数并以十进制显示计数结果。它包括译码和显示电路。电子计数器以数字方式显示出被测量,目前常用的有 LED 显示器和 LCD 显示器。

LED 为数码显示,其优点是工作电压低,能与 CMOS/TTL 电路兼容,发光亮度高,响应快,寿命长。LCD 为液晶显示,其突出优点是供电电压低和微功耗,它是各类显示器中功耗最低的。同时,LCD 制造工艺简单,体积小而薄,特别适用于小型数字仪表。

2. 电子计数器的主要技术指标

　　1）测试功能

仪器所具备的测试功能,如测量频率、周期、频率比等。

　　2）测量范围

仪器的有效测量范围。在测频和测周期时,测量范围不同。测频时要指明频率的上限和下限;测周期时要指明周期的最大值和最小值。

　　3）输入特性

（1）输入耦合方式,有 AC 和 DC 两种方式。

（2）触发电平及其可调范围。

（3）输入灵敏度,指在仪器正常工作时输入的最小电压。

（4）最高输入电压,即允许输入的最大电压。

（5）输入阻抗,包括输入电阻和输入电容。

　　4）测量准确度

常用测量误差来表示,主要有时基误差和计数误差。时基误差由内部晶体振荡器的稳定度确定。

　　5）闸门时间和时标

由机内时标信号源所能提供的时间标准信号决定。根据测频和测周期的范围不同,可提供的闸门时间和时标信号有多种供选择,如常用的 0.01 s、0.1 s、1 s、10 s 等。

　　6）显示及工作方式

包括显示位数、显示时间、显示方式等。

（1）显示位数:可显示的数字位数,如常见的 8 位。

（2）显示时间:两次测量之间显示结果的时间,一般是可调的。

（3）显示方式:有记忆和不记忆两种显示方式。

记忆显示方式只显示最终计数的结果,不显示正在计数的过程。实际上显示的数字是刚结束的一次测量结果,显示的数字保留至下一次计数过程结束时再刷新。

不记忆显示方式可显示正在计数的过程。但多数计数器没有这种显示方式。

　　7）输出

仪器可输出的时标信号种类、输出数据的编码方式及输出电平等。

3. 电子计数器的主要测量功能

1）测量频率

（1）测频原理

电子计数器测频是严格按照频率的定义进行的。它在某个已知的标准时间间隔 T_s 内，测出被测信号重复的次数 N，然后由公式 $f = N/T_s$ 计算出频率。频率的测量实际上就是在单位时间内对被测信号的变化次数进行累加计数。

测量的原理框图如图 2-79 所示。

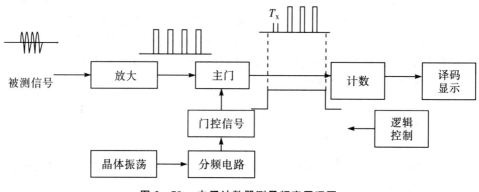

图 2-79　电子计数器测量频率原理图

（2）测频方法的误差分析

电子计数器测频是采用间接测量方式进行的，即在某个已知的标准时间间隔 T_s 内，测出被测信号重复的次数 N，然后由公式 $f = N/T_s$ 计算出频率。根据误差合成理论，可求得测频的相对误差为

$$
\begin{aligned}
\gamma_f &= \frac{\partial \ln f}{\partial N} \Delta N + \frac{\partial \ln f}{\partial T_s} \Delta T_s \\
&= \frac{\partial (\ln N - \ln T_s)}{\partial N} \Delta N + \frac{\partial (\ln N - \ln T_s)}{\partial T_s} \Delta T_s \\
&= \frac{\Delta N}{N} - \frac{\Delta T_s}{T_s}
\end{aligned}
\tag{2-23}
$$

式中，γ_f 为频率测量的相对误差；$\dfrac{\Delta N}{N}$ 为计数的相对误差，也称量化误差；$\dfrac{\Delta T_s}{T_s}$ 为闸门开启时间的相对误差。

可见，电子计数器测频的相对误差由两部分组成：一是计数的相对误差，也叫量化误差；二是闸门开启时间的相对误差。

① 量化误差

利用电子计数器测量频率，只能对整个脉冲进行计数，它不可能测出半个脉冲，即量化的最小单位是数码的一个字。同时主门的开启时刻与计数脉冲到来时刻是随机的、不相干的。因此，即使在相同的主门开启时间内，计数器对同样的脉冲串计数时，所得的计数值也可能不同。例如，某一确定的闸门时间等于 7.4 个计数脉冲周期，对编号为 1～8 的脉冲串进行计数，由于计数器只能对整数个脉冲进行计数，则实际测量结果可能为 7，也可能为 8，如图 2-80 所示。（a）图中，闸门在编号为 1 的脉冲通过后开启，则读数为 7，相对于真值 7.4 舍去了 0.4；而(b)图中，闸门在编号为 1 的脉冲到来时刻同时开启，读数为 8，相对于真值多了 0.6，即把尾数凑成了整数。这种测量误差是所有数字式仪器所固有的，是量化过程带来的误差。量化误差的最大值都是 ±1 个字，也就是说量化误差的绝对误差 $\Delta N < \pm 1$。因此，有时又把这种误差称为"±1 个字误差"，简称"±1 误差"。

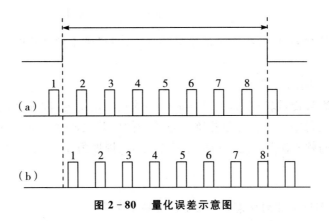

图 2-80　量化误差示意图

量化误差的相对值为

$$\frac{\Delta N}{N} = \frac{\pm 1}{N} = \pm \frac{1}{f_x \cdot T_s} \tag{2-24}$$

式中，$\frac{\Delta N}{N}$ 为量化误差的相对值，即计数的相对误差；f_x 为被测信号的频率；T_s 为选定的主门开启时间。由上式可以看出，被测值的读数 N 不同时，对量化误差的影响是不同的，增大 N 能够减少量化误差。也就是，当被测信号频率一定时，主门开启时间越长，量化的相对误差就越小；当主门开启时间一定时，提高被测信号的频率，也可减小量化误差的影响。

例 2.6　被测信号的频率 $f_{x1} = 100$ Hz，$f_{x2} = 1000$ Hz，闸门时间分别设定为 1 s、10 s，试分别计算量化误差。

解　(1) 若 $f_{x1} = 100$ Hz，$T = 1$ s，量化误差的相对值为

$$\frac{\Delta N}{N} = \frac{\pm 1}{N} = \pm \frac{1}{f_x \cdot T_s}$$
$$= \pm \frac{1}{100 \times 1} = \pm 1\%$$

(2) 若 $f_{x2} = 1000$ Hz，$T = 1$ s，量化误差的相对值为

$$\frac{\Delta N}{N} = \frac{\pm 1}{N} = \pm \frac{1}{f_x \cdot T_s}$$
$$= \pm \frac{1}{1000 \times 1} = \pm 0.1\%$$

由(1)、(2)的计算结果可知，同样的闸门时间，频率越高，测量越准确。

(3) 若 $f_{x1} = 100$ Hz，$T = 10$ s，量化误差的相对值为

$$\frac{\Delta N}{N} = \frac{\pm 1}{N} = \pm \frac{1}{f_x \cdot T_s}$$
$$= \pm \frac{1}{100 \times 10} = \pm 0.1\%$$

由(1)、(3)的计算结果可知,同样的频率,选取的闸门时间越长,测量结果的量化误差越小。

(4) 若 $f_{x2} = 1000\ \text{Hz}$, $T = 10\ \text{s}$,量化误差的相对值为

$$\frac{\Delta N}{N} = \frac{\pm 1}{N} = \pm \frac{1}{f_x \cdot T_{\text{s}}}$$

$$= \pm \frac{1}{1000 \times 10} = \pm 0.01\%$$

由(4)的计算结果可知,提高被测信号的频率,或增大主门开启时间,都可降低量化误差的影响。

② 闸门开启时间的误差

闸门时间准确与否,取决于石英晶体振荡器的频率稳定度、准确度,也取决于分频电路和开关的速度及其稳定性。在尽量排除了电路和闸门开关速度的影响后,闸门开启时间的误差主要由晶振的频率误差引起。设晶振频率为 f_{c}(周期为 T_{c})、分频系数为常数 k,则

$$T_{\text{s}} = \frac{1}{f_{\text{s}}} = \frac{k}{f_{\text{c}}} \tag{2-25}$$

式中,k 表示闸门时间的相对误差;f_{c} 表示标准频率误差。

根据相对误差的传递公式,可求得闸门时间的相对误差为

$$\frac{\Delta T_{\text{s}}}{T_{\text{s}}} = \frac{\partial \ln T_{\text{s}}}{\partial k} \Delta k + \frac{\partial \ln T_{\text{s}}}{\partial f_{\text{c}}} \Delta f_{\text{c}}$$

$$= \frac{\partial (\ln k - \ln f_{\text{c}})}{\partial k} \Delta k + \frac{\partial (\ln k - \ln f_{\text{c}})}{\partial f_{\text{c}}} \Delta f_{\text{c}}$$

$$= -\frac{\Delta f_{\text{c}}}{f_{\text{c}}} \tag{2-26}$$

由上式可知,闸门时间的相对误差在数值上与晶振频率的相对误差相等。

③ 测频公式误差

将式(2-24)、式(2-26)代入式(2-23),可得测频的公式误差为

$$\gamma_f = \frac{\Delta f_x}{f_x} = \pm \frac{1}{f_x \cdot T_{\text{s}}} + \frac{\Delta f_{\text{c}}}{f_{\text{c}}} \tag{2-27}$$

由于 Δf_x 的符号可正可负,若按最坏情况考虑,可得电子计数器测量频率的最大相对误差计算公式为

$$\gamma_f = \frac{\Delta f_x}{f_x} = \pm \left(\frac{1}{f_x \cdot T_{\text{s}}} + \left| \frac{\Delta f_{\text{c}}}{f_{\text{c}}} \right| \right) \tag{2-28}$$

即量化误差和闸门开启时间的相对误差之和。

④ 测频计数误差

前面讨论的是测频的系统误差,实际上输入信号受到噪声干扰,还会产生噪声干扰误差,这是一种随机误差,也称为计数误差。

计数误差是指测量频率时,由于被测信号中的噪声干扰影响,使输入信号经触发器整形后,形成的计数脉冲发生错误而产生的误差。如图 2-81 所示。

施密特触发器有 2 个门坎电平,(a) 图中,无噪声干扰,当正弦信号上升到上门坎电平时,触发器翻转,其输出从低电平跳变到高电平,电路进入一个稳态;当正弦信号下降到下门坎电平时,触发器翻转,其输出从高电平跳变到低电平,电路进入另一个稳态。输出脉冲的重复周期 T_{x2} 等于输入的被测正弦信号的周期 T_{x1},脉冲宽度为一定值。(b) 图中,被测信

号上叠加了较大的噪声干扰,由于被测信号多次达到比较电平,用于整形的施密特触发器将对此被触发,即产生额外的触发,如 T_{x3} 的起始部分就包含了一个脉冲,此时,$T_{x3} \neq T_{x1}$,计数器会产生额外的计数。从这两个对比的图形中可以看出,计数误差与被测信号的信噪比有关,信噪比越高,施密特触发器被触发的可能性越小,则计数误差越小。

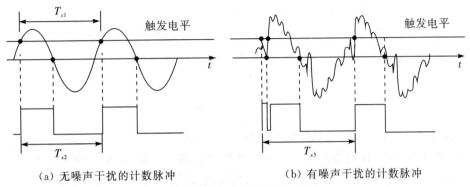

(a) 无噪声干扰的计数脉冲   (b) 有噪声干扰的计数脉冲

图 2-81 噪声干扰引起的计数误差

为了消除噪声干扰引起的计数误差,可将信号通道的增益调小,这样叠加在信号上的噪声幅度也同时减小,从而减少了额外的触发。另外,正确选择触发电平,避免波动最频繁点,也可以消除噪声干扰引起的计数误差。

⑤ 结论

通过以上分析可知,利用电子计数器测量频率时,要提高频率测量的准确度(减少测量误差),可采取如下措施:

a. 选择准确度和稳定度高的晶振作为时标信号发生器,以减小闸门时间误差。

b. 在不使计数器产生溢出的前提下,加大分频器的分频系数 k,扩大主门的开启时间 T_S,以减小量化误差的影响。

c. 当被测信号频率较低时,用测频方法测得的频率误差较大,应选用其他方法进行测量。

d. 对随机的计数误差,可通过提高信噪比或调小通道增益来减小误差程度。

2) 测量周期

(1) 测周原理

周期是频率的倒数,因此周期的测量与频率测量正好相反。电子计数器测量周期的原理如图 2-82 所示。

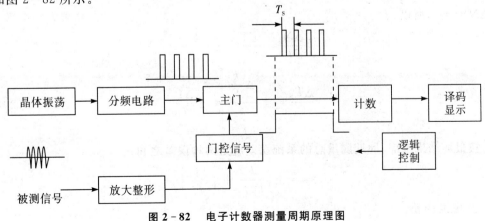

图 2-82 电子计数器测量周期原理图

电路构成与测频电路类似,包括输入整形电时标、时基产生电路、主门电路、计数显示及逻辑控制电路等。测量周期时,被测信号放大整形后成方波脉冲,形成时基,控制闸门,使主门开放的时间等于被测信号周期 T_x。晶体振荡器产生标准振荡信号 f_c,经 k 分频输出频率为 f_s、周期为 T_s 的时标脉冲。时标脉冲在主门开放时间进入计数器,计数器对通过主门的脉冲个数进行计数。若计数值为 N,则

$$T_x = nT_s \qquad (2-29)$$

式中,N 表示通过主门的脉冲个数;T_x 表示被测信号的周期;T_s 表示标准晶振分频后形成的时标周期。

$$f_s = \frac{f_c}{k}, \quad T_s = \frac{k}{f_c} \qquad (2-30)$$

式中,k 为分频系数;f_c 是标准晶振的振荡频率;f_s 为标准晶振分频后的频率。

由以上分析可知,计数器测量周期的基本原理和测频类似,也是一种比较测量方法,只不过它采用的时基和时标信号均与测频方法相反,它是用被测信号控制主门的开启,对标准时标脉冲进行计数。

(2)测周误差分析

① 公式误差

电子计数器测量周期也是采用间接测量方式进行的,即在未知的时间 T_x 内,测出标准信号脉冲通过的个数 N,然后由公式 $T_x = NT_s$ 计算出被测信号的周期。根据误差合成理论可求得测量周期的相对误差为

$$\begin{aligned}
\gamma_T &= \frac{\partial \ln T_x}{\partial N} \Delta N + \frac{\partial \ln T_x}{\partial T_s} \Delta T_s \\
&= \frac{\partial (\ln N + \ln T_s)}{\partial N} \Delta N + \frac{\partial (\ln N + \ln T_s)}{\partial T_s} \Delta T_s \\
&= \frac{\Delta N}{N} + \frac{\Delta T_s}{T_s} \qquad (2-31)
\end{aligned}$$

与测量频率误差的分析类似,测量周期误差也由两项组成:一是量化误差,二是时标信号相对误差。

由式(2-29)和式(2-30),可得

$$N = \frac{T_x}{T_s} = \frac{T_x}{kT_c} = \frac{T_x f_c}{k}$$

而 $\Delta N = \pm 1$,所以

$$\frac{\Delta N}{N} = \frac{\pm 1}{N} = \pm \frac{k}{T_x f_c}$$

$$\frac{\Delta T_s}{T_s} = \pm \frac{\Delta \dfrac{k}{f_c}}{\dfrac{k}{f_c}} = \pm \frac{\Delta f_c}{f_c} \qquad (2-32)$$

按最坏结果考虑,周期测量总的系统误差应是两种误差之和:

$$\gamma_T = \pm \left(\frac{k}{T_x f_c} + \left| \frac{\Delta f_c}{f_c} \right| \right) \qquad (2-33)$$

② 触发误差

触发误差是指在测量周期时,由于输入信号受噪声影响,经触发器整形后形成的门控脉冲时间间隔与信号的周期产生差异而形成的误差。因为一般门电路采用过零触发,可以证明触发误差可按下式近似表示:

$$\frac{\Delta T_n}{T_x} = \pm \frac{1}{\sqrt{2}\,\pi \cdot k} \times \frac{V_n}{V_m} = \pm \frac{1}{\sqrt{2}\,\pi k \cdot M} \qquad (2-34)$$

式中, k 为分频系数; $\frac{\Delta T_n}{T_x}$ 表示干扰信号引起的主门开启时间误差; M 为信噪比。

③ 结论

电子计数器测量周期的总误差可修正为下式:

$$\gamma_T = \frac{\Delta T_x}{T_x} = \pm \left(\frac{k}{T_x f_c} + \left| \frac{\Delta f_c}{f_c} \right| + \frac{1}{\sqrt{2}\,\pi k \cdot M} \right) \qquad (2-35)$$

很明显, T_x 越大(即被测频率越低), ± 1 误差对测周精确度影响越小。也就是说,当被测信号的频率较低时,采用测周法可提高测量的精度。触发误差与被测信号的信噪比有关,信噪比越高,触发误差越小,测量越准确。

(3)中界频率的确定

通过前面的分析已经知道,直接测频和测周法测频的相对误差是不一样的。被测信号频率越高,用电子计数器直接测量频率的误差越小;反之,被测信号频率越低(周期越大),用电子计数器测量周期误差越小。由于频率与周期之间的倒数关系,只要测出一个,便可以求出另一个。所以,为了提高测量精确度,测高频信号的频率时,用测频的方法直接读取被测信号的频率;测低频信号的频率时,先通过测周期的方法测出被测信号的周期,再换算成频率。高、低频信号可以采用中界频率划分。

中界频率定义为:电子计数器测量某信号的频率,若采用直接测频法和测周测频法的误差相等,则该信号的频率为中界频率 f_0。

忽略随机误差,根据中界频率定义,令式(2-28)和式(2-33)绝对值相等,即 $\gamma_f = \gamma_T$,则有

$$\frac{1}{f_x \cdot T_s} + \left| \frac{\Delta f_c}{f_c} \right| = \frac{k}{T_x \cdot f_c} + \left| \frac{\Delta f_c}{f_c} \right|$$

把上式中的 f_x 换为中界频率 f_0,可得到中界频率的计算公式:

$$f_0 = \sqrt{\frac{f_c}{k T_s}} \qquad (2-36)$$

式中, f_0 表示中界频率; f_c 表示标准晶振的振荡频率; T_s 表示标准晶振分频后形成的时标周期。

需要说明的是,实际使用的电子计数器,面板上一般有可变的 k 和 T 旋钮,改变 k、T 旋钮的位置, k、T 的取值会发生相应的变化,中界频率也会随之改变。

3)测量频率比

频率比是指两路信号源的频率的比值。其测量原理与频率、周期测量的原理类似,如图2-83所示。

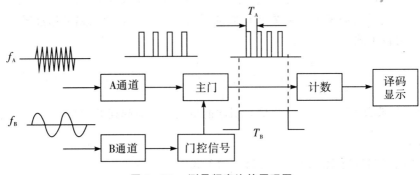

图 2 - 83　测量频率比的原理图

选择频率高的信号加到 A 通道形成时标 T_A，频率低的信号加到 B 通道形成时基 T_B，在闸门时间 T_B 内对时标 T_A 进行计数，计数器显示的读数值 $N = \dfrac{T_B}{T_A} = \dfrac{f_A}{f_B}$ 就是两信号的频率比。

4）测量时间间隔与相位差

（1）测量时间间隔的基本原理

时间间隔的测量实际也是测量信号的时间，因此与测量周期原理一样，其基本逻辑和测量周期类似。测量原理图如图 2 - 84 所示。

输入通道 B 作为起始信号，用来开启闸门，输入通道 C 的信号作为终止信号，用来关闭闸门。这样 B、C 两信号的时间间隔 T_{B-C} 决定了主门的开门时间，在开门时间 T_{B-C} 内对输入 A 通道的周期为 T_S 的时标进行计数，若计数值为 N，则

$$T_{B-C} = NT_S \tag{2-37}$$

式中，N 为计数器的计数值，T_{B-C} 为被测信号的时间间隔，T_S 为标准晶振分频后形成的时标周期。

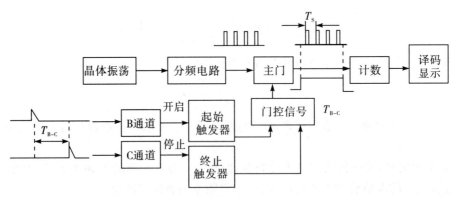

图 2 - 84　时间间隔测量的原理图

为增加测量的灵活性，B、C 两个通道分别备有极性选择和电平调节。通过触发极性和触发电平的选择，可以选取两个输入信号的上升沿或下降沿上的某电平点，作为时间间隔的起点和终点，因而可以测量两个输入信号任意两点间的时间间隔。

（2）相位差的测量

① 电路组成及各部分作用

　　相位差的测量通常是指两个同频率信号之间的相位差的测量。使用电子计数器测量相位差的电路组成如图 2-85 所示,主要包括通道 B、通道 C、门控电路、时标信号计数器及译码显示部分。

　　通道 B、通道 C 特性类似过零比较器,使被测信号由负向正通过零点或由正向负通过零点时产生脉冲,加到门控电路。门控电路可以是 R-S 触发器,一个通道来的脉冲使门控输出高电平,而另一个通道来的脉冲使之输出低电平。时标信号是晶振信号经过分频后的信号。门控信号输出高电平期间闸门开启,时标信号通过闸门进入计数器被计数,再译码显示结果。

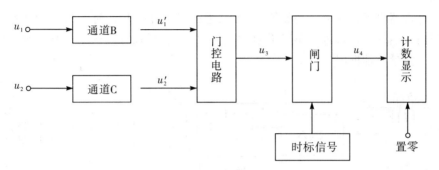

图 2-85　电子计数器测量相位差的电路组成

　　② 测量原理

　　电子计数器测量相位差的原理,其实就是时间间隔的测量,即在一时间间隔内用标准脉冲来填充。通过测量两个正弦波上两个相应点之间的时间间隔,可换算出它们之间的相位差。图 2-86 所示的相位差测量原理,测量的是两个同频正弦波上两个相应点之间的时间间隔。

　　为了简单易于观察,将被测信号 u_1、u_2 分别送入过零比较器,当信号由负到正通过零点时,产生一个脉冲。由于输入为 u_1、u_2 两路信号,产生两个脉冲,u_1 领先 u_2,将 u_1 产生的脉冲作开门信号,u_2 产生的脉冲作关门信号,开关门信号形成时间间隔为 T_1 的矩形脉冲作为时基信号。在开门时间 T_1 内对输入 A 通道的周期为 T_s 时标进行计数,若计数值为 N,则 $T_1 = NT_s$。

　　由图 2-87 可知,u_1、u_2 的相位差为

$$\varphi = \frac{T}{T_x} \times 360° = \frac{NT_s}{T_x} \times 360° = \frac{NF_x}{f_s} \times 360° \qquad (2-38)$$

式中,N 为计数器计数值;T_x 为被测信号的周期;T_s 为标准晶振分频后形成的时标周期。

　　为了减小测量误差,可利用两个通道的触发源选择开关,第一次设置为"+",信号由负到正通过零点,测得 T_1;第二次设置为"—",信号由正到负通过零点,测得 T_2。两次测量结果取平均值:

$$T = \frac{T_1 + T_2}{2}$$

于是相位差为

$$\varphi = \frac{T}{T_x} \times 360° \qquad (2-39)$$

式中,φ 为被测信号的相位差;T_x 为被测信号的周期;T 为正弦波上两个相应点间时间间隔

的平均值。

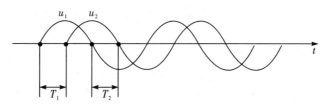

图 2-86   相位差的测量原理图

5）累加计数和计时

电子计数器除了上述测量功能外，还可以进行累加计数和计时。累加计数就是累加在一定时间内被测信号的脉冲个数。若脉冲间隔已知，将累加计数的结果乘上脉冲间隔即为累加计时。测量原理框图如图 2-87 所示。

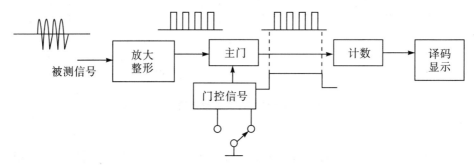

图 2-87   累加计数和计时的原理图

被测信号从 A 通道输入，经放大整形为脉冲序列，即时标。门控双稳输出闸门信号，即时基。时基信号打开闸门，通过的时标由计数器计数并显示。显示结果 N 即为计数值。

由于在累加计数和计时中，所选的测量时间往往较长，例如几个小时，因而对控制门的开关速度要求不高。主门的开、关除了本地手控外，也可以选地程控。

若 A 通道加入的是标准时钟信号，则计数器累计的是开门所经历的时间，这是计时功能。电子计数器计时精确，可用于工业生产的定时控制。若时标为 T_C，计数器显示的值为 N，则计时值 $T = NT_C$。

6）电子计数器的自校

在使用电子计数器测量前，应对电子计数器进行自校检验，一是检验电子计数器的逻辑关系是否正常，二是检验电子计数器能否准确地进行定量测试。自校检验的框图如图 2-88 所示。

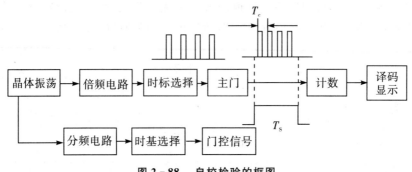

图 2-88   自校检验的框图

利用机内的晶体振荡器分频形成时基 T_S,倍频形成时标 T_C,因此,自校的实质是利用机内时基对机内时标进行计数。在电子计数器正常工作时,时基和时标都是已知的,因此计数器显示的读数 $N = T_S/T_C$ 也是确定的,由读数值便可判断电子计数器的工作是否正常。例如,$T_C = 1$ ns,$T_S = 1$ s 时,正常显示的读数应该为 $N = 1000000000$,同时时基、时标均来自于同一信号源,在理论上不存在 ± 1 的量化误差。如果多次自校均能稳定地显示 $N = 1000000000$,说明仪器正常工作。

7) 提高测量准确度的方法

由电子计数器的测量原理可知,测量的误差主要来源于两个方面,即系统固有误差和噪声干扰误差。除了前面分析的减小测量误差的方法外,在电路上还可以采取一些措施,如多周期测量技术、测周法测量差频、差频倍增技术等。

(1) 多周期测量技术

所谓多周期测量是指在测量被测信号的周期时,时间间隔的起点在一个信号上取出,终点在若干个周期后的信号中取出,经"周期倍乘"后再进行周期测量,其测量精确度可大为提高。需要注意的是所倍乘数 k 要受到仪器显示位数等的限制。

(2) 测周法测量差频

测周法测量差频是指测量频率时,先把被测频率降低,然后采用测周法测频。其原理框图如图 2-89 所示。

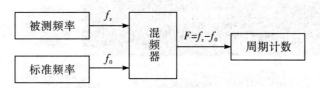

图 2-89　测周法测量差频框图

先把被测信号 f_x 和标准频率 f_0 送入混频器,由混频器检出两者的差频 $F = f_x - f_0$,用测周计数法测出差频信号的周期 T,然后计算出 F,最后可得被测信号的频率 $f_x = f_0 + F$。

测频误差为

$$\frac{\Delta f}{f_x} = \frac{\Delta f}{f_x} = -\frac{\Delta T}{f_x \cdot T^2} = -\frac{F}{f_x} \times \frac{\Delta T}{T} \tag{2-40}$$

式中,f_x 为被测信号的频率;F 为被测信号 f_x 和标准频率 f_0 的差频;$\dfrac{\Delta T}{T}$ 为计数器测周的相对误差。

由式(2-40)可以看出,差频与被测信号的频率相比是一个很小的量,测频误差大大减少了。因此,这种方法在计数器测量准确度不高的情况下,仍可得出较高的测频准确度。

(3) 差频倍增技术

差频倍增技术是在差频技术基础上进一步发展起来的,它将差频 F 倍增 m 倍,经过 n 级倍增,每级倍增倍数都为 m,则计数器测得的差频为 $F_m = m^n F$,最后输出的频率为 $f_0 + m^n F$。测频误差为

$$\frac{\Delta f}{f_x} = \frac{F}{f_x} = \frac{F_m}{m^n \cdot f_x} \tag{2-41}$$

式中,f_x 为被测信号的频率;f_m 为计数器测得的差频。

这种测量方法的主要优点是:被测信号的频率起伏被大大增加,对测量设备准确度要求大大降低。

(4)注意事项

除采取以上措施外,测量时还应注意以下事项:

① 每次测试前应先对仪器进行自校检查,当显示正常时再进行测试。

② 当被测信号的信噪比较差时,应降低输入通道的增益或加低通滤波器。

③ 为保证机内晶振稳定,应避免温度有大的波动和机械振动,避免强的工业磁电干扰,仪器的接地应良好。

4. SS7301 型频率计数器

数字频率计是一种特殊的电子计数器,是目前测量频率的主要仪器。其特点是精确度高、测频范围宽、便于实现测量过程自动化等。

1)SS7301 型频率计数器外观及按键功能

SS7301 型频率计数器作为数字频率计中的一种,具有很多优点,仪器外观前面板如图 2-90 所示,前面板上的接口、按键、分区功能介绍如下:

图 2-90 SS7301 型频率计数器前面板图

(1)POWER:电源开关,按下去会接通电源。

(2)USB:仪器的 USB 接口。

(3)Freq&Ratio:频率测量和频率比测量的按键,当仪器处于该功能时,按键下部的 LED 灯就会点亮。

(4)Time&Period:周期、脉宽和时间间隔测量功能的按键,LED 灯同上。

(5)OtherMeas:累加计数、占空比和相位差功能的按键,LED 灯同上。

(6)Gate&ExtArm:内部闸门设置和外部触发闸门选择按键,LED 灯同上。

(7)Upper&Lower:设置上限和下限,LED 灯同上。

(8)LimitModes:可设置极限模式相应状态,只有当极限模式被打开后 LED 灯才会亮。

(9)Scale&Offset:定标、偏量值设置及其功能开关键,只有当此功能打开 LED 灯才被点亮,该功能默认为"关"。

（10）Stats：统计运算键，执行此功能其 LED 灯点亮。

（11）Recall：调出和保存键，并且可以设置 GPIB 口的地址及 RS-232 口的波特率，执行此功能其 LED 灯点亮。

（12）Remote/Local：程控／本地按键，仪器默认为本地状态，LED 灯为熄灭态；为程控状态时 LED 灯点亮。

（13）Run：运行键，仪器处于测量状态时，该键灯点亮。

（14）Stop/Single：停止／单次按键，执行此功能其键灯点亮，为红灯。

（15）Level/Trigger：触发电平设置和沿选按键，执行此键功能其 LED 灯点亮。

（16）50 Ω/1 MΩ：50 Ω 或高阻选择键，灯亮为 50 Ω，熄灭为 1 MΩ，默认为高阻。

（17）DC/AC：交直流选择键，默认为 AC，LED 灯不亮；选为 DC 时，LED 灯点亮。

（18）×10Att：衰减键，默认为不衰减，灯不亮；当选为衰减时，LED 灯被点亮。

（19）100 kHz Filter：滤波键，默认状态为不滤波，LED 灯不亮；启动滤波后，LED 灯点亮。

（20）↑、↓、←、→：上、下、左、右选择键。

（21）Enter：确认键，执行一次其对应 LED 灯亮一次。

（22）MEASURE：仪器的主要测量功能区。

（23）LIMIT：极限模式测量区。

（24）MATH：数学功能测量区。

（25）CHANNEL1：通道 1 的输入及状态设置区，该区 Q9 接口上方的 LED 灯标识外部信号是否输入。

（26）CHANNEL2：通道 2 的输入及状态设置区，该区 Q9 接口上方的 LED 灯标识外部信号是否输入。

（27）CHANNEL3：通道 3 的信号输入区。

仪器后面板及主要接口如图 2-91 所示。

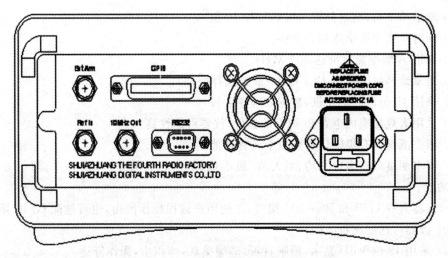

图 2-91 SS7301 型频率计数器后面板图

后面板的几个接口含义如下：

（1）RefIn：外频标输入，可选 5 MHz 或 10 MHz，仪器内部自动切换。

（2）10 MHz OUT：频标输出 10 MHz。

（3）ExtArm：外部触发输入端口。

（4）GPIB：程控接口 GPIB。

（5）RS232：程控接口 RS‐232。

（6）电源插座：电源接口，带 1 A 保险丝两个，其中一个为备用。

仪器显示屏上有 15 个缩写符号，如图 2‐92 所示，在进行某项测量功能时，相应的位点亮。其中，Period、Freq 和 Time 为周期测量、频率测量和时间间隔测量指示灯；＋Wid 表示正脉宽，－Wid 表示负脉宽；Rise 和 Fall 表示测量上升、下降时间；Ch1、Ch2、Ch3 用来指示输入信号来源；Limit 点亮表示仪器正处于极限测量状态并且测出的值不在用户预先设置的范围内；ExtRef 点亮表示仪器正在使用从后面板的 RefIn 输入的频标作为频标信号；Gate 用来指示闸门是否打开，在测量开始之前，此位是熄灭的，表明闸门未打开，在测量过程中，此位亮表示闸门已经打开。

图 2‐92　显示屏及缩写符号的含义

2）主要特点

SS7301 型频率计数器具有频率、周期、时间间隔、脉宽、占空比、累加计数、相位差等测量功能。测量时既可以使用内部闸门自动测量，也可由外部信号触发控制测量。该仪器性能稳定，功能齐全，测量范围宽，灵敏度高，精度高，体积小，外形美观，使用方便可靠。其主要特点如下：

（1）测量精度高，测量分辨率可达每秒 10 位。

（2）测时单次分辨率达到 500 ps。

（3）通道 A 频率测量可达 200 MHz。

（4）测量最高频率可达 12.4 GHz（需要选择配件）。

（5）采用 16 位微芯单片机，数据处理速度快。

（6）采用大规模集成电路和 FPGA 器件，仪器可靠性高。

（7）频率测量具有极限运算和数学运算功能。

（8）频率测量具有多次平均、最大值、最小值、单次相对偏差、标准偏差、阿伦方差等统计运算功能。

（9）仪器具有 USB 和 RS‐232 接口，方便用户远程操作使用，也可选配 GPIB 接口。

（10）仪器可选配高稳晶振。

（11）采用 12 位 VFD 显示，清晰直观，造型美观，体积小，操作舒适。

3）主要技术指标

SS7301 型频率计数器的主要技术指标如下：

（1）A 通道

频率范围:DC 耦合时 0.001 Hz～200 MHz;AC 耦合时 1 MHz～200 MHz(50 Ω 开);

　　　　AC 耦合时 30 Hz～200 MHz(1 MΩ 开)。

动态范围:50 mVrms～1.0 Vrms 正弦波;150 mV_{P-P}～4.5 V_{P-P} 脉冲波。

输入阻抗:1 MΩ//35pF 或 50 Ω。

耦合方式:AC 或 DC。

触发方式:上升沿或下降沿。

输入衰减:×1 或 ×10。

低通滤波器:截止频率约 100 kHz。

触发电平:−5.000 V～+5.000 V,步进值 5 mV。

用通道 1 进行 100 kHz 以下的低频测量时,为防止被测的低频信号中含有高频成分,需按下低通滤波器。

(2) 外闸门输入

信号输入范围:TTL 电平。

脉冲宽度:≥10 μs。

外闸门信号:正脉冲。

(3) 时基

内部晶体振荡器标称频率:10 MHz。

时基输入频率和幅度:5 MHz 或 10 MHz,幅度≥1 V_{P-P}。

时基输出频率和幅度:10 MHz 正弦波,幅度≥2.5 V_{P-P}。

4) 使用方法

下面仅以测量频率为例,来说明 SS7301 型频率计数器的使用方法。其他测量步骤详见仪器说明书。

(1) 首先连接电源线,即将电源线插入仪器后面板上的电源插座内,然后打开计数器电源开关,接通电源,使仪器预热,开始初始化。

(2) 连接信号到通道 1,设置通道触发电平、信号极性、耦合、阻抗等触发条件,可通过"100 kHz Filter"、"×10Att"、"DC/AC"、"50 Ω/1 MΩ"、"Level/Trigger"等按键来实现。

(3) 连接信号到通道 2 上,按"Freq&Ratio"按键直到显示屏显示"FREQUENCY2"。然后屏幕显示当前测得的频率值,并且屏幕上 Freq 和 Ch2 被点亮,表示当前正在测量通道 2 的频率。

(4) 记录测量数据,改变闸门时间再次记录频率值。

(5) 测量完毕,恢复,关机,断开电源。

子项目 3　模拟示波器 / 数字存储示波器的使用

知识点:了解模拟示波器 / 数字存储示波器的显示原理,熟悉其面板上各按钮和旋钮的功能。

技能点:能迅速调出稳定波形并读出波形参数;掌握测量信号幅度、相位差、周期 / 频率的方法。

项目内容:

1. 用示波器观察直流电压 3 V、5 V 并读值。(模拟、数字)

2. 把函数信号发生器产生的 1 kHz、2 V 方波和正弦波信号调节稳定,便于观察,并从示波器上读出其峰峰值(探头分别打到×1、×10 测量两次)、周期(×5 扩展按下和弹出测量两次),记入表 2-15。(模拟)

表 2-15

测试内容 测试波形	有效值	峰峰值		周期		频率
		×1	×10	常态	×5 扩展	
方波						
正弦波						

3. 利用两个函数信号发生器分别产生 Y1:1 kHz、2 V 和 Y2:1 kHz、2 V 的正弦波,输入到示波器的 CH1、CH2 通道,描绘 Y1、Y2、Y1+Y2、Y1-Y2 波形,并记下它们的峰值大小。(模拟、数字)

4. 利用两个函数信号发生器分别产生 Y1:1kHz、2 V 和 Y2:500 Hz、4V 的正弦波,输入到示波器的 CH1、CH2 通道,描绘 Y1+Y2 波形,并记下它的峰值大小。(模拟、数字)

5. 用示波器观察由函数信号发生器产生的一个交直流叠加信号,并读出其交流、直流大小。

6. 用脉冲信号发生器产生两个脉冲,从示波器上读出其幅度、频率并描绘波形。(模拟、数字)

7. 搭建图 2-93 所示 RC 串联电路,从示波器上读出总电压与电流相位差,并把相关测量填入表 2-16 中。(模拟、数字)

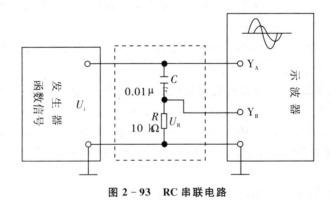

图 2-93 RC 串联电路

表 2-16

相位差所占格数	一周期所占格数	相位差测量值	相位差理论值

8. 李沙育图形法测信号频率,数据填入表 2-17 中。(模拟、数字)

表 2-17

测试频率	李沙育图形	频率计算
$f_x = 1$ kHz, $f_y = 1$ kHz		
$f_x = 2$ kHz, $f_y = 1$ kHz		

9. 使用光标测定 FFT 波形的幅度(以 Vrms 或 dBVrms 为单位) 和频率(以 Hz 为单位)。

10. 熟悉数字存储示波器的存储与调用功能。

子项目 4 电子计数器 / 频率计的使用

知识点:了解频率计的基本原理和操作方法。

技能点:熟练掌握用频率计测频与计数两大功能的使用方法;函数信号发生器测频功能的使用。

项目内容:

1. 测量 1 kHz、3 V 正弦波、方波、三角波的频率,记入表 2 - 18 中。

表 2 - 18

测试波形	频率计所测频率	函数信号发生器所测频率
正弦波		
方波		
三角波		

2. 测量脉冲信号发生器 Q_{15}、Q_8、Q_{21} 输出的脉冲信号频率,并写明在测量过程中按下滤波衰减键的原因,数据记入表 2 - 19。

表 2 - 19

输出端子	频率计所测频率	函数信号发生器所测频率
Q_{15}		
Q_8		
Q_{21}		

2.4 电子元件参数的测量

电子元件是最基本的电子产品,其质量的优劣对电子整机及系统的质量起到决定性的作用。

电子元件参数测量一般是指电阻、电容、电感及相关的 Q 值、损耗因数等参数的测量。其中,电阻表示电路中能量的损耗,电容和电感则分别表示电场能量和磁场能量的存储和寄生参数对阻抗测试的影响。电子元件参数的测量主要使用万用表、万用电桥和 Q 表。万用电桥是依据电桥法制成的测量仪器,有模拟式和数字式,目前使用最多的是 LCR 数字电桥,它主要用来测量低频元件。Q 表是依据谐振法制成的测量仪器,主要用来测量高频元件。

2.4.1 低频电子元件参数的测量

1. 电阻、电感和电容的特性与测量方法

1) 电阻的特性与测量方法

(1) 电阻的特性

具有电阻性质的元件称为电阻器,简称电阻,用 R 表示。电阻在电路中是一个耗能元件,消耗的功率 $P = I^2 R = U^2 / R$。电阻的单位是欧姆(Ω),常用的单位还有千欧(kΩ)和兆欧($M\Omega$)。电阻在电路中多用来进行限流、分压、分流以及阻抗匹配等,是电路中应用最多的元件之一。

电阻器的主要参数有电阻值、误差、额定功率、温度系数等。由于构造上有绕线或刻槽而使得电阻存在引线电感和分布电容,其高频等效电路如图 2-94 所示。当电阻所在电路工作频率较低时,分布电容可看成开路,引线电感可看成短路,即电抗分量可忽略,电阻分量起主要作用。当电阻所在电路工作频率较高时,电抗分量不能忽略,此外,由于

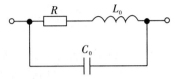

图 2-94　实际电阻的等效电路

集肤效应、涡流损耗、绝缘损耗等原因,其交流电阻也会随着频率的升高而略有升高。

(2) 电阻的测量

电阻根据其阻值可分为小电阻(1 Ω 以下)、中值电阻(1 Ω~0.1 $M\Omega$)和大电阻(0.1 $M\Omega$ 以上)三类。小电阻主要有导线、接触电阻和绕线电阻等,可用直流双臂电桥测量;中值电阻在实践中应用广泛,主要有电位器、各种定值电阻等,主要用万用表、直流单臂电桥或伏安法测量;大电阻主要是绝缘电阻,可用兆欧表测量。

① 万用表测电阻

采用万用表测量电阻是几种测量方法中最简便的一种,测量时注意调零、选择合适的挡位,不能带电测量,不能用双手同时接触电阻的两端和表笔等。

② 伏安法测电阻

伏安法测电阻原理简单,主要用于非线性电阻(如光敏、气敏、压敏、热敏电阻器等)的测量。测量时应根据被测电阻的大小选择电流表内接法(测量较大电阻)或电流表外接法(测量较小电阻),以减小测量误差,测量电路如图 2-95 所示。

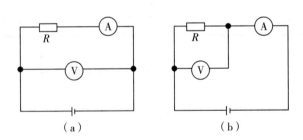

图 2-95　伏安法测电阻

③ 电桥法

当对电阻的测量精度要求较高时,可用直流电桥进行测量。直流电桥通常分为直流单臂电桥和直流双臂电桥。直流单臂电桥又称惠斯登电桥,适用于测量中值电阻。其测量原理如图 2-96 所示,图中 R_1、R_2 两固定电阻构成比例臂,比例系数 $K = R_2 / R_1$,R_N 为标准电阻,R_x 为被测电阻,G 为检流计。测量时,接通直流电源,通过调节 K 和 R_N,使电桥平衡,即检流计指示为零。此时有 $R_2 R_N = R_1 R_x$,也即

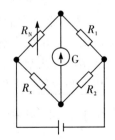

图 2-96　惠斯登电桥测电阻

$$R_x = \frac{R_2}{R_1} R_N = K R_N$$

直流双臂电桥用于测量小电阻,大电阻的测量可用超高阻电桥或兆欧表。

2)电感的特性与测量方法

(1)电感的特性

具有电感性质的元件称为电感器,简称为电感,用 L 表示。电感在电路中是一个储能元件,存储的磁能量 $E = LI^2/2$。电感的单位是亨利(H),常用的单位还有毫亨(mH)和微亨(μH)。在电路中,电感常与电容一起组成滤波电路、谐振电路等,是电路中应用较多的元件之一。

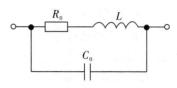

电感的主要参数为电感量、误差、额定电流、温度系数、分布电容和品质因数(电感损耗电阻为 R,在一定频率的交流电压下工作时,电感所呈现的感抗与损耗电阻 R 之比,称为电感的品质因数,即 $Q = \omega L/R = 2\pi f L/R$)。对于一个实际的电感,它在具备电感的同时,也存在分布电容和损耗电阻,其等效电路如图 2 - 97 所示。当工作频率较低时,其分

图 2 - 97 实际电感的等效电路

布电容的作用可忽略,随着频率的升高,分布电容的作用不能忽略,此时电感的大小将随着频率的上升而略有升高。理想电感在交流电路中的电抗为 $X_L = \omega L$,电感不消耗能量,只与电源进行能量交换,所以流过电感的电流与其两端的电压乘积称为无功功率。

(2)电感的测量

① 交流电桥法测电感

交流电桥法适合于测量工作频率较低的电感,尤其是适用于有铁心的大电感。交流电桥的结构与直流电桥基本相同,不同的是交流电桥的四个臂可以是电抗元件,电源是交流信号源,电流计是交流电流计。同样当流过电流计的电流为零时电桥达到平衡。测量电感的交流电桥有麦克斯韦电桥和海氏电桥,分别适用于测量品质因数不同的电感。

图 2 - 98 所示的麦克斯韦电桥主要用来测量低 Q 值电感。由电桥平衡可得

$$R_1 R_3 = (R_x + \mathrm{j}\omega L_x) \frac{1}{\dfrac{1}{R_n} + \mathrm{j}\omega C_n}$$

整理可得

$$L_x = R_1 R_3 C_n, \quad R_x = \frac{R_1 R_3}{R_n}, \quad Q_x = \omega R_n C_n$$

式中,L_x—— 被测电感;R_x—— 被测电感的损耗电阻;C_n—— 标准电容。

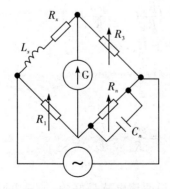

图 2 - 98 麦克斯韦电桥

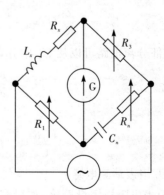

图 2 - 99 海氏电桥

图 2-99 所示的海氏电桥主要用来测量高 Q 值电感。由电桥平衡可得

$$R_1 R_3 = (R_x + \mathrm{j}\omega L_x)\left(R_n - \mathrm{j}\frac{1}{\omega C_n}\right)$$

整理可得

$$L_x = \frac{R_1 R_3 C_n}{1 + (\omega R_n C_n)^2}, \quad R_x = \frac{R_1 R_3 R_n \omega^2 C_n^2}{1 + (\omega R_n C_n)^2}, \quad Q_x = \frac{1}{\omega R_n C_n}$$

式中，L_x——被测电感；R_x——被测电感的损耗电阻；C_n——标准电容。

② 利用通用仪器测电感

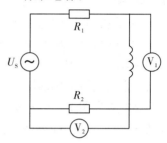

通用仪器测电感的理论依据是复数欧姆定律，电路
原理图如图 2-100 所示。利用电压表测出电感两端电
压 U_1 和电阻 R_2 两端电压 U_2，由欧姆定律可知

$$X_L = \frac{U_L}{I} = \frac{U_1}{U_2/R_2} = 2\pi f L_x$$

所以

$$L_x = \frac{R_2}{2\pi f}\frac{U_1}{U_2}$$

图 2-100　用通用仪器测电感示意图

③ 电感的数字化测量方法

电感的数字化测量方法是通过电感—电压转换器实现的。转换方案如图 2-101 所
示。图中 R 为标准电阻，电感等效为串联电路，利用实部、虚部分离电路将输出电压 U_0 分离
出实部 U_r 和虚部 U_x，再通过显示电路把测量结果直接用数字形式显示出来。

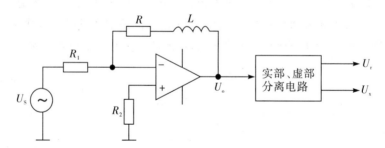

图 2-101　电感—电压转换器

图中 U_S、R_1 为固定值，运算放大器输出电压为 u_0，则有

$$U_0 = -\frac{Z_L}{R_1}U_S = -\frac{R_x + \mathrm{j}\omega L_x}{R_1}U_S = -\left(\frac{R_x}{R_1}U_S + \frac{\mathrm{j}\omega L}{R_1}U_S\right)$$

经实部、虚部分离电路可以从 U_0 中分离出实部 U_r 和虚部 U_x，有

$$U_r = \frac{R_x}{R_1}U_S, \quad U_x = \frac{\omega L_x}{R_1}U_S$$

所以有

$$R_x = \frac{U_r R_1}{U_S}, \quad L_x = \frac{U_x R_1}{\omega U_S}, \quad Q_x = \frac{\omega L_x}{R_x} = \frac{U_x}{U_r}$$

④ 用万用表估测电感

用万用表电阻挡测量电感，如果有很小的电阻值，说明该电感是好的，如果电阻值无穷
大，说明电感已经损坏。

3）电容的特性与测量

（1）电容的特性

具有电容性质的元件称为电容器，简称为电容，用 C 表示。电容在电路中是一个储能元件，存储的电场能量 $E = CU^2/2$。电容的单位是法拉（F），常用的单位还有微法（μF）和皮法（pF）。在电路中，电容多用来滤波、隔直流通交流、旁路交流，并常与电感一起组成滤波电路、谐振电路等，是电路中应用较多的元件之一。

电容的主要参数为电容量、误差、额定电压、绝缘电阻和损耗因数（电容损耗功率与存储功率之比，即 $D = 1/\omega CR_0 = 1/2\pi fCR_0$，$D$ 值越小，损耗越小，电容器的质量越好）等。对于一个实际的电容，它在具备电容量的同时，也存在引线电感和介质损耗，其等效电路如图 2－102 所示。当工作频率较低时，其引线电感的作用可忽略，此时电容的测量主要包括电容量和其损耗因数 D 的测量；随着频率的升高，引线电感的作用不能忽略，此时电容的大小将随着频率的上升而略有升高。理想电容在交流电路中的电抗为 $X_C = 1/\omega C$，电容不消耗能量，只与电源进行能量交换，所以流过电容的电流与其两端的电压乘积称为无功功率。

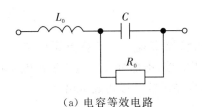 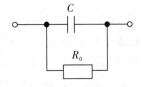

（a）电容等效电路　　　　　　　　（b）忽略引线电感后的等效电路

图 2－102　实际电容器的等效电路

（2）电容的测量

① 交流电桥法测电容

交流电桥法测电容有两种电路：串联电桥（维恩电桥）和并联电桥。

图 2－103 所示的串联电桥主要用来测量电容器的串联等效参数，它适合测量损耗因数 D 较小的电容器。由电桥平衡得

$$R_1\left(R_n + \frac{1}{j\omega C_n}\right) = R_2\left(R_x + \frac{1}{j\omega C_x}\right)$$

整理可得

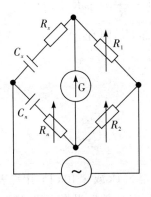 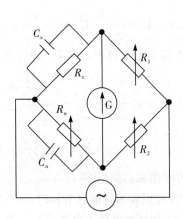

图 2－103　串联电桥　　　　　　**图 2－104　并联电桥**

$$C_x = \frac{R_2}{R_1} C_n, \quad R_x = \frac{R_1}{R_2} R_n, \quad D = \frac{1}{Q} = 2\pi f R_n C_n$$

式中，C_x——被测电容的电容量；R_x——被测电容的等效串联损耗电阻；C_n——标准电容。

图 2-104 所示的并联电桥主要用来测量电容器的并联等效参数，它适合测量损耗因数 D 较大的电容器。由电桥平衡得

$$R_1 \cdot \frac{R_n \dfrac{1}{j\omega C_n}}{R_n + \dfrac{1}{j\omega C_n}} = R_2 \cdot \frac{R_x \dfrac{1}{j\omega C_x}}{R_x + \dfrac{1}{j\omega C_x}}$$

整理可得

$$C_x = \frac{R_2}{R_1} C_n, \quad R_x = \frac{R_1}{R_2} R_n, \quad D = \frac{1}{Q} = 2\pi f R_n C_n$$

式中，C_x——被测电容的电容量；R_x——被测电容的等效并联损耗电阻；C_n——标准电容。

② 电容的数字化测量方法

电容的数字化测量方法是通过电容——电压转换器实现的。转换方案如图 2-105 所示。图中 R 为标准电阻，电容等效为并联电路，利用实部、虚部分离电路将输出电压 U_o 分离出实部 U_r 和虚部 U_x，再通过显示电路把测量结果直接用数字形式显示出来。

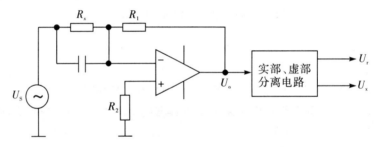

图 2-105   电容——电压转换电路

图中 U_S、R_1 为固定值，运算放大器输出电压为 u_o，则有

$$U_o = -\frac{R_1}{Z_C} U_S = -\frac{R_1}{R_x}(1 + j\omega C_x R_x) U_S = \left(-\frac{R_1}{R_x} - j\omega R_1 C_x\right) U_S$$

经实部、虚部分离电路可以从 U_o 中分离出实部 U_r 和虚部 U_x，则有

$$U_r = \frac{R_1}{R_x} U_S, \quad U_x = 2\pi f R_1 C_x U_S$$

所以有

$$R_x = R_1 \frac{U_S}{U_r}, \quad C_x = \frac{1}{2\pi f R_1} \frac{U_x}{U_S}, \quad D = \frac{U_r}{U_x}$$

③ 用万用表估测电容

用指针万用表测量电解电容时，将万用表转换开关转至 ×1k 或 ×10k 挡，用黑表笔接电容器的"＋"极，用红表笔接电容器的"—"极，若指针迅速向右摆动，然后慢慢退回，说明电容是好的；而且，等指针不动时其指示的电阻值越大，说明电容器的漏电流越小。若指针不向右摆

动,说明电容器内部已断路。对于小容量的无极性电容器,一般在测量 $0.01 \sim 0.47 \ \mu\text{F}$ 的电容时,可用万用表的 $\times 10\text{k}$ 挡,将两表笔分别接触电容器的两根引线,若指针不动,说明电容器基本是好的;对于电容量大一些的无极性电容器,测量方法与现象同电解电容的测量,只是表笔接触不分极性而已。

2. YB2812LCR 数字电桥

YB2812LCR 数字电桥是一种元件参数智能测量仪器,可自动测量电感量 L、电容量 C、电阻值 R、品质因数 Q、损耗角正切值 D。仪器采用微处理技术,具有测量范围宽、测量速度快、测量精度高(其基本精度可达 0.25%)、稳定性和可靠性极高等优点。

1)主要技术指标

(1)测量参量

测量参量主要有电感量 L、电容量 C、电阻值 R、品质因数 Q 和损耗角正切值 D。

(2)显示方式

主参量 L、C、R 由五位数字显示器显示,副参量 Q、D 由三位数字显示器显示。主参量与副参量对应关系为 $C\text{—}D$,$L\text{—}Q$,$R\text{—}Q$。

(3)测量频率

100 Hz、120 Hz、1 kHz,误差 $\pm 0.02\%$。

(4)测量范围

测量范围见表 2-20 所示。

表 2-20　YB2812LCR 数字电桥测量范围

参　量	测量频率	测量范围
L	100 Hz、120 Hz	$1 \ \mu\text{H} \sim 9999 \ \text{H}$
	1 kHz	$0.1 \ \mu\text{H} \sim 999.9 \ \text{H}$
C	100 Hz、120 Hz	$1 \ \text{pF} \sim 19999 \ \mu\text{F}$
	1 kHz	$0.1 \ \text{pF} \sim 1999.9 \ \mu\text{F}$
R	——	$0.1 \ \text{m}\Omega \sim 99.99 \ \text{M}\Omega$
Q	——	$0.01 \sim 999$
D	——	$0.01\% \sim 999\%$

(5)测量精度

测量精度见表 2-21 所示。

表 2-21　YB2812LCR 数字电桥测量精度

参　量	频　率	精　度
L	100 Hz、120 Hz	$\pm[1 \ \mu\text{H} + 0.25\%(1 + L/2000 \ \text{H} + 2 \ \text{mH}/L)](1 + 1/Q)$
	1 kHz	$\pm[0.1 \ \mu\text{H} + 0.25\%(1 + L/200 \ \text{H} + 0.2 \ \text{mH}/L)](1 + 1/Q)$
C	100 Hz、120 Hz	$\pm[1 \ \text{pF} + 0.25\%(1 + 1000 \ \text{pF}/C_x + C_x/1000 \ \mu\text{F})](1 + D_x)$
	1 kHz	$\pm[0.1 \ \text{pF} + 0.25\%(1 + 100 \ \text{pF}/C_x + C_x/100 \ \mu\text{F})](1 + D_x)$
R		$\pm[1 \ \text{m}\Omega + 0.25\%(1 + R/2 \ \text{M}\Omega + 2 \ \Omega/R)](1 + Q)$
Q	100 Hz、120 Hz、1 kHz	$\pm[0.020 + 0.25(Q_x + 1/Q_x)]\%$
	10 kHz	$\pm[0.020 + 0.30(Q_x + 1/Q_x)]\%$
D	100 Hz、120 Hz、1 kHz	$\pm 0.0010(1 + D_x^2)$

（6）测试信号电平

0.3 Vrms±10%（空载）。

（7）测试速度

5 次／秒。

（8）电容带电冲击保护

当被测电容器带电时，为了不造成仪器的损坏，在仪器上设有电容带电冲击保护电路，有效保护极限为：$C_{max}=2.5/V^2$，其中 V 为电容器上所带电压，C_{max} 为电容器在所带电压下的最大允许电容量。表 2-22 列出了几种电容器上电压的最大允许电容量。

表 2-22

V	C_{max}
1 kV	2 μF
400 V	20 μF
125 V	200 μF
40 V	2000 μF
12.5 V	20000 μF

注意：如果电容上所加电压超过上述极限可能损坏本仪器，为防止可能对仪器造成的损坏，所以使用时不能超出 $C_{max}-V$ 的要求。

2）仪器面板

仪器面板如图 2-106 所示。

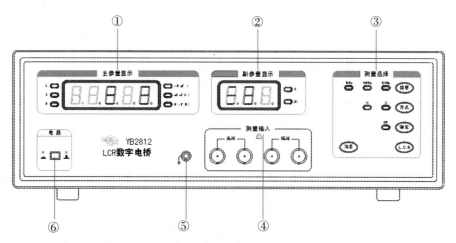

图 2-106　YB2811/YB2812 前面板图

图中各标注的含义如下：

① 主参量显示：左边三个指示灯用以指示选择的主参量"LCR"，右边三个指示灯指示被测元件的主参量单位，中间五位数字显示主参量的量值。主参量的选择由"LCR"按钮控制。

② 副参量显示：右边二个指示灯指示是品质因数 Q 还是损耗角正切值 D。其量值的大

小由三位数字显示。

③ 测量选择。频率:用以选择测量元件的测量频率。方式:选择被测元件的连接方式,有串联、并联二种。锁定:该状态仪器量程处于锁定状态,仪器测试速度最高。LCR:用以选择被测元件电感量 L、电容量 C 和电阻值 R,当其中一种被选择时,在"主参量显示"区的左边和"副参量显示"区的右边有对应的指示灯被点亮。清零:该状态首先短路校准,然后开路校准。

④ 测试输入:有四个连接端,其中两个为"高端",两个为"低端"。当使用测试盒测试元件时,将被测元件插入测试盒的入口即可;当使用本机配套的连接电缆测试时,应将套有红色套管夹子的两根电缆与"高端"相连,另两根套有黑色套管夹子的电缆与"低端"相连,不得交叉连接。

⑤ 电源开关:按入为开,弹出为关。

⑥ 接地:用于连接被测电容器的屏蔽接地。

3)YB2812LCR 数字电桥的使用方法

(1)注意事项

① 电源输入相线 L、零线 N 应与本仪器电源插头上标志的相线、零线相同。

② 将测试所用夹具与本仪器相接。如果使用本机配套的连接电缆测试,应将套有红色套管夹子的两根电缆与"高端"相连,另两根套有黑色套管夹子的电缆与"低端"相连,不得交叉连接。对具有屏蔽外壳的被测件,应把屏蔽层与仪器前面板上的"接地"相连。

③ 仪器应在技术指标规定的环境中工作,在测试时,仪器与连接测试件的测试导线均应远离强电磁场,以避免测试结果不准确。

④ 仪器测试完毕,应将电源开关置于"关"位置。仪器测试夹具或测试电缆应保持清洁,被测试件引脚也应保持干净无氧化,以确保接触良好。如果发现夹具的簧片间隙偏大,应调整至适当的位置。

(2)操作步骤

① 插上电源插头,打开电源开关,预热 15 分钟,待机内达到热平衡后,进行正常测试。

② 连接被测元件情况。根据被测件情况,选用合适的测试夹具或测试电缆。

③ 选择测量条件。根据被测件要求选择相应测量条件。具体选择条件包括:

a. 频率的选择。

b. 方式的选择。

c. 显示、量程和量程保持。选择 LCR 及它们的单位。仪器共分三个量程,三个量程覆盖整个的测试范围。使用"锁定"键可使量程固定,此方式适用于同规格元件批量测试,其测试速度为 5 次 / 秒。当"锁定"处于关时,在测试开始后仪器将所测得的测量值并不立即显示,而是首先判断该次测量是否选择了最佳量程,当确认为最佳量程时才将数据显示出来,在这种方式下测试速度相对较慢。使用锁定功能时应首先将测试元件中的一个插入测试夹具,待数据稳定后再按锁定键,即进入量程锁定方式。

d. 等效方式。实际电感、电容、电阻并非理想的纯电抗或电阻元件,而是以串联或并联形式呈现为一个复阻抗元件,本仪器根据串联或并联等效电路来计算元件的数值,不同等效电路将得到不同的结果。测试时,对于低值阻抗元件(基本是低值电阻、高值电容和低值电感),使用串联等效电路,反之,对于高值阻抗元件(基本是高值电阻、低值电容和高值电感),使用并联等效电路。同时,还需根据元件的实际使用情况而决定其等效电路,如对电容器,用于电源滤波时使用串联等效电路,而用于 LC 振荡电路时使用并联等效电路。两种等效电路可通过一定的公式进行转换。而对于 Q 和 D,则无论何种方式均是相同的。

e. 清零功能(校准)。即清除测试电缆或测试夹具上的杂散电抗和引线电阻,以提高测试精度。这些阻抗以串联或并联形式叠加在被测器件上,在执行清零功能时,仪器将测出这些参量并存储,在其后的元件测量时,自动从测量结果中减掉这些参量。仪器"清零"包括两种状态清零,即"短路清零"和"开路清零"。仪器可同时存放这两种状态的清零参量,并且清零参量与选用的频率无关,即在一种频率下清零后转换至另一频率时无需重新清零。但若使用环境变化较大时(如温度、温度、电磁场等)应重新清零。

④ 进行测量,记录数据。

2.4.2　高频电子元件参数的测量

前面介绍的万用电桥只能在低频条件下测量电阻、电感和电容参数,高频测量误差较大。在高频情况下,一般用谐振法测量。用谐振法测量高频元件参数的常用仪器,一般称为 Q 表。

高频 Q 表可以用来测量高频电感或谐振回路的 Q 值、电感器的电感量及其分布电容量、电容器的电容量及其损耗角、电工材料的高频介质损耗、高频回路的有效并联电阻及串联电阻、传输线特性阻抗等。

1. 谐振法测量原理

谐振法测量电子元件参数,虽然精度不高,但是在高频情况下,它具有测量电路简单、使用方便、工作频带宽和抗干扰能力强等优点,更适合高 Q 元件的测量。

谐振法是利用调谐回路的谐振特性而建立的阻抗测量方法。测量线路简单,如图 2 - 107 所示,实现起来比高频电桥方便。

由谐振条件可得

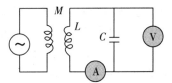

图 2 - 107　谐振法测量原理

$$X = \omega_0 L - \frac{1}{\omega_0 C} = 0, \quad \omega = \omega_0 = \frac{1}{\sqrt{LC}},$$

$$L = \frac{1}{\omega_0^2 C}, \quad C = \frac{1}{\omega_0^2 L}$$

1) Q 表的结构和工作原理

QBG - 3 型高频 Q 表是目前应用较多的一种高频 Q 表,它是以 LC 回路谐振特性为基础而进行测量的。主要由频率可调的高频振荡器(信号源)、标准可变电容器、高阻抗的电压表和谐振回路四部分组成,如图 2 - 108 所示。

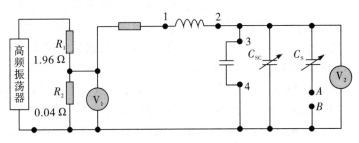

图 2 - 108　QBG - 3 型高频 Q 表结构图

　　高频振荡器通常是一个电感三点式振荡电路,一般产生频率为 50 kHz ~ 50 MHz 的高频振荡信号。分若干个频段,由筒形波段开关(仪器面板的频段开关)控制变换,每个频段的频率由双联可变电容器(仪器面板的频率旋钮)连续调节。高频振荡电路的输出信号通过电感耦合线圈馈送到宽带低阻分压器(由 1.96 Ω、0.04 Ω 组成)。借助调节电位器(仪器面板上的定位粗调和定位细调旋钮)可改变高频振荡管的相关直流电压,并可用定位电子电压表 V_1 监视引入串联谐振回路的高频电压的大小(500 mV)。当调节高频振荡电路的输出信号电压,使定位指示器指示在定位线“$Q \times 1$”上时,宽带低阻分压器的输入电压通过分压,从 0.04 Ω 电阻上取出 10 mV 的高频信号电压,加到测试回路上。定位指示用的电子电压表 V_1 的零点调节(即起始电流补偿)由一只电位器(仪器面板上的定位校正旋钮)担当。

　　C_s、C_{sc} 为标准可变电容器,容量可调且可直接读出,C_s 为主调电容,C_{sc} 为微调电容;V_2 是高阻抗的电压表(高频电压表),通过谐振时的电容电压可直接读出 Q 值。

　　2) Q 表测量电感、电容

　　当测量电感时,被测电感 L_x 接于端子 1 和 2 之间,调节频率为表中要求的测试频率 f_0;调节主调电容 C_s 使电路发生谐振(即 V_2 读数最大),此最大值 V_2 等于 V_1 的 Q 倍,即 $Q = V_2/V_1$,因为 V_1 为固定值 10 mV,所以 Q 值可直接用 V_2 来刻度,形成直读式仪表。又由于谐振时 f_0 和 C_s 都是已知的,所以可求得

$$L_x = \frac{1}{4\pi^2 f_0^2 C_s}$$

这样便可在 C_s 的刻度盘上直接读出 L_x。如果 f_0 的单位为 MHz,C_s 的单位为 pF,则 L_x 的单位为 μH。

　　当测量小电容时,常采用并联替代法。先将一电感 L 接于端子 1 和 2 之间,A、B 间用短导线相连,调节主调电容 C_s 处于最大值 C_{smax} 处,调节信号源频率 f_0,使电路发生谐振;然后将被测电容接在 3、4 之间,仅调节 C_s 使电路重新发生谐振,记下主调电容值 C_{s1},则有

$$C_x = C_{smax} - C_{s1}$$

　　当测量大电容时,常采用串联替代法。先将一电感 L 接于端子 1 和 2 之间,A、B 间用短导线相连,调节主调电容 C_s 处于最小值 C_{smin} 处,调节信号源频率 f_0,使电路发生谐振,此时 $f_0 = \dfrac{1}{2\pi\sqrt{LC_{smin}}}$;然后将 A、B 间短导线断开,接入被测电容 C_x,保持频率 f_0 不变,仅调节 C_s 使电路重新发生谐振,记下主调电容值 C_{s1},此时有 $f_0 = \dfrac{1}{2\pi\sqrt{L\dfrac{C_x C_{s1}}{C_x + C_{s1}}}}$。由两次谐振时的频率相等可得

$$C_{smin} = \frac{C_x C_{s1}}{C_x + C_{s1}}, \quad C_x = \frac{C_{s1} C_{smin}}{C_{s1} - C_{smin}}$$

2. QBG - 3 型高频 Q 表

　　1) 技术指标

　　(1) Q 值测量范围:10 ~ 600 分为三挡,10 ~ 100、20 ~ 300 和 50 ~ 600,准确度小于 ±10%。

　　(2) 电感的测量范围:0.1 ~ 100 mH 分为六挡,准确度小于 ±5%。

　　(3) 电容的测量范围:1 ~ 460 pH 分为六挡,被测电容小于 150 pH 时,准确度小于

±1.5％；大于 150 pH 时,准确度小于±1％。

（4）信号源频率范围:50 kHz ～ 500 MHz 分为六挡。

2）Q 表的使用

图 2-109 为 QBG-3 型 Q 表面板结构图。使用前应首先熟悉面板上各元件和控制旋钮的功能,然后才能正确地进行电感和电容的测量。

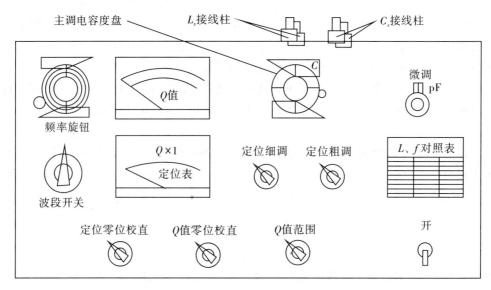

图 2-109　QBG-3 型 Q 表面板图

（1）测量前的准备

将"定位粗调"旋钮逆时针方向旋到底,"定位零位校直"和"Q 值零位校直"置于中间,"微调"电容调到零。

短接 L_x 两端,对定位电压表、Q 值电压表进行机械调零。开机预热 10 min,待仪器稳定后再进行测量。

（2）电感线圈 Q 值的测量

将被测电感线圈接到 L_x 接线柱上,调节"波段开关"及"频率旋钮"至测量所需的频率值;选择合适的 Q 值挡位;调节"定位零位校直"旋钮使定位电压表指示为零,调节"定位粗调"及"定位细调"旋钮使定位电压表指到"Q×1"处;调整主调电容刻度盘远离谐振点,再调节"Q 值零位校直"使 Q 值电压表指针指在零点上,最后调节"主调电容"和"微调"电容旋钮使电路发生谐振（Q 值电压表读数最大）,此时可由 Q 值电压表直接读出被测线圈的 Q 值。

（3）电感线圈 L_x 的测量

首先估计一下被测线圈的电感量,按照表 2-23 选出对应频率,然后调节"波段开关"及"频率旋钮"至测量所需的频率值;将"微调"电容旋钮置于零点,调节"主调电容"使 Q 值电压表指示最大。此时,被测线圈的电感量 L_x 就等于主调电容刻度盘上读出的电感值乘以 L、f 倍率对照表中的倍率。

表 2 - 23　L、f 倍率对照表

电　感	倍　率	频　率
$0.1 \sim 1~\mu H$	$\times 0.1$	25.2 MHz
$1.0 \sim 10~\mu H$	$\times 1$	7.95 MHz
$10 \sim 100~\mu H$	$\times 10$	2.52 MHz
$0.1 \sim 1.0~mH$	$\times 0.1$	795 kHz
$1.0 \sim 10~mH$	$\times 1$	252 kHz
$10 \sim 100~mH$	$\times 10$	79.5 kHz

（4）线圈分布电容的测量

接入被测电感线圈，将主调电容度盘调至某一适当电容值上（一般为 200 pF），记为 C_1；再调节"波段开关"及"频率旋钮"找到使电路发生谐振的频率 f；然后将频率调至 $2f$ 处，调节"主调电容"使电路再次发生谐振，此时电容值记为 C_2，则线圈的分布电容量 $C_0 = (C_1 - 4C_2)/3$。

（5）电容量的测量

根据被测电容的大小不同，其测量方法也不同。主要有以下两种情况：

① 小于 460 pF 电容的测量。

可以采用并联替代法测量。从 Q 表附件中选取一只电感量大于 1 mH 的标准电感接至 L_x 接线柱，将"微调"调到零，"主调电容"调至最大（500 pF），记为 C_1；然后调节"定位零位校直"使定位表指示为零，调节"定位粗调"及"定位细调"旋钮使定位表指针指到"$Q \times 1$"处；调节"波段开关"及"频率旋钮"，使电路发生谐振；将被测电容接至 C_x 接线柱上，保持信号源频率不变，重调"主调电容"使电路再次发生谐振，此时刻度盘读数为 C_2，则被测电容 $C_x = C_1 - C_2$。

② 大于 460 pF 电容的测量。

可以采用串联替代法测量。将标准电感接至 L_x 接线柱，调节"主调电容"，使电路发生谐振，读盘读数记为 C_1；取下标准电感，将其与被测电容串联后再接于 L_x 接线柱上，重调"主调电容"使电路再次发生谐振，此时度盘读数记为 C_2，则被测电容 $C_x = \dfrac{C_1 C_2}{C_2 - C_1}$。

（6）电容损耗因数的测量

首先将"主调电容"调至 500 pF，记为 C_1，将大于 1 mH 的标准电感（设分布电容为 C_0）接至 L_x 接线柱，调节"波段开关"及"频率旋钮"使电路发生谐振，设它的读数为 Q_1；然后将被测电容接于 C_x 接线柱上，调小"主调电容"至某值，设为 C_2，重调信号源频率使电路再次发生谐振，设读数为 Q_2，则损耗因数 $D_x = \dfrac{Q_1 - Q_2}{Q_1 Q_2} \dfrac{C_1 + C_0}{C_1 - C_2}$，电容的等效并联损耗 $R_x = \dfrac{Q_1 - Q_2}{Q_1 Q_2} \dfrac{1}{2\pi f(C_1 - C_0)}$。

（7）注意事项

被测元件不能直接放在仪器顶板上；被测元件接线要短且接触良好；被测元件的屏蔽罩要接到低电位接线柱上。

2.4.3　晶体管特性曲线的测量

1. 晶体管特性图示仪的组成和工作原理

晶体管特性图示仪简称图示仪,是一种采用图示法在荧光屏上直接显示各种晶体管、场效应管等的特性曲线,并据此测算出元器件各项参数的测试仪器,例如测量 PNP 和 NPN 型三极管的输入特性、输出特性、电流放大倍数,各种反向饱和电流、击穿电压,各类晶体二极管的正反向特性,场效应管漏极特性、转移特性、夹断电压和跨导参数等。

晶体管特性图示仪直接显示特性曲线、操作简便,应用广泛。但图示仪不能用于测量晶体管的高频参数。

1)晶体管特性图示仪的组成

图 2-110 是晶体管特性图示仪的原理框图,由五个主要部分组成:同步脉冲发生器、基极阶梯波发生器、集电极扫描电压发生器、测试转换开关、示波器(垂直放大器、水平放大器和示波管)。各部分的作用如下:

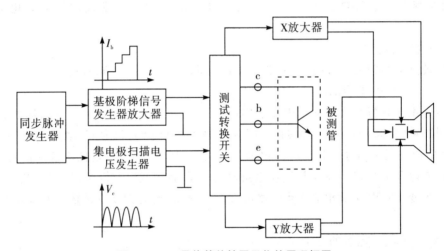

图 2-110　晶体管特性图示仪的原理框图

(1)基极阶梯波发生器

用于给基极提供恒定阶梯波电流信号。阶梯高度(电流幅值 / 级)可以调节,用于形成多条曲线簇。

(2)集电极扫描电压发生器

提供集电极扫描电压。该扫描电压由 220 V 工频电源经全波整流后获得。

(3)同步脉冲发生器

产生同步脉冲,使集电极扫描电压发生器和基极阶梯波发生器的信号同步,保证曲线的正确和稳定。

(4)示波器

用以显示被测晶体管的特性曲线,工作于 X-Y 方式。

(5)开关及附属电路

测试不同类型晶体管特性曲线时,实现电路的转换。

2)工作原理

(1)晶体三极管的输出特性曲线测试

图 2-111 是用逐点测量法测试晶体三极管的输出特性曲线电路及曲线图。测试时调整 E_B，确定一个 I_{B0}，然后改变 E_C，测量 u_{CE} 和 i_C，让 u_{CE} 从零逐步变到某固定值，测出一组 u_{CE}-i_C 曲线；然后逐个改变 I_B 值为 I_{B1}、I_{B2}、I_{B3}、I_{B4} 等，每固定一个 I_B，再改变 E_C，得到一条曲线，这样就可以得到晶体三极管的输出特性曲线。逐点测量法准确度低，工作量大。根据逐点测量法的测量步骤，我们可以引入动态测量法，晶体管图示仪的测量即采用动态测量法。

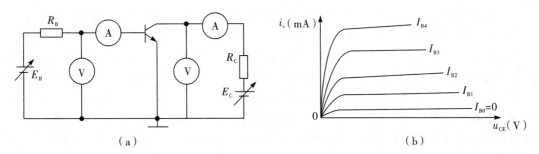

（a）　　　　　　　　　　　　　　　　（b）

图 2-111　逐点测量法测试晶体三极管的输出特性曲线电路及曲线

图 2-112 是采用动态测量法测量晶体管输出特性曲线的电路，用阶梯信号源给基极提供电流，用集电极扫描电压提供 u_{CE}。

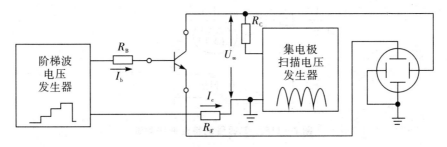

图 2-112　动态测量法测试晶体三极管的输出特性曲线电路

阶梯波电压加入到基极回路，通过 R_B 形成基极阶梯波电流 i_B，集电极扫描电压使 u_{CE} 从零增至最大，然后又回到零。基极阶梯波电流和集电极扫描电压都是由 50 Hz 市电得到的，所以可以实现基极阶梯波电流和集电极扫描电压保持同步，即 $T_B = nT_C$，如图 2-113 所示，阶梯波每一级的时间都与集电极扫描电压变化一次的时间相同，所以，测绘输出特性所需的 u_{CE} 和 i_B 就能同步地自动变化，进而测绘出晶体管的输出特性曲线。

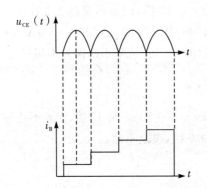

图 2-113　基极阶梯波电流和集电极扫描电压

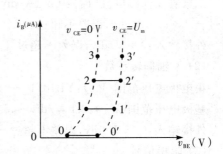

图 2-114　晶体三极管的输入特性曲线

（2）晶体三极管的输入特性曲线测试

把 u_{BE}、i_B 信号分别加在示波器的 X、Y 偏转板上驱动电子运动，测试时，u_{BE} 用扫描电压，u_{CE} 用阶梯波电压，当电压 u_{CE} 变化时，曲线的左右位置将不同。因为 i_B、u_{BE} 为等周期阶梯信号，所以能够描绘晶体三极管的输入特性曲线，如图 2-114 所示。

（3）二极管特性曲线的测试

二极管特性曲线的测试原理如图 2-115 所示。测试二极管时只需观察流过二极管的电流与二极管两端电压之间的关系，不必使用阶梯信号源。将二极管的正极和负极分别插入 C、E 两个接线端，测正向特性时加正极性扫描电压，测反向特性时加负极性扫描电压。集电极扫描电压接至 X 轴，R_F 上的取样电压接至 Y 轴，则可显示出相应的特性。为了能显示出二极管的正反向特性，把未扫描时的亮点调至显示屏的中心位置，扳动扫描电压极性开关即可分别显示出正反向特性曲线。新型的晶体管图示仪，集电极扫描电压有双向扫描功能，可使正反向特性曲线同时显示在荧光屏上。根据显示出的特性曲线，依据定义可测量出二极管的各种参数，如整流二极管的正向压降、反向电流，稳压管的稳定电压、动态电阻等。

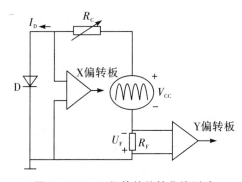

图 2-115　二极管的特性曲线测试

2. YB4811 型半导体管特性图示仪

YB4811 型半导体管特性图示仪是一种用示波管显示半导体器件的各种特性曲线，并可测量其静态参数的测试仪器。尤其能在不损坏器件的情况下，测量其极限参数，如击穿电压、饱和压降等。因此该仪器广泛应用于半导体器件的多个相关领域。

1）主要技术指标

（1）Y 轴偏转系数

集电极电流范围（I_C）：10 μA/div ~ 0.5 A/div 分 15 挡，误差不超过 ±3%。

二极管反向漏电流（I_R）：0.2 μA/div ~ 5 μA/div 分 5 挡，2 μA/div ~ 5 μA/div，误差不超过 ±3%；1 μA/div，误差不超过 ±5%；0.2 μA/div ~ 0.5 μA/div，误差不超过 ±10%。

外接输入：0.1 V/div，误差不超过 ±3%。

（2）X 轴偏转系数

集电极电压范围（V_{ce}）：YB4811——0.05 V/div ~ 500 V/div 分 13 挡，误差不超过 ±3%。

基极电压范围（V_{be}）：0.1 V/div ~ 5 V/div 分 6 挡，误差不超过 ±3%。

外接输入：0.05 V/div，误差不超过 ±3%

（3）阶梯信号

阶梯电流范围（I_b）：0.2 μA/级 ~ 100 mA/级分 18 挡。1 μA/级 ~ 100 mA/级，误差不

超过 ±5%;0.2 μA/ 级 ～ 0.5 μA/ 级,误差不超过 ±7%。

　　阶梯电压范围(V_b):0.1 V/ 级 ～ 2 V/ 级分 5 挡,误差不超过 ±3%。

　　串联电阻:0 Ω、10 Ω、10 kΩ、100 kΩ 分 3 挡,误差不超过 ±10%。

　　每簇级数:1 ～ 10 级连续可调。

　　(4) 集电极扫描电源、高压二极管测试电源

　　峰值电压与峰值电流容量如表 2 - 24 所示,其最大输出不低于表中所列,各挡级电压连续可调。功耗限制电阻 0 ～ 0.5 MΩ 分 11 挡,误差不超过 ±10%。

表 2 - 24　峰值电压与峰值电流容量

挡　　级	容　　量	
10 V 挡	0 ～ 10 V	5 A
50 V 挡	0 ～ 50 V	2.5 A
500 V 挡	0 ～ 500 V	0.5 A
3 kV 挡	0 ～ 3000 V	2 mA

2)面板

YB4811 型半导体管特性图示仪面板如图 2 - 116 所示。

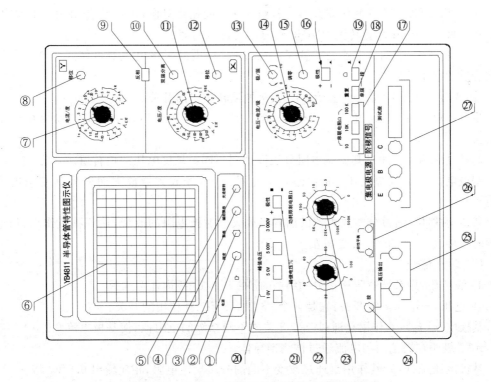

图 2 - 116　YB4811 型半导体管特性图示仪面板图

　　(1) 主机部分

　　① 电源开关:将电源开关按键按进接通电源,此时电源指示灯亮,弹出关断电源。

　　② 辉度:改变示波管栅阴极之间电压来改变电子束强度,从而控制辉度,该电位器顺时

针旋转,逐渐变亮,使用时辉度应适中。

③ 聚焦:改变示波管第二阳极电压使电子束打在荧光屏的光点直径可变。

④ 辅助聚焦:改变示波管第三阳极电压使电子束打在荧光屏的光点直径可变,在使用时,与聚焦电位器互相配合,使图像清晰。

⑤ 光迹旋转:当示波管屏幕上扫描光迹与水平内刻度线不平行时,可调节该电位器使之平行。

⑥ 示波器屏幕:在此显示测试波形。

(2) Y 轴系统

⑦ 电流／度开关:具有 22 挡、三种偏转作用的开关。

集电极电流(I_c)通过其取样电阻来获得电压,经 Y 轴放大器的放大而取得待测电流偏转值。

二极管漏电流(I_R)通过其二极管漏电流取样电阻的作用,将电流转化为电压后,经 Y 轴放大器放大而取得待测电流的偏转值。

基极电流或基极源电压:由阶梯分压电阻器分压,经 Y 轴放大器放大而取得其偏转值。

⑧ Y 轴移位:移位是通过分差放大器的前置级放大管射极电阻的改变,达到移位作用,该电位器顺时针旋动,光迹向上,反之向下。

(3) X 轴系统

⑨ 反相:通过开关变换使放大器分差输入端二线相互对换,达到图像(在 Ⅰ、Ⅱ 象限内)的相互转换,便于 NPN 管转测 PNP Ⅱ 管时简化测试步骤。

⑩ 双簇移位:当测试选择开关置于双簇显示时,借助于该电位器可使双簇特性曲性显示在合适的水平位置上。

⑪ 电压／度开关:是一种具有 21 挡、三种偏转作用的开关。

集电极电压(V_{ce}):通过其分压电阻,经 X 轴放大器放大而取得不同灵敏度电压的偏转值。

基极电压(V_{be}):通过其分压电阻分压以达到不同灵敏度电压的偏转值。

基极电流或基极源电压:由阶梯分压电阻分压,经放大器放大而取得其基极电流偏转值。

⑫ X 轴移位:通过分差放大器的前置级放大管射极电阻的改变,达到移位作用,该电位器顺时针旋动,光迹向右,反之向左。

(4) 阶梯信号

⑬ 级／簇:用来调节阶梯信号的级数,能在 1 ～ 10 级内任意选择。

⑭ 电压 — 电流／级开关:它是一个 23 挡、具有二种作用的开关。

基极电流(I_b):其作用是通过改变开关的不同挡级的电阻值,使基极电流 0.2 μA/ 级 ～ 100 mA/ 级所在挡位内的电流通过被测半导体。

基极电压源(V_b):其作用是通过改变不同的分压反馈电阻,相应输出 0.1 V/ 级 ～ 2 V/ 级的电压。

⑮ 调零:测试前,应首先调整阶梯信号起始级为零电位,当荧光屏上已观察到基极阶梯信号后将三极管测试座置于"零电压",按键按下,观察光点停留在荧光屏上的位置,复位后调节该旋钮,使阶梯信号起始级光点仍在该处,这样阶梯信号的"零电压"即被准确校正。

⑯ 极性:满足不同极性半导体器件(PNP、NPN)的需要来选择阶梯信号的极性。

⑰ 串联电阻：当电压——电流／级开关 ⑭ 置于电压／级的位置时，串联电阻被串联进被测半导体的输入电路中，串联电阻按键全部弹出时为 0 Ω。

⑱ 重复开关：重复——阶梯信号连续输出，作正常测试；关——阶梯信号没有输出，但处于待触发状态。

⑲ 单簇按：单簇的按动作用是使预先调整好的电压（电流）／级位置，当按下该钮时，屏幕上显示出一簇特性曲线后回到待触发状态位置，因此可利用它的瞬时作用的特性来观察被测管的各种极限特性。（只有重复开关 ⑱ 置单簇时有效。）

（5）集电极电源

⑳ 峰值电压范围：在测试半导体管时，应由低电压向高电压换挡，换挡前必须将峰值电压 ㉓ 调至"0"，换挡后再慢慢增加，否则易击穿损坏被测管。

㉑ 极性：可以转换集电极电压的正负极性，在 PNP 型与 NPN 型半导体管测试时，极性可按面板指示的极性选择按需要选择。

㉒ 峰值电压％：峰值控制旋钮可以在 0～10 V，0～50 V，0～500 V，0～3000 V 之间连续可调，面板上的标称值只能作近似值使用，精确的读数应由 X 轴偏转灵敏度读测。

㉓ 功耗限制电阻（Ω）：它是串联在被测管的集电极电路上限止超过功耗，亦可作被测半导体管集电极负载电阻，通过图示仪的特性曲线簇的斜率，可选择合适的功耗限制电阻。

㉔ 高压输出按钮：在 0～3 kV 挡，为了高压测试安全，特设此开关，不按时无高压输出。

㉕ 高压输出插座：测试半导体击穿电压，把测试附件插在此插座上，根据插座上的管脚方向进行测试。

㉖ 容性平衡：由于集电极电流输出端的各种杂散电容的存在（包括各种开关、功耗限制电阻、被测量的输出电容等），都将形成容性电流，因而在电流取样电阻上产生降压，造成测量上的误差。集电极变压器次级绕组对地存在电容的不对称，也会造成测量不准确。测试前应调节容性平衡电位器，使容性电流减至最小状态。

㉗ 测试插座：测试半导体管参数时，把附件测试台插在此插座上，根据需要进行测试。

㉘ 电源插座：用电源连接线连接到市电上（200 V、50 Hz），电源保险丝为 1.5 A。

㉙ DC/AC 开关：按进时，集电极变压器上的交流电压直接加到集电极电路上；弹出时，集电极变压器上的交流电压经桥式整流后加到集电极电路上。

㉚ 电流输入插座：校正 Y 轴偏转灵敏度时使用。

㉛ 集电极电源：集电极电源保险丝（1.5 A）。

（6）测试台

YB4811 型半导体管特性图示仪测试台面板如图 2-117 所示。

㉜ 测试选择开关：可以在测试时任选左右两个被测管的特性。当左、右两按键同时按下时为二簇状态，即通过电子开关自动地交替显示左、右二簇特性曲线（使用时"级／簇"应置于适当位置，以达到较佳的观察效果，"簇"特性曲线比较时，请勿使用单簇按钮）。

零电压、零电流：被测管未测之前，应首先调整阶梯信号的起始级在零电位的位置。当荧光屏上已观察到基极阶梯信号后，再按下"零电压"观察光点停留在荧光屏上的位置。复位后调节"阶梯调零"，使阶梯信号的起始级光点仍在该处，这样阶梯信号的零电压即被准确地校准。按下"零电流"时被测半导体管的基极处于开路状态，即能测量 $I_\circ$ 特性。

㉝、㉞、㉟ 测试插孔：根据不同封装的半导体管，采用不同的测试插孔和夹具，进行

测试。

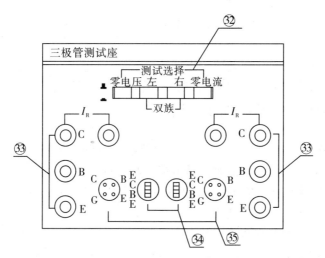

图 2 - 117　YB4811 型半导体管特性图示仪测试台面板图

3）使用方法

（1）测试前注意事项

① 要对被测管的主要直流参数有一个大概的了解和估计,特别要了解被测管的集电极最大允许耗散功率、最大允许电流和击穿电压。

② 选择好扫描和阶梯信号的极性,以适应不同管型和测试项目的需要。

③ 根据所测参数或被测管允许的集电极电压,选择合适的扫描电压范围和功耗电阻。

④ 对被测管进行必要的估算,选择合适的阶梯电流或阶梯电压。

⑤ 进行高压测试时,应特别注意安全,电压应从零逐渐调节到需要值,测试完毕后,应立即将峰值电压调到零。

（2）测试举例

① 测量硅整流二极管 2CZ82C 的特性曲线。

正向特性:"峰值电压范围"0 ～ 10 V,"峰值电压 %" 适当,"极性"正（＋）,"功耗电阻"250 Ω,X 轴 —— 集电极电压:0.1 V/div,Y 轴 —— 集电极电流:10 mA/div,阶梯信号"重复 — 关" 按钮置于"关"。

反向特性:"峰值电压范围"500 V,"峰值电压 %" 旋到 0 逐渐增大,直到管子出现反向击穿点,"极性"负（－－）,"功耗电阻"10 kΩ,X 轴 —— 集电极电压:20 V/div,Y 轴 —— 反向漏电流:I_R 1 μA/div,阶梯信号"重复 — 关" 按钮置于"关"。

② 测量 NPN 型 3DK2 晶体三极管的输出特性。

"峰值电压范围"0 ～ 10 V,"峰值电压 %" 由 0 逐渐增大,"极性"正（＋）,"功耗电阻"250 Ω,X 轴 —— 集电极电压:0.5 V/div,Y 轴 —— 集电极电流:1 mA/div,阶梯信号"重复 — 关" 按钮置于"重复","极性"正（＋）,阶梯选择 20 μA/级,调节基极阶梯中"级/簇"为 n,可得到 $n＋1$ 条曲线。

③ 测量 NPN 型 3DK2 晶体三极管的输入特性。

"峰值电压范围"0 ～ 10 V,"峰值电压" 由 0 逐渐增大,"极性"正（＋）,"功耗电阻"100 Ω,X 轴 —— 集电极电压:0.1 V/div,Y 轴 ——"电流/度"旋钮置基极电压或电流,阶梯信号"重复 — 关"按钮置于"重复","极性"正(＋),阶梯选择 0.1 mA/ 级。

④ NPN 型 3DK2 晶体三极管的 h_{fe} 测试。

"峰值电压范围"0 ～ 10 V,"极性"正(＋),"峰值电压"适当,"功耗电阻"250 Ω,X 轴 ——"电压／度"旋钮置于使屏幕 X 轴代表基极电流,Y 轴 —— 集电极电流:1 mA/div,阶梯信号"重复 — 关"按钮置于"重复","极性"正(＋),阶梯选择 20 μA/ 级。

⑤ 测量 N 沟道耗尽型管 3DJ7 漏极特性。

"峰值电压范围"0 ～ 10 V,"峰值电压"适当,"极性"正(＋),"功耗电阻"1 kΩ,X 轴 —— 集电极电压:1 V/div,Y 轴 —— 集电极电流:0.5 mA/div,阶梯信号"重复 — 关"按钮置于"重复","极性"负(—),阶梯选择 0.2 V/ 级。

⑥ 测量场效应管 2G700C 转移特性曲线。

"峰值电压范围"0 ～ 10 V,"峰值电压"10 V,"极性"正(＋),"功耗电阻"10 kΩ,X 轴 —— 集电极电压:2 V/div,Y 轴 —— 集电极电流:0.01 mA/div,阶梯信号"重复 — 关"按钮置于"关"。

子项目 5　数字万用电桥的使用

知识点:万用电桥的基本结构、测量原理及适用场合;万用电桥测量电阻元件、电容元件、电感元件的方法。

技能点:万用电桥测量低频电阻、电容及电感元件的方法。

项目内容:

1. 用万用电桥测量 5.1 Ω、100 Ω、3.3 kΩ、10 kΩ 电阻各一次,将测量结果填入表 2-25。

表 2-25

标称值	5.1 Ω	100 Ω	3.3 kΩ	10 kΩ
实测值				

2. 用万用电桥测量 30 pF、0.01 μF、0.47 μF、10 μF 电容元件各一次,读出它们的电容量和损耗因数 D,将测量结果填入表 2-26。

表 2-26

标称值		30 pF	0.01 μF	0.47 μF	10 μF
实测值	C				
	D				

3. 用万用电桥测量 1 mH、0.68 μH、330 μH、1 μH 电感元件各一次,读出它们的电感量及品质因数 Q,将测量结果填入表 2-27。

表 2-27

标称值		1 mH	0.68 μH	330 μH	1 μH
实测值	L				
	Q				

子项目 6　晶体管特性图示仪的使用

知识点:晶体管图示仪的基本结构、测量原理及适用场合;晶体管图示仪测量三极管、二极管、场效应管特性曲线的方法;晶体管图示仪使用注意事项。

技能点:晶体管图示仪测量三极管、二极管、场效应管特性曲线的方法。

项目内容:

1. 用晶体管图示仪测量二极管 IN4007 的正向特性曲线,并从图上读出死区、导通区及其门槛电压值,记入表 2-28。

2. 用晶体管图示仪测量二极管 IN4007 的反向特性曲线,并从图上读出反向截止电流,记入表 2-28。

表 2-28

正向特性曲线	反向特性曲线	门槛电压	反向截止电流

3. 用晶体管图示仪分别测量三极管 9012、8050 的输出特性曲线和输入特性曲线,并读出它们的电流放大倍数 β 值,记入表 2-29。

表 2-29

测量内容 测量管子型号	输出特性曲线	输入特性曲线	β 值
9012			
8050			

注意事项:

1. 示波器扫描速度旋钮打到 X-Y 位置。

2. 示波器耦合方式选择 DC。

3. 触发方式源选择开关置于"外"。

习题 2

2-1　判断题。

(1) 在使用欧姆挡时,数字万用表的红表笔接内部电池正极,黑表笔接内部电池负极。(　　)

(2) 最大显示数字为 1999 的数字万用表是 4 位表。(　　)

(3) 超高频毫伏表一般为峰值电压表,指针偏转角度与被测交流电压峰值成正比。(　　)

（4）音频信号的频率范围通常为 20 Hz～20 kHz。（　　）

（5）测量某直流稳压电源的纹波电压大小应使用直流电压表。（　　）

（6）一仪表等级为 0.5 的电工仪表，其最大引用误差为 ±0.5%。（　　）

（7）一般低频信号发生器主要采用 RC 振荡器做主振器，通过改变电阻来变频段，改变电容来进行频段内的频率微调。（　　）

（8）间接频率合成法主要利用锁相环（PLL）来间接完成频率的加、减、乘、除运算。（　　）

（9）用示波器和电子计数器均可测量两同频率正弦波的相位差。（　　）

（10）在使用双踪示波器测量直流信号时，应选择 AC 耦合方式。（　　）

2-2　写出如图 2-118 所示波形的全波平均值、正峰值、负峰值、峰峰值和有效值。

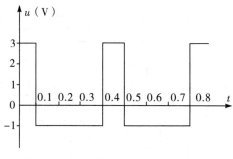

图 2-118

2-3　分别用全波均值电压表和峰值电压表对正弦波、方波、三角波三种波形的交流电压进行测量，读数均为 10 V，问各种波形的峰值、平均值和有效值各为多少，并将这三种波形画于同一坐标系上进行比较。

2-4　四种 DVM 的最大读数容量分别为：（1）9999；（2）19999；（3）5999；（4）1999。请问它们各属于几位表？它们的超量程能力如何？第二种电压表在 200 mV 量程上的分辨力为多大？

2-5　数字电压表的固有误差 $\Delta U = \pm(0.002\%$ 读数 $+0.001\%$ 满度$)$，求在 2 V 量程测量 0.9 V 和 0.09 V 时产生的绝对误差和相对误差。

2-6　用一种 4 位半数字电压表 2 V 量程测量 1.2 V 电压，已知该仪器的固有误差为 $\Delta U = \pm(0.05\%$ 读数 $+0.01\%$ 满度$)$，求由于固有误差产生的测量误差，它的满度误差相当于几个字？

2-7　数字万用表的核心是什么？它一般可测量哪些参量？

2-8　简述用万用表测量直流电压、交流电压、直流电流、电阻、二极管极性与好坏的方法步骤。（可以自选指针万用表或数字万用表。）

2-9　信号发生器一般由几部分组成？简述各部分的作用。

2-10　信号发生器的主要技术指标有哪些？输出频率的准确度一般由什么来保证？

2-11　为什么说正弦信号发生器适用于线性系统的测试？

2-12　高、低频信号发生器的输出阻抗一般为多少？使用时，若阻抗不匹配，会产生什么样的影响？

2-13　基本锁相环由哪几部分组成？其工作原理是什么？

2-14　分别解释什么叫调谐信号发生器和锁相信号发生器,为什么采用锁相信号发生器可使主振频率指标达到与基准信号相同的水平?

2-15　函数信号发生器的主要构成形式有哪些?简述基本正弦波、方波和三角波之间的变换电路原理。

2-16　上网搜索目前市场上的任意波形发生器产品,以一种产品为例,说明其原理、技术指标和应用场合。

2-17　有一频率合成器,如图2-119所示,求f_o的表达式及范围。

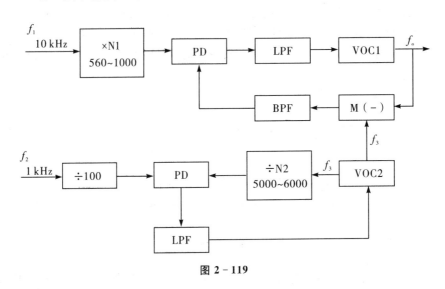

图 2-119

2-18　说明示波器能够测量的参量及其测量方法。

2-19　简述通用模拟示波器主要由哪几部分组成,每个部分的作用是什么?

2-20　示波管由哪几部分组成?每个部分的作用是什么?

2-21　简述数字存储示波器的工作原理。

2-22　示波器显示稳定的信号波形(即同步)的条件有哪些?

2-23　有一正弦信号,使用垂直偏转因数为10 mV/div、水平扫描速度为10 ms/div的示波器进行测量,测量时信号经过10:1的衰减探头加到示波器上,测得荧光屏上波形的高度为8 div,信号一周期宽度为5 div,问该信号的峰值、有效值、周期和频率各为多少?

2-24　简述电子计数器的组成及各部分的主要作用,电子计数器有哪些测量功能?

2-25　简要说明电子计数器测量频率和周期的主要原理,什么情况下测量频率更准确?什么情况下测量周期更准确?

2-26　简述万用电桥的主要测量功能及使用方法。

2-27　简述Q表的工作原理、主要测量功能及使用方法。

2-28　简述晶体管图示仪的主要测量功能及使用方法。

2-29　简述用李沙育图形法测量信号频率的方法。

2-30　上网查询一款数字存储示波器产品,说明其主要技术指标和应用场合。

学习情境 3　频域测量技术与仪器

测量和观察一个电信号的方法主要有两种:一种是以时间 t 为水平轴对信号进行测量和显示,称为信号的时域测量和显示,常用仪器为示波器;另一种是以频率 f 为水平轴进行测量和分析,称为信号的频域测量和频谱分析,常用仪器为频率特性测试仪和频谱分析仪。这两种方法从不同的侧面描述了被测信号,虽然所得到的波形不同,但两者的结果是可以互译的,即时域和频域分析之间有一定的对应关系。

本学习情境将借助项目 3——无线话筒与调频收音机的制作与测量,来学习频率特性测试仪以及频谱分析仪的使用,并掌握如何对信号进行频域分析。

项目 3　无线话筒与调频收音机的制作与测量

教学导航

本项目需要读者对一个无线话筒和调频收音机电路进行安装调试和信号测量,首先需要查阅资料,读懂无线话筒和调频收音机电路原理,然后安装调试电路,最后按照项目内容进行测量,通过测得的数据、波形和频谱理解无线发射和接收的原理和过程,掌握电路每一模块的原理。完成整个项目后,读者应能够正确选择频域测量方案,熟练使用频域测量仪器。在完成项目 3 的过程中,可以使读者掌握以下知识,训练以下技能和职业素养,见表 3-1。

表 3-1

类　别	目　标
知识点	1. 无线话筒和调频收音机电路原理; 2. 频率特性的特点和测量方法; 3. 频率特性测试仪的功能和技术指标; 4. 频谱分析仪的功能和技术指标
技能点	1. 熟练使用任意波形发生器、高频信号发生器、示波器; 2. 熟练使用频率特性测试仪、频谱分析仪; 3. 掌握频率特性测量方法和注意事项
职业素养	1. 学生的沟通能力及团队协作精神; 2. 细心、耐心等学习工作习惯及态度; 3. 良好的职业道德; 4. 质量、成本、安全、环保意识

项目内容与评价

1. 项目电路原理

1) 无线话筒电路

电路原理图如图 3-1 所示。

Q_1 与 R_4、R_5、R_6、C_2、C_3 组成共射极放大电路,其中 R_1 为话筒 MIC 的偏置电阻,一般在 $2\sim5.6$ kΩ 范围内选取,R_4 为集电极电阻,R_5 为基极电阻,给 Q_1 提供偏置电流,R_6 为发射极电阻,起稳定 Q_1 直流工作点的作用。

Q_2 与 R_7、R_8、C_4、C_5、L_1、C_7、C_8 组成高频振荡电路,产生频率约 83 MHz 的高频载波,Q_2 同时起混频作用,将 Q_1 输出的音频信号与高频信号调制后产生 83 MHz 的调频波,R_7 给 Q_2 基极提供偏流,C_5 和 L_1 组成振荡回路,改变其值可以改变发射频率。

Q_3 和 R_9、R_{10}、L_2、C_{10}、C_{11} 组成高频功率放大电路,将 Q_2 输出的高频信号放大后,通过 C_{12}、L_3 和天线向外发射,R_9 给功率管 Q_3 提供基极电流,C_{10} 和 L_2 组成放大调谐回路,和振荡回路 C_5 与 L_1 调谐在同一频率时获得最大输出功率,发射距离最远。

电路的发射频率设计在 FM 收音机波段,可以使用 FM 收音机接收该调频信号,并从调频信号还原出声音信号。电路的工作电压为 $1.5\sim9$ V。发射半径大于 100 m。

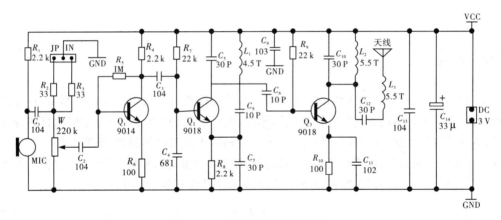

图 3-1　无线话筒电路原理图

2) 调频收音机电路

电路原理框图如图 3-2 所示,电路原理图如图 3-3 所示。电路主要由输入电路、混频电路、本振电路、信号检测电路、中频放大电路、鉴频电路、静噪电路和低频放大电路组成。电路的核心是单片收音机集成电路 SC1088,它采用特殊的低中频(70 kHz)技术,外围电路省去了中频变压器和陶瓷滤波器,电路简单可靠,调试方便。

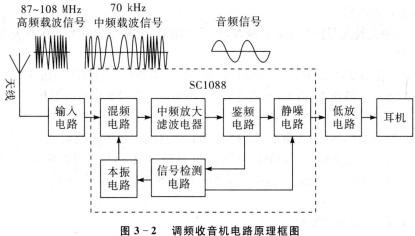

图 3 - 2 调频收音机电路原理框图

(1) FM 信号输入

如图 3-3 所示,调频信号由耳机线馈入,经 C_{14}、C_{13}、C_{15} 和 L_1 的输入电路进入 IC 的 11、12 脚混频电路。此处的 FM 信号为没有调谐的调频信号,即所有调频电台信号均可进入。

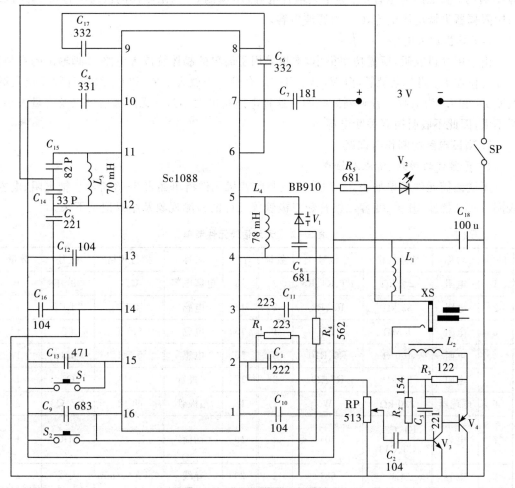

图 3 - 3 调频收音机电路原理图

（2）本振调谐电路

本振电路中关键元器件是变容二极管，它是利用 PN 结的结电容与偏压有关的特性制成的"可变电容"。

本电路中，控制变容二极管 V_1 的电压由 IC 第 16 脚给出。当按下扫描开关 S_1 时，IC 内部的 RS 触发器打开恒流源，由 16 脚向电容 C_9 充电，C_9 两端电压不断上升，V_1 电容量不断变化，由 V_1、C_8、L_4 构成的本振电路的频率不断变化而进行调谐。当收到电台信号后，信号检测电路使 IC 内的 RS 触发器翻转，恒流源停止对 C_9 充电，同时在 AFC（Automatic Freguency Control）电路作用下，锁住所接收的广播节目频率，从而可以稳定接收电台广播，直到再次按下 S_1 开始新的搜索。当按下 Reset 开关 S_2 时，电容 C_9 放电，本振频率回到最低端。

（3）中频放大、限幅与鉴频

电路的中频放大、限幅及鉴频电路的有源器件及电阻均在 IC 内。FM 广播信号和本振电路信号在 IC 内混频器中混频产生 70 kHz 的中频信号，经内部 1 dB 放大器、中频限幅器送到鉴频器检出音频信号，经内部环路滤波后由 2 脚输出音频信号。电路中 1 脚的 C_{10} 为静噪电容，3 脚的 C_{11} 为 AF（音频）环路滤波电容，6 脚的 C_6 为中频反馈电容，7 脚的 C_7 为低通电容，8 脚与 9 脚之间的电容 C_{17} 为中频耦合电容，10 脚的 C_4 为限幅器的低通电容，13 脚的 C_{12} 为中限幅器失调电压电容，C_{13} 为滤波电容。

（4）耳机放大电路

由于用耳机收听，所需功率很小，本机采用了简单的晶体管放大电路，2 脚输出的音频信号经电位器 R_p 调节电量后，由 V_3、V_4 组成复合管甲类放大。R_1 和 C_1 组成音频输出负载，线圈 L_1 和 L_2 为射频与音频隔离线圈。这种电路耗电大小与有无广播信号以及音量大小关系不大，因此不收听时要关断电源。

2. 项目电路的制作与调试

1）元器件的辨认、清点及检查

无线话筒元件清单如表 3-2 所示，调频收音机元件清单如表 3-3 所示。把电阻、电容、线圈、LED、插座、开关、变容二极管和三极管等元件的检测现象及结果记录下来。

表 3-2　无线话筒元件清单

序号	名称	型号规格	位号	数量	序号	名称	型号规格	位号	数量
1	电阻	2.2 kΩ	R1、R4、R8	3	13	电解电容	C14	33 μF	1
2	电阻	33 kΩ	R2、R3	2	14	电感	4.5T	L1	1
3	电阻	1 MΩ	R5	1	15	电感	5.5 T	L2	1
4	电阻	100 Ω	R6、R10	3	16	电感	5.5 T	L3	1
5	电阻	22 kΩ	R7、R9	2	17	三极管	9014	Q1	1
6	电位器	220 kΩ	W	1	18	三极管	9018	Q2、Q3	2
7	电容	C1、C2、C3、C13	104	4	19	话筒		MIC	1
8	电容	C4	681	1	20	导线	∅1 * 90 mm	天线	2

续表

序号	名称	型号规格	位号	数量	序号	名称	型号规格	位号	数量
9	电容	C5、C7、C10、C12	30P	4	21	导线	$\varnothing 1*40$ mm	电源线	2
10	电容	C6、C8	10P	2	22	插针	2针		1
11	电容	C9	103	1	23	插针	3针		1
12	电容	C11	102	1	24	电路板			1

表 3 - 3　调频收音机元件清单

序号	名称	型号规格	位号	数量	序号	名称	型号规格	位号	数量
1	贴片集成块	SC1088	IC	1	26	贴片电容	104	C10	1
2	贴片三极管	9014	V3	1	27	贴片电容	223	C11	1
3	贴片三极管	9012	V4	1	28	贴片电容	104	C12	1
4	二极管	BB910	V1	1	29	贴片电容	471	C13	1
5	二极管	LED	V2	1	30	贴片电容	33	14	1
6	磁珠电感		L1	1	31	贴片电容	82	C15	1
7	色环电感		L2	1	32	贴片电容	104	16	1
8	空芯电感	78nH8 圈	L3	1	33	插件电容	332	C17	1
9	空芯电感	70nH5 圈	L4	1	34	电解电容	100 μF	C18	1
10	耳机	$32\Omega \times 2$	EJ	1	35	插件电容	223	C19	1
11	贴片电阻	153	R1	1	36	导线	$\varnothing 0.8 \times 6$ mm		1
12	贴片电阻	154	R2	1	37	前盖			1
13	贴片电阻	122	R3	1	38	后盖			1
14	贴片电阻	562	R4	1	39	电位器钮	(内、外)		各1
15	插件电阻	681	R5	1	40	开关按钮	(有缺口)	SCAN 键	1
16	电位器	51 kΩ	RP	1	41	开关按钮	(无缺口)	RESET 键	1
17	贴片电容	222	C1	1	42	挂勾			1
18	贴片电容	104	C2	1	43	电池片	正、负、连体片	3件	各1
19	贴片电容	221	C3	1	44	印制板	55 mm × 25 mm		1
20	贴片电容	331	C4	1	45	轻触开关	6×6 二脚	S1、S2	各2
21	贴片电容	221	C5	1	46	耳机插座	$\varnothing 3.5$	XS	1
22	贴片电容	332	C6	1	47	电位器螺钉	$\varnothing 1.6 \times 5$		1
23	贴片电容	181	C7	1	48	自攻螺钉	$\varnothing 2 \times 8$		2
24	贴片电容	681	C8	1	49	自攻螺钉	$\varnothing 2 \times 5$		1
25	贴片电容	683	C9	1					

2) 无线话筒和调频收音机的装配与调试

(1) 无线话筒的装配与调试

按照原理图与装配图,装配无线话筒。

装好后,用一部调频收音机调谐在 87 MHz,话筒音频线接入音频信号,用无感螺丝刀调发射板空心线圈 L_2,使振荡频率为 87 MHz。此时,接收机就会收听到清晰的声音信号。调 L_3 空心圈可以加大发射距离(调整前一定焊上天线)。

(2) 调频收音机的装配与调试

对照原理图、装配图安装元件,先安装贴片元件,再安装通孔元件。

安装贴片元件时注意:

① SMC 和 SMD 不得用手拿。

② 用镊子夹持元件时不可夹到引线。

③ IC1088 标记方向。

④ 贴片电容表面没有标志,一定要保证准确贴到指定位置。

安装通孔元件时要注意:

① 安装焊接电位器时,注意电位器与印制板平齐。

② 注意变容二极管 V_1 的极性方向标记。

③ 电感线圈 $L_1 \sim L_4$(L_1 用磁环电感,L_2 用色环电感,L_3 用 8 匝空心线圈,L_4 用 5 匝空心线圈)不得装错。

④ 电解电容 C18(100μF)贴板装,注意发光二极管 V_2 的安装高度和极性。

安装完成后进行调试:

① 所有元器件焊接完成后目视检查。

元器件的型号、规格、数量及安装位置、方向是否与图纸符合。

焊点检查,有无虚、漏、桥接、飞溅等缺陷。

② 测总电流。

检查无误后将电源线焊到电池片上。

电位器开关断开的状态下装入电池。

插入耳机。

用万用表 200 mA(数字表)或 50 mA 挡(指针表)跨接在开关两端测电流。正常电流应为 7 ～ 30 mA(与电源电压有关)并且 LED 正常点亮。以下是样机测试结果,可供参考。

工作电压(V):1.8　2　2.5　3　3.2

工作电流(mA):8　11　17　24　28

注意:如果电流为 0 或超过 35 mA,应检查电路元件是否安装正确。

③ 搜索电台广播。

如果电流在正常范围,可按 S_1 搜索电台广播。只要元器件质量完好,安装正确,焊接可靠,不用调任何部分即可收到电台广播。

如果收不到广播,应仔细检查电路,特别要检查有无错装、虚焊、漏焊等缺陷。

④ 调接收频段(俗称调覆盖)。

我国调频广播的频率范围为 87 ～ 108 MHz,调试时可找一个当地频率最低的 FM 电台适当改变 L_4 的匝间距,使按过 Reset 键后第一次按 Scan 键可收到这个电台。由于 SC1088

的集成度高,如果元器件一致性较好,一般收到低端电台后均可覆盖 FM 频段,故可不调高端而仅做检查即可(可用一个成品 FM 收音机对照检查)。

⑤ 调灵敏度。

本机灵敏度由电路及元器件决定,一般不用调整,调好覆盖后即可正常收听。无线电爱好者可在收听频段中间电台(例如 97.4 MHz 音乐台)时调整 L_4 匝距,使灵敏度最高(耳机监听音量最大)。

调试完成后,进行总装:蜡封线圈(将适量泡沫塑料填入线圈 L_4,注意不要改变线圈形状及匝距,滴入适量腊滴使线圈固定),固定 SMB 和装外壳。

3. 项目测试内容

(1)测量无线话筒上 Q_2 组成的高频振荡电路产生的信号波形与频率。

(2)测量无线话筒上 Q_1 放大输出后的语音信号波形。

(3)测量无线话筒上 Q_3 功率放大级输出功率。

(4)测量无线话筒电路中混频后所产生的调频波波形与频谱。

(5)测量调频收音机天线接收到的信号波形与频谱。

(6)测量调频收音机解调后的波形。

(7)测量调频收音机功放级输出电压、电流、功率和波形。

改变无线话筒发射频率,使调频收音机收到该信号,然后用一低频信号代替无线话筒语音信号,重复上面第(2)～(7)步。再用一合适的调频信号代替调频收音机接收到的天线信号,重复上面第(5)～(7)步。

4. 编写项目报告

(1)班级、姓名、学号、同组人(两人一组)、地点、时间。

(2)项目名称、目的、要求。

(3)设备、仪器、材料和工具。

(4)电路原理分析。

(5)方法及步骤。

(6)数据记录及处理、结果分析。

(7)心得体会。

5. 任务评价

任务评价具体详见表 3-4。

表 3-4 任务评价

序号	考评点	分值	考核方式	评价标准		
				优秀	良好	及格
一	根据材料清单识别元器件,识读电路图	35	教师评价(50%)+互评(50%)	能正确识别电阻、电感、电容、二极管、三极管等元件;熟练识读原理图;指导他人识别元器件和识读电路图	能基本正确识别电阻、电感、电容、三极管等元件;识读原理图	识别电路元件;基本读懂原理图

续表

序号	考评点	分值	考核方式	评价标准		
				优秀	良好	及格
二	电路的安装与调试;相关仪器仪表(交流毫伏表、频率计、示波器、频谱分析仪、万用表)的使用	35	教师评价(50%)+互评(50%)	熟练正确装配和调试无线话筒和调频收音机;完成项目测试内容;电路性能稳定;根据原理图排除故障;掌握整个电路的调试与测量方法;能指导他人完成实践操作	正确装配和调试无线话筒和调频收音机;完成项目测试内容;电路性能稳定;根据原理图排除故障;掌握整个电路的调试与测量方法	基本能够装配与调试出电路;测量仪器使用不够熟练,但基本能够完成任务
三	项目总结报告	10	教师评价(100%)	格式符合标准,内容完整,有详细过程记录和分析,并能提出一些新的建议	格式符合标准,内容完整,有一定过程记录和分析	格式符合标准,内容较完整,有一定过程记录和分析
四	职业素养	20	教师评价(30%)+自评(20%)+互评(50%)	安全、文明工作,具有良好的职业操守;学习积极性高,虚心好学;具有良好的团队协作精神;思路清晰、有条理,能圆满回答教师与同学提出的问题	安全、文明工作,职业操守较好;学习积极性较高;具有较好的团队协作精神,能帮助小组其他成员;能部分回答教师与同学提出的问题	没出现违纪违规现象;没有厌学现象,能基本跟上学习进度;无重大失误,不能回答提问

背景知识

3.1　电路频率特性及其测量方法

测量和观察一个信号最常用的仪器是示波器,它是以时间为水平轴对信号波形进行测量和显示,称为信号的时域测量和分析。同时也可以以信号的频率为水平轴来测量分析信号的变化,简称为信号的频域测量和频谱分析。从广义上讲,信号频谱是指组成信号的全部频率分量的总集;从狭义上讲,一般的频谱测量中常将随频率变化的幅度谱称为频谱。频谱测量是指在频域内测量信号的各频率分量,以获得信号的多种参数。

3.1.1　频域和时域的关系

通常一个过程或信号可以表示为时间 t 的函数 $f(t)$,示波器常用来观测信号电压随时间的变化,是典型的时域分析仪器。

过程或信号还可以表示为频率 f 或角频率的函数 $s(\omega)$,频率特性测试仪、频谱分析仪都是以频率为自变量,以各频率分量的信号值为因变量进行分析的仪器。

任何一个过程或信号,既可在时域进行分析来获取其各种特性,也可以在频域进行,如图 3－4 所示。

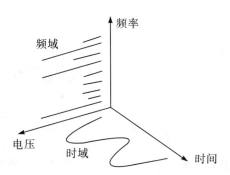

图 3－4　时间、频率和时间的三位坐标

通过观察上图可以发现,时域分析和频域分析可以用来观察同一个信号,两者的图形虽不一样,但两者所得到的结果是可以互译的,即时域分析和频域分析之间有一定的对应关系,从数学上说就是一对傅里叶变换关系。但是两者又是从时间和频率两个不同的角度去观察同一事物,故各自得到的结果都只能反映事物的某个侧面。因此从实际测量的观点来看,时域分析和频域分析各有用武之地。

3.1.2　频率特性的测试方法

测量网络频率特性的基本方法主要有两种:点频测量法和扫频测量法。

1. 点频测量法

点频测量法就是通过逐点测量一系列规定频率点上的网络增益(或衰减)来确定幅频特性曲线的方法,其连接线路原理图如图 3－5 所示。

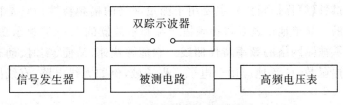

图 3－5　点频测量法的原理图

测试时,信号发生器送出的信号幅度始终保持不变,从频率低端按一定的频率间隔输出信号,信号通过被测电路后,在电压表或示波器上可以逐一得到一个一个的数值,把这些数值记下来,一直到达所需测试的频率高端为止。最后把这些数值用坐标纸画出来,坐标横轴表示频率,纵轴表示幅度。坐标上一个点,代表这点频率的信号经过被测电路幅度的变化值,用平滑的曲线连接各点,如图 3－6 所示,这就是被测电路的频率特性曲线。

点频测量法是一种静态测量法,它的优点是测量时不需要特殊仪器,测量的准确度也比较高,能反映出被测网络的静态特性,缺点是操作繁琐、工作量大、容易漏测某些细节,不能反映出被测网络的动态特性。

2. 扫频测量法

扫频测量法是在点频法的基础上发展起来的,它利用一个扫频信号发生器取代点频测量法中的正弦信号发生器,用示波器取代点频测量法中的电压表,其简要框图如图 3-7 所示。图中的扫频信号发生器是关键环节,它产生一个幅度恒定且频率随时间线性连续变化的信号作为被测网络的输入信号,通常称为扫频信号。

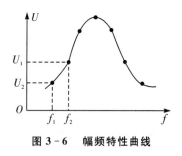

图 3-6   幅频特性曲线

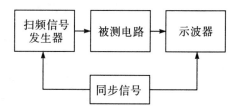

图 3-7   扫频测量法的简要框图

扫频法的测量过程简单、速度快,也不会产生漏测现象。扫频测量法反映的是被测网络的动态特性,测量结果与被测网络实际工作情况基本吻合。扫频测量法的不足之处是测量的准确度比点频法低。图 3-8 中的曲线 2 就是使用动态测量法所获得的曲线。这时,曲线略有右移,但最大值也略有降低。

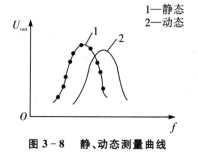

图 3-8   静、动态测量曲线

3.2   频域测量仪器

3.2.1   BT-3 型频率特性测试仪

频率特性测试仪(简称扫频仪),主要用于测量网络的幅频特性。它是根据扫频法的测量原理设计而成的。简单地说就是将扫频信号源和示波器的 X-Y 显示功能结合在一起,用示波管直接显示被测网络的频率特性曲线。它能够快速、简便、实时、动态、多参数、直观地测量网络的传递函数,广泛地应用于电子工程领域,例如无线电路、有线网络等系统的测试、调整。

1. 频率特性测试仪的组成

扫频仪的主要组成包括扫描电压发生器、X 轴放大器、扫频信号发生器、检波探头、Y 轴放大器、频标电路示波管及电源电路,如图 3-9(a)所示。其中检波探头(扫频仪附件)是频率特性测试仪外部的一个电路部件,用于直接探测被测网络的输出电压,它与示波器的衰减探头外形相似(体积稍大),但电路结构和作用不同,内藏晶体二极管,起到包络检波作用。

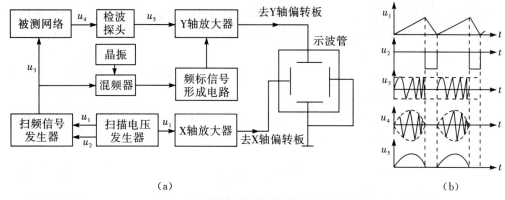

（a）　　　　　　　　　　　　　　　　　　　（b）

图 3 - 9　扫频仪的原理框图及工作波形

1）扫描电压发生器

扫描电压发生器用于产生扫频信号发生器所需的调制信号及示波管所需的扫描信号。调制信号如果是锯齿波电压,则产生线性扫频信号。扫描信号的作用是使被扫描的图形在 X 方向展开。

2）扫频信号发生器

扫频信号发生器是扫频仪的核心部分,它在扫描电压的控制下产生等幅的扫频信号。扫频信号的产生一般有变容二极管扫频和磁调制扫频两种。

（1）变容二极管法

变容二极管法的基本思想是用变容二极管充当振荡回路中的电容,用扫描锯齿波电压去控制变容二极管两端的电压,使其容量随之发生变化,从而使振荡频率随扫描锯齿波的电压变化而变化,实现调频。其原理如图 3 - 10 所示。

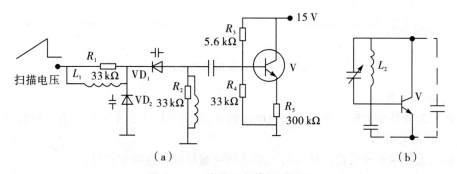

（a）　　　　　　　　　　　　　　　　　　　（b）

图 3 - 10　变容二极管扫频原理

图 3-10（a）为 BT-3C 频率特性测试仪的扫频振荡器电路,图 3-10（b）是其等效电路。

振荡电路是一个改进型的电容三点式振荡电路。由于电感 L 固定,其振荡频率主要由变容二极管的结电容决定。变容二极管的结电容可表示为

$$C_j = \frac{C_{j0}}{\left(1 + \dfrac{u}{U_j}\right)^n} \tag{3-1}$$

式中,U_j 为二极管 PN 结接触电位差,对于硅材料,$U_j = 0.6 \sim 0.7$ V;n 为容量指数,在扫频仪中的变容二极管一般采用超突变结,$n = 1 \sim 5$。

扫描锯齿波电压加至两变容管 V_1 与 V_2 的中点,控制结电容的变化,使扫频振荡器的频率随锯齿波电压的变化而变化。锯齿波电压幅度的大小可以改变扫频宽度,即改变扫频振荡器的频偏。改变锯齿波的变化速率可改变扫频速度。

(2) 磁调制扫频法

所谓磁调制扫描,就是用调制电流所产生的磁场去控制振荡回路的电感量,从而产生频率随调制电流变化的扫频信号。

磁调制扫频法的原理图如图 3-11 所示。图 3-11(a) 中 L_2、C 调谐回路的谐振频率 f_0 为

$$f_0 = \frac{1}{2\pi\sqrt{L_2 C}} \tag{3-2}$$

式中 L_2 为绕在高频磁芯 M_H 上线圈的电感量,若能用时基系统产生的扫描信号改变 L_2,也就改变了谐振频率。由电磁学理论可知,带磁芯线圈的电感量与磁芯的导磁系数 μ_0 成正比:

$$L_2 = \mu_0 L \tag{3-3}$$

式中 L 为空芯线圈的电感量。由于高频磁芯 M_H 接在低频磁芯 M_L 的磁路中,而绕在 M_L 上的线圈中的电流是交流和直流两部分的扫描电流,如图 3-11(b) 所示,当扫描电流随时间变化时,使得磁芯的有效导磁系数也随着改变,再由式(3-1)、式(3-2)可知,扫描电流的变化就导致了 L_2 及谐振频率 f_0 的变化,实现了"扫频"。

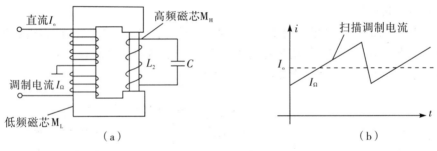

图 3-11　磁调制扫频法原理

3) X 轴放大器

X 轴放大器是为了得到足够的扫描电压幅度,使荧光屏上的水平扫描有足够的宽度。

4) Y 轴放大器

Y 轴放大器用于放大检波探头输出的待测电路幅频特性响应信号。

5) 被测网络

被测网络是扫频仪所要测试的对象,不属于扫频仪的组成部分。把它画在图中是为了分析方便。扫频信号加至被测网络,检波探头(如果被测电路具备检波功能,用非检波探头,幅频特性响应的信号直接送 Y 轴电路)对被测网络的输出信号进行峰值检波,并将检波所得信号送往示波器 Y 轴电路,该信号的幅度变化正好反映了被测电路的幅频特性,因而在屏幕上能直接观察到被测电路的幅频特性曲线。

6) 探头

扫频仪随机带有两条输出电缆(即两个输出探头)和两条输入电缆(即两个输入探头),输出探头有开路探头和匹配探头,输入探头有检波探头和非检波探头。要根据被测电路的

输入阻抗和电路的功能选择探头。被测电路的输入阻抗为 75 Ω 时，用匹配探头，被测网络输入端为高阻抗时用开路探头；被测电路本身若有检波级时，用非检波探头，否则用检波探头。

　　7）频标电路

　　为了标出 X 轴所代表的频率值，需另加频标信号。该信号是由作为频率标准的晶振信号与扫频信号混频而得到的，产生间隔为 1 MHz 或 10 MHz 的频标信号。其原理如图 3-12 所示。图中，晶体振荡器产生频率 f_L 为 1 MHz 或 10 MHz 的频标信号。通过谐波发生器进一步得到 f_L 的 N 倍（N 为正整数）的频标信号。将 Nf_L 与扫频信号（设其频率变化范围为 $f_{min} \sim f_{max}$）一同加到混频器，产生频率为（$f_{min} \sim f_{max}$）$\sim Nf_L$ 的输出信号。如 N 为某一数值恰好使 Nf_L 落在扫频信号的频率变化范围内，则该输出信号便是一个以零频率为中心的调频信号。经过窄带滤波器的调频信号的包络便反映了窄带滤波器的幅频特性。

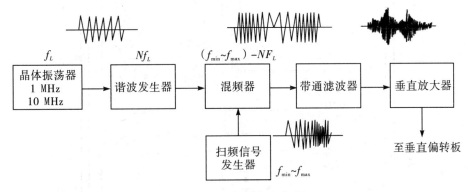

图 3-12　频标产生电路

　　例如，一个 35 MHz 的频标信号（即 $Nf_L = 35 \times 1$ MHz）与 $f_{min} \sim f_{max} = 34.8 \sim 35.2$ MHz 的扫频信号混频，通过窄带滤波器和垂直放大器加到示波管的垂直偏转板上，在扫频信号为 35 MHz 时，示波管屏幕上就会显示一个接近菱形的调频波形。如果在垂直偏转板上同时作用着反映被测电路幅频特性的检波电压，那么菱形的频标波形就显示在幅频特性曲线的 35 MHz 那一点上，如图 3-13(a)所示。图 3-13(b)为零频标的标志。

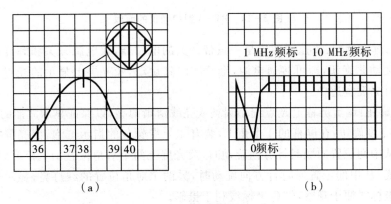

（a）　　　　　　　　　　　　（b）

图 3-13　菱形频标显示图

2. BT-3 型扫频仪及应用

BT-3 型扫频仪采用晶体管和集成电路,具有功耗低、体积小、质量轻、输出电压高、寄生调幅小、扫频非线性系数小等优点,主要用来测定无线电电路的频率特性。

1）面板

BT-3 型扫频仪的面板如图 3-14 所示。

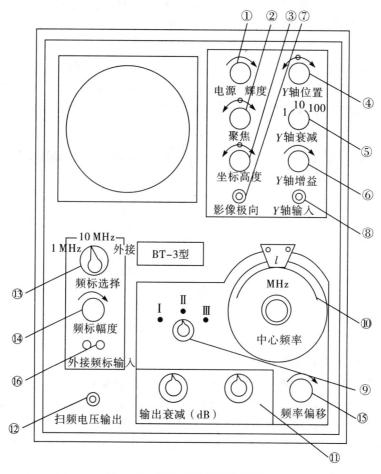

图 3-14   BT-3 型扫频仪的面板

① 电源、辉度旋钮:该控制装置是一只带开关的电位器,兼电源开关和辉度旋钮两种作用。顺时针旋动此旋钮,即可接通电源,继续顺时针旋动,荧光屏上显示的光点或图形亮度增加。使用时亮度宜适中。

② 聚焦旋钮:调节屏幕上光点细小圆亮或亮线清晰明亮,以保证显示波形的清晰度。

③ 坐标亮度旋钮:在屏幕的 4 个角上,装有 4 个带颜色的指示灯泡,照亮屏幕上坐标尺度线。旋钮从中间位置向顺时针方向旋动时,荧光屏上两个对角位置的黄灯亮,屏幕上出现黄色的坐标线;从中间位置逆时针方向旋动时,另两个对角位置的红灯亮,显示出红色的坐标线。黄色坐标线便于观察,红色坐标线利于摄影。

④ Y 轴位置旋钮:调节荧光屏上光点或图形在垂直方向上的位置。

⑤ Y 轴衰减开关:有 1、10、100 三个衰减挡级。根据输入电压的大小选择适当的衰减

挡级。

⑥ Y 轴增益旋钮：调节显示在荧光屏上图形垂直方向幅度的大小。

⑦ 影像极向开关：用来改变屏幕上所显示的曲线波形正负极性。

⑧ Y 轴输入插座：由被测电路的输出端用电缆探头引接到此插座，使输入信号经垂直放大器，便可显示出该信号的曲线波形。

⑨ 波段开关：输出的扫频信号按中心频率划分为三个波段（第 Ⅰ 波段 1 MHz ～ 75 MHz，第 Ⅱ 波段 75 MHz ～ 150 MHz，第 Ⅲ 波段 150 MHz ～ 300 MHz），可以根据测试需要来选择波段。

⑩ 中心频率度盘：能连续地改变中心频率。度盘上所标定的中心频率不是十分准确的，一般是采用边调节度盘，边看频标移动的数值来确定中心频率位置。

⑪ 输出衰减（dB）开关：根据测试的需要，选择扫频信号的输出幅度大小。按开关的衰减量来划分，可分粗调、细调两种。粗调：0 dB，10 dB，20 dB，30 dB，40 dB，50 dB，60 dB。细调：0 dB，2 dB，3 dB，4 dB，6 dB，8 dB，10 dB。粗调和细调衰减的总衰减量为 70 dB。

⑫ 扫频电压输出插座：扫频信号由此插座输出，可用 75 Ω 匹配电缆探头或开路电缆来连接，引送到被测电路的输入端，以便进行测试。

⑬ 频标选择开关：有 1 MHz、10 MHz 和外接三挡。当开关置于 1 MHz 挡时，扫描线上显示 1 MHz 的菱形频标；置于 10 MHz 挡时，扫描线上显示 10 MHz 的菱形频标；置于外接时，扫描线上显示外接信号频率的频标。

⑭ 频标幅度旋钮：调节频标幅度大小。一般幅度不宜太大，以观察清楚为准。

⑮ 频率偏移旋钮：调节扫频信号的频率偏移宽度。在测试时可以调整适合被测电路的通频带宽度所需的频偏，顺时针方向旋动时，频偏增宽，最大可达 ±7.5 MHz 以上，反之则频偏变窄，最小在 ±0.5 MHz 以下。

⑯ 外接频标输入接线柱：当频标选择开关置于外接频标挡时，外来的标准信号发生器的信号由此接线柱引入，这时在扫描线上显示外频标信号的标记。

2）使用注意事项

（1）使用者在不熟悉本仪器面板各旋钮、开关的功能时，应仔细阅读说明书，然后才能开机使用。

（2）被测设备的输入端不允许有直流电位，否则会导致仪器不能正常工作，严重者会损坏仪器。

（3）仪器的输出阻抗与被测件的输入阻抗必须匹配，否则会造成反射，使测量不准确。

（4）射频连接电缆应尽量地短，避免不必要的损耗。

（5）仪器输出信号过大，会使有源器件饱和，测出的则是失真的图形曲线。可利用衰减器适当地改变输出信号的大小，观察特性曲线的变化情况予以确定。

3）应用

（1）测量幅频特性

① 测量增益

a. 零分贝（dB）的校正。

将扫频输出的射频电缆与 Y 轴输入的检波探头直接相连接，将"输出衰减"的两个旋钮都置于 0 dB 处，将"Y 轴衰减"置于"1"；然后再调出扫频线，调"Y 轴增益"，使扫频线与扫描基线之间的距离为整数刻度（一般为 5 格），如图 3-15 所示。若这个整数距离为 5 格，这 5 格的高度就表示"0 dB"。这个表示"0 dB"的5格调好后，"Y轴增益"旋钮就不能再动了。

　　b. 测量电路的增益。

　　根据实际电路选取探头，按图3-16连接电路，先将输出衰减置于较大位置（如60 dB），使屏幕上出现的曲线在5格范围内，再配合调整输出粗衰减和细衰减，使曲线高度正好是5格，即曲线的高度（增益）也成了0 dB，而实际上它的增益是体现在输出粗衰减和细衰减上，这时被测电路的增益为输出粗衰减的dB数加输出细衰减的dB数。如果调节输出粗衰减和细衰减，曲线高度仍然超出5格，这时可以调节Y轴衰减至10或100，再调节输出粗衰减和细衰减使曲线高度正好是5格。增益的计算除了考虑输出衰减还要考虑Y轴衰减数，但是要注意单位的统一。

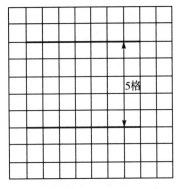

图 3-15　0 dB 的校正

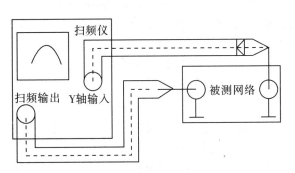

图 3-16　扫频仪与被测电路的连接

　　② 测量带宽

　　对于宽带电路，这里指的"宽带"是相对而言的，比如说，电视机中的中放电路、视放电路，都可以称为宽带放大器。宽带放大器的带宽可以表示为：$\Delta f = f_H - f_L$，式中 f_H 是高频端的半功率点所对应的频率，f_L 为低频端的半功率点所对应的频率。若低端频率很低，则其带宽为 $\Delta f \approx f_H$，测量方法可以直接用扫频仪的内频标方便地显示和读出频率特性曲线的宽度，有时为了更准确地测量，也使用外频标。

　　对于窄带调谐电路，如图3-17所示，曲线的最高点是谐振频率 f_0，最高点下降3 dB处的频带宽度为调谐电路的带宽。具体测量办法是使扫频仪输出衰减置于3 dB处，调整Y增益，使图形峰点与屏幕上某一水平刻度线（虚线 AA'）相切，然后使扫频信号输出电压增加3 dB，则曲线与虚线 AA' 相交，两交点所对应频率即为上、下限频率 f_H 和 f_L，则带宽为

$$BW = f_H - f_L$$

　　③ 测量回路 Q 值

　　图3-18显示的是某调谐回路的幅频特性曲线。为了求得被测调谐回路的 Q 值，可采用外接频标方式来测试。调节外接信号发生器的频率，使其频标点分别处于图3-18中的 a、b、c 三点上，再分别读出外接信号发生器的相对应的频率值 f_1、f_0、f_2，则根据回路 Q 值的定义，得

$$Q = \frac{f_0}{f_2 - f_1}$$

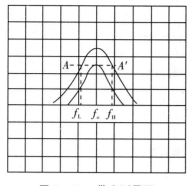

图 3-17　带宽测量图

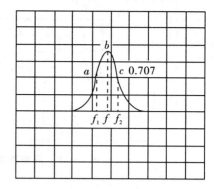

图 3-18　回路 Q 值测量图

（2）测量高频阻抗

① 测量输入阻抗

如图 3-19(a) 所示，将扫频仪的扫频输出端通过电缆接无感电位器 R_{P_1} 再与网络的输入端相连，网络的输出端并联上无感电位器 R_{P_2}，扫频仪的 Y 轴输入与被测网络输出连接。

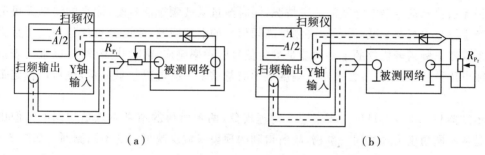

图 3-19　测量网络输入阻抗和输出阻抗连接图

测量方法是：先将 R_{P_1} 短路、R_{P_2} 断开，调节扫频仪面板上的有关旋钮、开关，使屏幕显示的幅频特性曲线的高度为 A 格，如图 3-19(a) 所示；拆去 R_{P_1} 上的短路线，调节 R_{P_1} 直到屏幕显示的曲线高度为 $A/2$ 格，则 R_{P_1} 的电阻值即为被测电路的输入阻抗。

② 测量输出阻抗

用相同的原理，如图 3-19(b) 所示，将 R_{P_1} 重新短路，使曲线高度仍为 A 格；接通 R_{P_2} 并调节其值直至曲线高度为 $A/2$ 格，则 R_{P_2} 的电阻值即为被测网络的输出阻抗。应当注意，当被测网络含有选频回路时，屏幕所示的曲线将不可能是一条平坦直线，这时可在曲线上选取一个参考点来测量，但所测得的阻抗值是对该频率而言的。

（3）测量传输特性阻抗

测量传输线特性阻抗按图 3-20 所示连接，传输线的一端接可变电位器 R_{P_2}，另一端与扫频输出电缆、检波探头并接。测试时，调节可变电位器 R_{P_2}，直到屏幕上显示的波形为一平坦直线，此时 R_{P_2} 的电阻值即为传输线的特性阻抗。

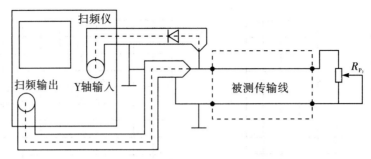

图 3 - 20 测量传输线特性阻抗连接图

3.2.2 频谱分析仪

1. 频谱分析的基础知识

通常将合成信号的所有正弦波的幅度按频率高低依次排列所得到的图形称为频谱。频谱分析就是在频率域内对信号及特性进行描述。

用示波器测量可以得到信号相位及信号与时间的关系,但无法获知信号的失真数据,也就是说无法获知信号谐波分量的分布情况,同时测量微波领域信号时,测量的结果无可避免地将产生信号失真及衰减,为了解决测量高频信号的上述问题,频谱分析仪是一适当且必备的测量仪器。频谱分析仪的主要功能是测量信号的频率响应,横轴代表频率,纵轴代表信号功率或电压数值,可以用线性或对数刻度显示测量结果。既可以全景显示,也可以选定带宽显示。

示波器和频谱仪都可用来观察同一物理现象,两者所得的结果应该是相同的。但由于两者是从不同角度去观察同一事物,故所得到的现象只能反映事物的不同侧面。如图 3 - 21 所示。

(1) 某些在时域较复杂的波形,在频域的显示可能较为简单。

(2) 某些在频域不能区分的波形,在时域能清楚显示。

(3) 当信号中所含的各频率分量的幅度只是略有不同时,用示波器很难定量分析失真的程度,但是频谱仪对于信号的基波和各次滤波含量的大小则一目了然。

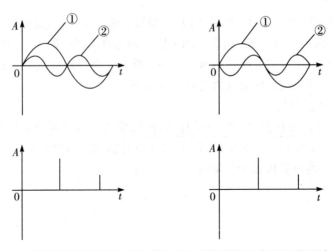

(a) 用示波器易观察波形的相位不同,用频谱仪观察的频谱相同

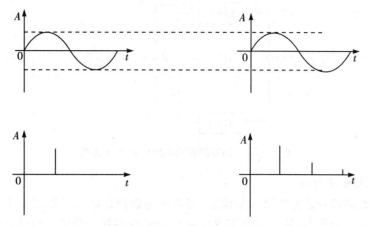

（b）用示波器不易观察波形的失真，用频谱仪易观察微小的幅度和相位变化

图 3 - 21

2. 频谱分析仪的组成及工作原理

这里介绍几种基本类型频谱分析仪的组成及工作原理。

1）并行滤波实时频谱仪

实时频谱仪因为能同时显示规定频率范围内的所有频率分量，而且能够保持两个信号间的时间关系（相位信息），使它不仅能分析周期信号、随机信号，而且能分析瞬时信号。

并行滤波实时频谱仪又称为多通道滤波式频谱分析仪，其原理如图 3-22 所示。其工作原理是针对不同的频率信号而有相对应的滤波器和检波器，再经过同步的多工扫描器将信号传送到 CRT 屏幕上。优点是能显示周期性散波的瞬间反应；缺点是价格昂贵且性能受限于频宽范围、滤波器的数目及最大的多工交换时间。

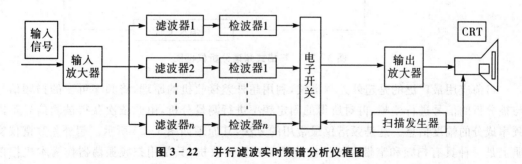

图 3 - 22　并行滤波实时频谱分析仪框图

2）挡级滤波器式频谱分析仪

为了减少检波器的数量，将电子开关加在检波器前，使检波器公用，这种方法原理十分简明，如图 3-23 所示。

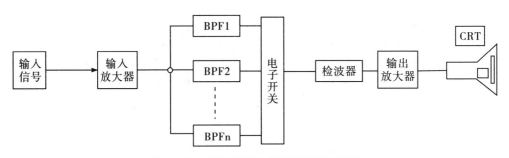

图 3-23　挡级滤波器式频谱分析仪框图

3) 扫描式频谱分析仪

在挡级滤波器式频谱分析仪的基础上,将若干通带衔接的滤波器用一个中心频率可电控调谐的带通滤波器代替,通过扫描调谐完成整个频带的频谱分析。扫描式频谱分析仪对输入信号按时间顺序进行扫描调谐,因此只能分析在规定时间内频谱几乎不变化的周期重复信号。这种频谱仪有很宽的工作频率范围,直流时可达几十兆赫。常用的扫描式频谱分析仪又分为扫描射频调谐频谱仪和超外差频谱仪两类。其中扫描射频调谐频谱仪原理如图 3-24 所示,利用中心频率可电调的带通滤波器来调谐和分辨输入信号。但这类频谱仪分辨率、灵敏度等指标都较差,开发的产品不多。

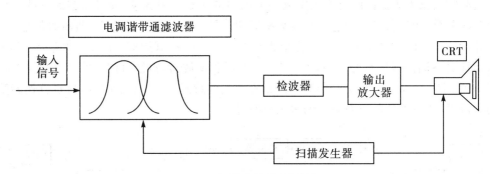

图 3-24　扫描式频谱分析仪框图

目前应用最广泛的是超外差频谱仪,利用超外差接收机的原理,将频率可变的扫频信号与被分析的信号进行差频,再对所得的固定频率进行测量分析,由此依次获得被测信号不同频率成分的幅度信息。这是频谱仪最常用的方法,其原理如图 3-25 所示。超外差频谱仪实质上是一种具有扫频和窄带宽滤波功能的超外差接收机,只是用扫频振荡器作为本机振荡器,中频电路有带宽很窄的滤波器,按外差方式选择所需频率分量。这样,当扫频振荡器的频率在一定范围扫动时,与输入信号中的各个频率分量在混频器中产生差频(中频),使输入信号的各个频率分量依次落入窄带滤波器的通带内,被滤波器选出并经检波器加到示波器的垂直偏转系统上,即光点的垂直偏转正比于该频率分量的幅值。由于示波器的水平扫描电压就是调制扫频振荡器的调制电压,所以水平轴就变成了频率轴,这时,屏幕上就显示了输入信号的频谱。

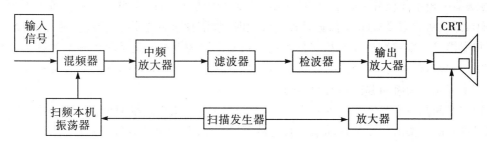

图 3 - 25　超外差频谱仪简化方框图

3. 频谱分析仪的主要技术参数

频谱分析仪的参数较多,并且不同种类的频谱仪参数也不完全相同,但以下技术参数是最基本的。

1) 频率范围

频率范围是指频谱分析仪能够正常工作的最大频率区间,如安捷伦公司的 ESA - E4407B 系列频谱分析仪频率范围为 9 kHz ~ 26.5 GHz。

2) 频率分辨率、分辨率带宽

频率分辨率是指频谱分析仪能把靠得很近的两个频谱分量分辨出来的能力。由于屏幕显示的谱线实际上是窄带滤波器的动态幅频特性,因而频谱分析仪的分辨率主要取决于窄带滤波器的通频带宽度,因此定义窄带滤波器幅频特性的 3 dB 带宽为频谱仪的分辨率带宽。如北京普源的 DSA1000 系列频谱分析仪的频率分辨率为 1 Hz,分辨率带宽(-3 dB)为 100 Hz ~ 1 MHz。

3) 动态范围、最大输入电平

动态范围是指能以给定精度测量、分析输入端同时出现的两个信号的最大功率比,用 dB 表示。动态范围的上限受非线性失真的制约。它实际上表示频谱分析仪显示大信号和小信号频谱的能力。频谱分析仪的电平显示方式有两种:线性刻度和对数刻度。对数刻度的优点是能在有限的屏幕有效高度范围内,获得较大的动态范围。刻度单位一般有 dBm、dBmV、dBuV、V、W,其中 dBm、dBmV 和 dBuV 为对数单位,V 和 W 为线性单位。如北京普源的 DSA1000 系列频谱分析仪的动态范围为显示平均噪声电平至 + 30 dB。

最大输入电平是指频谱分析仪所能输入的最大信号幅度。如 DSA1000 系列频谱分析仪最大输入直流电压为 50 V,连续波射频功率为 30 dBm(1 W)。

4) 灵敏度

灵敏度是指频谱分析仪测量微弱信号的能力,定义为显示幅度为满刻度时,输入信号的最小电平值。灵敏度受分析仪中存在的噪声、杂波、失真以及杂散响应的限制,并且与扫速有关,扫速越快,动态幅频特性峰值就越低,灵敏度也越低。

5) 1 dB 压缩点

1 dB 压缩点是指在动态范围内,因输入电平过高而引起的信号增益下降 1 dB 时的点,它表明了频谱仪的过载能力。

6) 扫宽、扫描时间

扫宽通常是指频谱分析仪在一次扫描分析过程中所显示的频率范围。根据测试需要可自动调节或人为设置。修改扫宽将自动修改频谱仪的起始频率和终止频率。手动设置扫宽时,可从某一较小值设置到频谱仪的最高频率值。例如,DSA1000 系列频谱仪最小可设置到 100 Hz,最大可设置 3 GHz。扫宽设置为最大时,频谱仪进入全扫宽模式。另外,频谱仪还有零扫宽模式。零扫宽模式是指将频谱仪的扫宽设置为 0 Hz,此时起始频率和终止频率均等于中心频率,横轴为时间坐标,频谱仪测量的是输入信号对应频率点处的时域特性。扫宽和分辨率带宽改变将引起扫描时间的变化。

扫描时间是指在扫宽范围内完成一次扫描的时间。减小扫描时间可以提高测量速度,但如果设置的扫描时间小于自动耦合时的最短扫描时间,则可能导致测量错误。

4. DSA1000 系列频谱分析仪的应用

DSA1000 系列频谱分析仪的频率范围为 9 kHz ~ 3 GHz,显示平均噪声电平(DANL) - 138 dBm(DSA103,前置放大器开,10 MHz 至 2.5 GHz 典型值),单边带相位噪声小于 -80 dBc/Hz(偏移 10 kHz),全幅度精度 < 1.5 dB,最小分辨率带宽(RBW)100 Hz。

DSA1000 系列频谱分析仪采用了全数字中频技术,这一技术具有以下优点:第一,可以测量更小的信号,通过更小的中频滤波器,大幅度降低了显示平均噪声电平;第二,它还可以分辨更近的信号,通过实现更小带宽的中频滤波器,分辨频率相差只有 100 Hz 的两个信号;第三,更高精度的幅度指标,它几乎消除了传统模拟中频由于中频滤波器切换误差,参考电平不确定,刻度失真,幅度对数线性切换误差等诸多因素造成的幅度误差,从而得到更高的全幅度精度;第四,更稳定的表现,与传统模拟中频相比,全数字中频技术大大减少了模拟器件的使用,降低了硬件系统复杂度,同时也降低了由于通道老化和温度敏感以及器件失效等造成的系统不稳定;第五,更快的测量速度,数字中频滤波器技术的采用,提高了滤波器的带宽精度和选择性,减小了响应时间,从而大大降低了扫描时间,提高了测量速度。

除此之外,RIGOLDSA1000 系列频谱分析仪还标配前置放大器,1.5 GHz 跟踪源(选配),VSWR 测量套装(选配),EMI 滤波器和准峰值检波器(选配),DSA 配件包(选配),8 英寸高清屏(800 pixels × 480 pixels),丰富的接口配置,如 LAN/USBHost、USBDevice 和 GPIB(选配)等。该系列频谱分析仪具有体积小、重量轻、性能强大等特点,适用于教育、研发、生产测试等领域。

1) 面板

DSA1000 系列频谱分析仪的外观如图 3 - 26 所示,前面板功能键如图 3 - 27 所示。

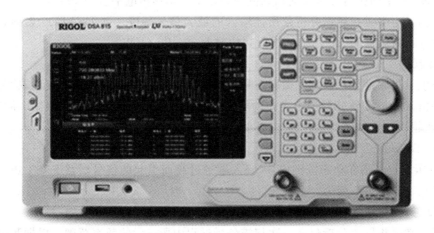

图 3 - 26　DSA800 系列频谱分析仪外观图

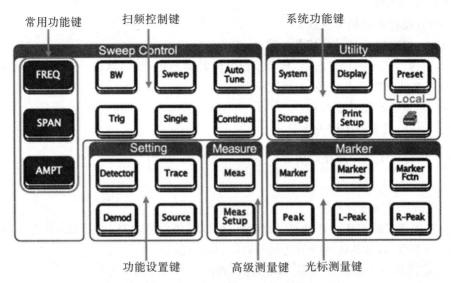

图 3-27 DSA1000 系列频谱分析仪的前面板功能键

（1）扫频控制键

FREQ：设置中心、起始和终止频率，也用于设置信号追踪功能。

SPAN：设置扫描的频率范围。

AMPT：设置参考电平、射频衰减器、刻度、Y 轴单位等参数。

BW：设置频谱仪的分辨率带宽（RBW）和视频带宽（VBW）相关参数。

Sweep：设置扫描时间、单次扫描模式时的扫描次数、扫描点数。

AutoTune：全频段自动定位信号。

Trig：设置扫频的触发模式和相应参数。

Single：设置扫描模式为单次扫描。

Continue：设置扫描模式为连续扫描。

（2）功能设置键

Detector：设置频谱仪的检波方式。

Trace：设置表示扫频信号迹线的相关参数。

Demod：解调设置。

Source：跟踪源设置。

（3）高级测量键

Meas：选择频谱仪执行的高级测量功能。

MeasSetup：设置已选高级测量功能的各项参数。

（4）光标测量键

Marker：通过光标读取迹线上各点的幅度、频率或扫描时间等。

Marker：使用当前的光标值设置仪器的其他系统参数。

MarkerFctn：光标的特殊功能，如噪声光标、NdB 带宽的测量、频率计数。

Peak：打开峰值搜索的设置菜单，同时执行峰值搜索功能。

L-Peak：左峰值测量快捷键。

R-Peak：右峰值测量快捷键。

（5）系统功能键

System：设置系统相关参数。

Display：设置屏幕显示的相关参数。

Preset：执行选中的预置功能，将系统设置恢复到指定状态，修改所有扫频参数，测量功能设置以及系统参数的设置，便于后续测量。

Storage：进入存储功能窗口。

PrintSetup：设置打印相关参数。

：执行打印或界面存储功能。

2）应用

（1）对信号参数进行测量

由上述频谱仪的工作原理可知，用频谱仪可以测量信号本身（即基波）及各次谐波的频率、幅度、功率谱，以及各频率分量之间的间隔，具体包括：

① 直接测量各次谐波的频率、幅值，用以判断失真的性质及大小。

② 可以用作选频电压表，如测量工频干扰的大小。

③ 根据谱线的抖动情况，可以测量信号频率的稳定度。

④ 测试调幅、调频、脉冲调制等调制信号的功率谱及边带辐射。

⑤ 测量脉冲噪声，测试瞬变信号。

（2）信号仿真测量

对于声音信号来说，通常说的"音色"是对频谱而言的，音色如何是由其谐波成分决定的。各种乐器或歌唱家的音色可用频谱来鉴别。

通过频谱仪可对各种乐器的频谱进行精确的分析测量，由电子电路制作的电子琴是典型的仿真乐器，在电子琴的制作和调试过程中，通过与被仿乐器的频谱做精确的比对，可提高电子琴的仿真效果。同理，可通过频谱分析仪的协助来实现语言的仿真。

（3）电子设备生产调测

频谱分析仪可显示信号的各种频率成分及幅度，在生产、检测中常用于调测分频器、倍频器、混频器、频率合成器、放大器及各种电子设备整机等，测量其增益、谐波失真、相位噪声、杂波辐射等，如频谱分析仪是无线电通信设备整机检测的重要仪器。图 3 - 28 为发射机杂散辐射测量的示意图。

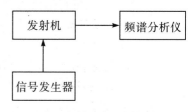

图 3 - 28　发射机杂散辐射的测量

（4）电磁干扰（EMI）的测量

频谱分析仪是电磁干扰的测试、诊断和故障检修中用途最广的一种工具。频谱分析仪对于一个电磁兼容（EMC）工程师来说，就像一位数字电路设计工程师手中的逻辑分析仪一样重要。如在诊断电磁干扰源并指出辐射发射区域时，采用便携式频谱分析仪是很方便的。

（5）相位噪声的测量

频谱分析仪还广泛用于信号源、振荡器、频率合成器输出信号相位噪声的测量。

子项目1　频谱分析仪的使用

知识点:信号的频率特性;频谱分析仪的组成及工作原理;频谱分析仪的主要技术指标;频谱分析仪的使用及应用。

技能点:熟练电路频率特性的测试方法;掌握频谱分析仪的使用方法。

项目内容及步骤:

1. 接通频谱分析仪电源,不连接任何电缆,观察频谱仪的显示,查看迹线的大致幅度值和默认的设置情况。

2. 接通函数发生器电源,输出某单一频率(如 2 MHz)的连续正弦波。

3. 用电缆将函数发生器的输出连接到频谱仪前面板上的射频输入端,设置频谱仪参数,包括:Span(设置当前测量的频率范围),中心频率,RBW(分辨率带宽),参考电平,纵坐标类型等,确保能够在屏幕上看到幅度最大的谱线。

4. 使用 Marker 功能,读出最大谱线的幅度、频率值。

5. 记录相应的参数设置情况和测量结果,并将相应的数值记录在表3-5中。

6. 改变信号发生器的输出波形,使之输出方波、三角波,测量最大谱线、谐波谱线1、谐波谱线2及谐波谱线3,并将相应测量结果记录在表3-5中。

7. 将函数信号发生器输出的扫频信号引入频谱分析仪,观察扫频信号频率的变化。

表 3-5

波形内容	频率	最大谱线		谐波谱线1		谐波谱线2		谐波谱线3	
		幅度	频率	幅度	频率	幅度	频率	幅度	频率
正弦波	2 MHz								
方波	4 MHz								
三角波	2 MHz								

习题 3

3-1　信号的时域测量和频域测量各有什么特点?两者之间有什么关系?各有哪些典型测量仪器?

3-2　什么是频域测量?试列举几种频域测量的应用实例。

3-3　频率特性的测试方法有哪几种?

3-4　扫频仪主要由哪几部分电路组成?说明各部分电路的作用,并举例说明扫频仪的应用。

3-5　频谱分析仪主要有哪几种?简述其工作原理。

3-6　举例说明频谱分析仪的应用。

3-7　谐波失真的测量方法主要有哪几种?

3-8　上网搜索一款频谱分析仪,并说明其主要测量功能、技术指标和应用场合。

学习情境 4　数据域测量技术与仪器

当今信息社会,数字集成电路和计算机技术日益发展,系统越来越庞大和复杂,伴随着微型计算机、微控制器、数字信号处理器和大规模与超大规模集成电路的普遍应用,数字化、微机化产品的大量研制、生产和使用,使得数字化已成为当今电子设备、系统的发展趋势,在通信、控制及仪器等许多领域中,数字化产品日益增多。但同时也提出了如何正确有效地检测和分析数字系统和微机系统的问题。由于数字系统中所处理的是以离散时间或事件为自变量的一些脉冲序列,多为二进制信号,通常称为数据,传统的时域测量和频域测量已无能为力,因而产生了"数据域测量"这一新的测量领域,有关的测量分析技术也就称为数据信号的测量技术。

数据域测量是测试数字量或电路的逻辑状态随时间变化的特性,它是以时间或事件出现的次序为自变量,把状态值作为因变量的函数。数据域测量的目的有如下两点:首先要确定系统中是否存在故障,称为合格 / 失效测量或称故障检测;其次要确定故障的位置,称为故障定位。其主要研究对象有数字系统中的数据流、协议与格式、数字应用芯片与系统结构、数字系统特征的状态空间表征等,其理论基础是数字电路与逻辑代数。数字系统的故障诊断、定位和信号的逻辑分析是数据测量的典型应用。所以数据信号测量仪器主要用于数字电子设备或系统的软硬件设计、调试、检测与维修。

本学习情境将借助项目 4——电子温度计的制作与测量,来学习数据信号的特点、数字系统的特点与数据域测试的故障类型、数字测试系统的基本组成和数据域测量仪器。

项目 4　电子温度计的制作与测量

教学导航

本项目需要读者对一个电子温度计进行软硬件分析和测量。完成项目需要首先安装、连接并调试电路,然后用不同的仪器完成项目测试内容,并能够根据故障现象,用数据域测量设备完成故障检测与故障定位。在完成项目 4 的过程中,我们能够学习掌握以下知识,训练以下技能和职业素养,见表 4-1。

表 4 - 1

类　别	目　标
知识点	1. 电子温度计的硬件连接和软件编程； 2. 数据信号和数字系统的特点； 3. 数字测试系统的基本组成； 4. 数据域测量仪器的基本原理
技能点	1. 学习如何用万用表对数字信号进行简单的测量； 2. 学会使用逻辑笔和逻辑夹进行数字信号测量； 3. 学习使用逻辑分析仪进行数字系统的软硬件分析与测试
职业素养	1. 学生的沟通能力及团队协作精神； 2. 细心、耐心等学习工作习惯及态度； 3. 良好的职业道德； 4. 质量、成本、安全、环保意识

项目内容与评价

1. 项目电路原理

电路原理图如图 4 - 1 所示。整个电子温度计以 STC89C52 单片机为核心，除具备显示当前温度的基本功能外，还具备设定温度上、下限值等扩展功能，并输出驱动加热和制冷设备的控制信号。

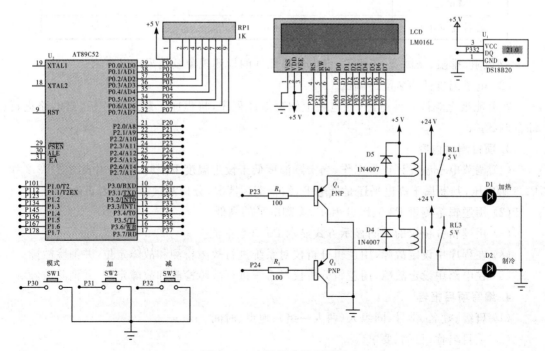

图 4 - 1　电子温度计原理图

温度传感器 DS18B20 采集温度,单片机 STC89C52 获取采集的温度值,一方面送到液晶显示器上进行显示,另一方面经处理后得到当前环境中一个比较稳定的温度值,再与当前设定的温度上下限值进行比较。当采集的温度经处理后超过设定温度的上限时,单片机输出控制信号通过三极管驱动继电器开启降温设备,当采集的温度经处理后低于设定温度的下限时,单片机输出控制信号通过三极管驱动继电器开启升温设备,当采集温度经处理后介于设定温度的上下限之间,则保持。

2. 项目电路的制作与调试

(1) 元器件的辨认、清点及检查

元件清单如表 4 – 2 所示。

表 4 – 2　材料清单

名　　称	规格 / 型号	数　　量
单片机	STC89C52	1 块
排阻	1 kΩ	1 个
液晶显示器	LCD1602	1 个
温度传感器	DS18B20	1 个
电阻	100 Ω	2 个
三极管	9012	2 个
二极管	1N4007	2 个
发光二极管	红色,Φ4.8 mm	2 个
继电器	24 V	2 个
轻触复位开关	6 * 6	3 个

把电阻、排阻、二极管、三极管、继电器等元件的检测现象及结果记录下来。

(2) 电子温度计的装配与调试

在万能板上焊接硬件电路,在电脑上编写编译程序,将程序下载进单片机,对电路进行综合调试。

3. 项目测试内容

(1) 调节电子温度计正常工作,当实际温度低于设定温度下限时,用万用表测量 P2.2 和 P2.3 脚电压,判断属于高电平还是低电平,结合实际情况,分析测试结果是否正确。

(2) 用逻辑笔测量 P3.0、P3.1 和 P3.2 脚电平的高低。

(3) 用逻辑分析仪的不同显示方式显示 P0 口数据流。

(4) 在程序中设定故障,用逻辑分析仪对系统进行故障检测和故障定位,并消除故障。

(5) 在电路中设定故障,用逻辑分析仪对系统进行故障检测和故障定位,并消除故障。

4. 编写项目报告

(1) 班级、姓名、学号、同组人(两人一组)、地点、时间。

(2) 项目名称、目的、要求。

(3) 设备、仪器、材料和工具。

(4) 电路原理分析。

（5）方法及步骤。

（6）数据记录及处理、结果分析。

（7）心得体会。

5. 任务评价

任务评价具体详见表 4-3。

表 4-3

序号	考评点	分值	考核方式	评价标准		
				优秀	良好	及格
一	根据材料清单识别元器件，识读电路图	35	教师评价（50%）+互评（50%）	能正确识别与检测单片机、液晶显示器、温度传感器、排阻、二极管和三极管等器件；熟练识读原理图，编写程序；指导他人识别元器件、识读电路图和编写程序	能基本正确识别各元器件；识读原理图，编写程序	识别电路元件；基本读懂原理图，编写程序
二	电路的安装与调试；相关仪器仪表（数字电压电流表、万用表）的使用	35	教师评价（50%）+互评（50%）	熟练正确装配和调试电子温度计；完成项目测试内容；线路美观、规范，电路性能稳定；根据现象，使用仪器进行故障检测与定位，排除故障；掌握整个电路的调试与测量方法；能指导他人完成实践操作	正确装配和调试电子温度计；完成项目测试内容；线路基本美观、规范，电路性能稳定；根据现象，使用仪器进行故障检测与定位，排除故障；掌握整个电路的调试与测量方法	基本能够装配与调试出电路；线路不够美观可靠，但能实现设计要求；基本能够使用仪器检测与定位故障，并消除故障
三	项目总结报告	10	教师评价（100%）	格式符合标准，内容完整，有详细过程记录和分析，并能提出一些新的建议	格式符合标准，内容完整，有一定过程记录和分析	格式符合标准，内容较完整，有一定过程记录和分析
四	职业素养	20	教师评价（30%）+自评（20%）+互评（50%）	安全、文明工作，具有良好的职业操守；学习积极性高，虚心好学；具有良好的团队协作精神；思路清晰、有条理，能圆满回答教师与同学提出的问题	安全文明工作，职业操守较好；学习积极性较高；具有较好的团队协作精神，能帮助小组其他成员；能部分回答教师与同学提出的问题	没有出现违纪违规现象；没有厌学现象，能基本跟上学习进度；无重大失误，不能回答提问

背景知识

4.1　数据域测量概述

数据域测试与传统的时域和频域测试不同,是测量技术中一个新的测量领域。

在传统测量中,时域测量是对随时间连续变化的模拟量进行的测量,示波器是典型的时域测量仪器;频域测量是在频域内对信号特征和电路频率特性的测量,频谱分析仪是典型的频域测量仪器。然而,数据域测量是对数字系统中随时间离散变化的数据流进行测试,它以离散的时间或时间序列为自变量,逻辑分析仪是典型的数据域测量仪器。

在进行数据域测量时,数据的类型有位、数据字和数据流。位是二进制数 0 或 1。数据字是由多位二进制数组合而成的一组数据。数据字按一定的时序关系随时间变化,形成了数字系统的数据流。例如,一个十进制计数器,对脉冲进行计数,计数器的输出即是由四位二进制数(数据字)组成的数据流。

表 4-4 所列为时域、频域和数据域测量的比较。表中的数据域测量对象是一个简单的十进制计数器,自变量是计数时钟序列,输出为代表计数器状态的 4 位二进制码组成的数据流。数据流可以用时序图表示,也可以用数据字表示,两种表示方式虽然形式不同,表示的数据流内容却是一致的。

表 4-4　时域、频域和数据域测量的比较

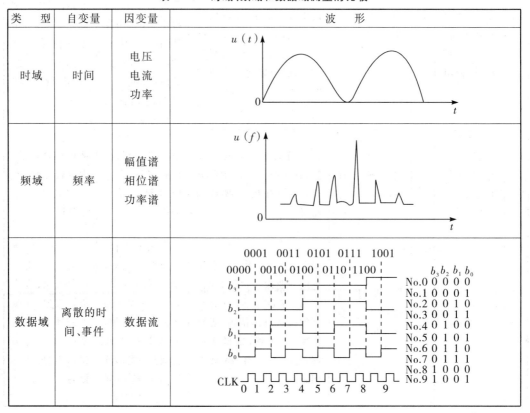

类　型	自变量	因变量	波　形
时域	时间	电压 电流 功率	
频域	频率	幅值谱 相位谱 功率谱	
数据域	离散的时间、事件	数据流	

4.1.1　数据域测量的基础知识

1. 数据域测量的特点

与时域测量和频域测量相比,数据域测量具有不少新的特点。

(1) 数字信号通常是按时序传递的

数字系统都具有一定的逻辑功能,为实现这些逻辑功能,往往要求各个部分按照一定的时序进行工作,各信号之间有预定的逻辑和时序关系。测量检查各数字信号之间逻辑和时序关系是否符合设计是数据域测量的主要任务之一。

(2) 数字系统中信号的传递方式多种多样

从宏观上来讲,数字信号的传递方式分为串行和并行两大类,但从微观上来讲,不同的系统内不同的单元,采用的传递方式都可能不同,即便是采用同一类传递方式,也存在着数据宽度、数据格式、传输速率、接口电平、同步和异步等方面的不同。因而在测量时要考虑数据格式、数据的选择及设备结构,以便有效地捕获所需要的数据。

(3) 数字信号往往是单次或非周期性的

数字设备的工作是时域的,在执行一个程序时,许多信号只出现一次,或者仅在关键的时候出现一次;某些信号也可能重复出现,但并非时域上的周期信号。分析时常需要存储、捕获和显示某部分有用的信号,因此若利用诸如示波器一类的测量仪器就很难以观量,也更难发现故障。

(4) 被测信号的速率变化范围很宽

数字系统中,数据信号的速度变化范围很宽。即使在同一数字系统内,数字信号的速率也可能相差很大,如计算机系统的高速主机与低速打印机同时工作。又如一个系统外部总线速率达几百 Mb/s,而内核速率则可达数 Gb/s。所以,数据域测试设备的采样频率范围要宽,具有同时采集不同速度数据的能力。

(5) 数字信号为脉冲信号

由于被测数字信号的速率可能很高,各通道信号的前沿很陡,其频谱分量十分丰富,因此数据域测量必须能够分析测量短至 ps 级的信号,如脉冲信号的建立和保持时间等。

(6) 数字信号往往是多位并行传输

数字信号经常在总线中传输,如计算机数据总线上的数字、指令总线上的指令和地址总线上的地址等,它们都是由一定编码规则的位(bit)组成的,通常情况下,这些数据都是多位的,因此,要求数据域测量仪器要能同时进行多路测量,这也是数据域测量仪器的重要指标之一。

(7) 被测信号故障定位难

通常,数字信号只有"0"、"1"两种电平,数字系统的故障不只是信号波形、电平的变化,更主要的在于信号之间的逻辑时序关系,电路中偶尔出现的干扰或毛刺等都可能引起系统故障。同时,由于数字系统内许多器件都挂在同一总线上,因此当某一器件发生故障时,用一般方法进行故障定位比较困难。

2. 数据域测量的任务与故障模型

1) 数据域测试的任务及相关术语

(1) 对数字电路或系统的故障诊断

对数字电路或系统的故障诊断,一是故障侦查或称故障检测,判断被测系统或电路中是否存在故障;二是故障定位,查明故障原因、性质和产生的位置。

缺陷:是指物质上的不完善性。

故障:缺陷引起电路异常操作称为故障,故障是缺陷的逻辑表现。

物理故障:被测件因构造特性的改变而产生一个缺陷,称为物理故障。

失效:由于焊点开路、接线开路或短路等缺陷导致系统或电路产生错误的运作,称为失效。

缺陷和故障两者之间不是一一对应的,有时一个缺陷可等效于多个故障。

出错或错误:因故障而导致电路输出不正常,称出错或错误。

电路中的故障不一定立即引起错误,如电路中某引线发生固定为"1"的故障,而该引线的正确逻辑值也为"1",则电路虽发生故障,却未表现错误。

（2）对数字电路或系统的性能测试

对数字电路或系统的性能测试分为两类,一类是参数测试,即对表征被测器件性能的静态(直流)、动态(交流)参数的测试;另一类是功能测试,即对表征被测器件性能的逻辑功能的测试。

对被测电路或系统的测试频率维持在被测系统或电路的功能性操作频率水平,这种测试称为"真速测试"(At Speed Testing)。

对于一个有故障的数字系统,首先要判断其逻辑功能是否正常,其次要确定故障位置,最后实现故障诊断,通常要在被测件的输入端加上一定的测试序列信号,然后观察整个输出序列并与预期的输出序列进行比较,从而获得诊断信息。一般有穷举测试法、结构测试法、功能测试法和随机测试法等。

2）故障模型

为了便于研究故障,须对故障进行分类,归纳出典型的故障,这个过程叫作故障的模型化。模型化故障代表一类对电路或系统有类似影响的典型故障。

（1）固定型故障

固定型故障是指在系统运行过程中故障总是固定在某一逻辑值上。如果该线固定在逻辑高电平上,则称之为固定1故障;如果该线固定在逻辑低电平上,则称之为固定0故障。

（2）延迟故障

所谓延迟故障,是指因电路延迟超过允许值而引起的故障。时延测试需要验证电路中任何通路的传输延迟,均不能超过系统时钟周期。

（3）桥接故障

桥接故障是指两根或多根信号线之间的短接故障,这是一种MOS工艺中常出现的缺陷。按桥接故障发生的物理位置分为两大类,一类是元件输入端间的桥接故障,另一类是元件输入端和输出端之间的桥接故障,后者常称为反馈式桥接故障。

（4）暂态故障

暂态故障是相对固定型故障而言。它有两种类型,即瞬态故障和间歇性故障。

瞬态故障往往是由电源干扰和α粒子的辐射等原因造成的,这一类故障无法人为地复现。一般说来,这一类故障不属于故障诊断的范畴,但在研究系统的可靠性时应予充分考虑。

间歇性故障是可复现的非固定型故障。产生这类故障的原因有:元件参数的变化,接插件的不可靠,焊点的虚焊和松动以及温度、湿度和机械振动等其他环境原因等。

4.1.2　数据域测试系统的组成

1. 数据域测试系统分类

对数字系统进行测试的基本做法是:从输入端加激励信号,观察由此产生的输出响应,并与预期的正确结果进行比较,一致则表示系统正常,不一致则表示系统有故障。

数据域测试按被测对象分为以下几类:

(1) 组合电路测试,通常有敏化通路法、D 算法、布尔差分法等。

(2) 时序电路测试,通常采用选接阵列、测试序列(同步、引导和区分序列)等方法。

(3) 数字系统测试,如大规模集成电路,常用随机测试技术、穷举测试技术等。

2. 数据域测试系统的基本组成

数据域测试系统的组成如图 4－2 所示,主要包括数字信号源、被测数字系统以及测试仪器三个部分。

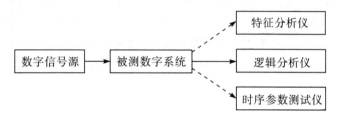

图 4－2　数据域测试系统的组成框图

一个被测的数字系统可以用它的输入和输出特性及时序关系来描述,它的输入特性可用数字信号源产生的多通道时序信号激励,而它的输出特性可用数据域测量设备进行测量。数据域测量设备得到被测数据系统输出的时序响应信号后,通过进行特征分析和逻辑分析即可获得被测系统的特性和时序关系。

依测试内容的不同,可采用不同的测试方法和测试设备。若需要测试被测系统信号的时域参数,如数字信号波形、信号脉冲上升时间、下降时间及信号电平等,则可在被测系统的输出端接上一台数字存储示波器。这样既可以测试数字系统的时序特性,又可以测试时域参数。为了使用的方便,出现了逻辑示波器,它同时具有逻辑分析和数字存储示波器的功能。

若要测试系统中是否存在故障或对被测数字系统进行故障诊断时,则可以采用特征分析。这时,可用数字信号源依据不同的测试要求提供确定性的或伪随机的激励信号,用逻辑分析仪测量数字系统的实际响应,与同样激励、无故障情况下的特征进行比较,进而判断系统有无故障或确定故障部位。

4.2　数据域测量设备

目前,常用的数据域测量仪器有逻辑笔、逻辑夹、数字信号源、逻辑分析仪、特征分析仪、误码分析仪和在线仿真仪等。

以上测试仪器中,逻辑笔是最简单、最直观的,其主要用于逻辑电平的简单测试;而对于复杂的数字系统,逻辑分析仪是最常用、最典型的仪器,它既可以分析数字系统和计算机系统的软、硬件问题,又可以和微机开发系统、在线仿真仪、数字电压表、示波器等组成自动测试系统,实现对数字系统的快速自动化测试。

本节主要介绍常用的数字信号源、逻辑笔、逻辑夹和逻辑分析仪。

4.2.1 逻辑笔和逻辑夹

1. 逻辑笔

逻辑笔算不上仪器,但却是数据域测量中非常方便和实用的工具,它主要用来判断数字电路中某一个端点的逻辑状态是高电平还是低电平,是单次脉冲输出还是低频脉冲输出。它外形像一支电工用的试电笔,上面有高低电平指示灯和脉冲指示灯。逻辑笔结构如图4-3所示。由图可知,逻辑笔主要由输入保护电路,高、低电平比较器,高、低电平扩展电路,指示驱动电路以及高、低电平指示电路五部分组成。

被测信号由探针接入,经过输入保护电路后同时加到高、低电平比较器,然后比较结果分别加到高、低脉冲扩展电路进行展宽,以保证测量单个窄脉冲时也能将指示灯点亮足够长的时间,这样,即使是频率高达50 MHz、宽度最小至10 ns的窄脉冲也能被检测到。展宽电路的另一个作用是通过高、低电平展宽电路的互换,使电平测试电路在一段时间内指示某一确定的电平,从而只有一种颜色的指示灯亮。保护电路则是用来防止输入信号电平过高时损坏检测电路。

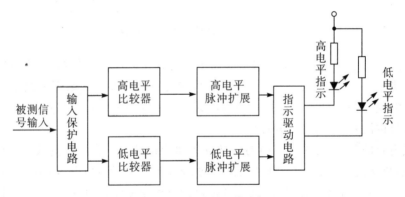

图4-3 逻辑笔的结构方框图

目前逻辑笔技术指标已经很高。例如台湾贝克莱斯逻辑笔BK8625,外形如图4-4所示,其外部同步输入信号阻抗为1 MΩ,输出脉波频率0.5/400 Hz,脉波宽10 μs,脉波输出(输入)电流(Pulse)100 mAsink/source,方波输出(输入)电流(SQ)5 mAsink/source,最大输入频率为50 MHz,最小可检测脉波10 ns,脉波指示灯闪烁时间为500 ms,操作电压(直流)最小4 V,输入电源电压范围5~15 V。

图4-4 逻辑笔实物图

2. 逻辑夹

逻辑夹的工作原理与逻辑笔基本相同,只不过逻辑笔在同一时刻只能显示一个被测试点的逻辑状态,而逻辑夹则可同时显示多个被测点的逻辑状态。逻辑夹与逻辑脉冲发生器配合使用,可以比较迅速地寻找出电路的逻辑故障,尤其是在脉冲发生器的输出信号频率较低时,可以用逻辑夹清楚地反映门电路、触发器、计数器等逻辑电路输入端与输出端的逻辑关系。

4.2.2　数字信号源

数字信号源可以产生三类信号:图形宽度可编程的串行或并行数据图形,输出电平与数据速率可编程的任意波形,可由选通信号与时钟信号控制的预先设定的数据流。数字信号源可用于给待测数字电路或系统提供输入激励信号。

1. 输出的数据序列

数字信号源通常可产生三种主要的数据序列。第一种序列是数据块循环序列,它是将数据存储器中的某个数据块多次重复输出,形成很长的数据流。第二种序列也是循环序列,它是将数据存储器一个地址中的数据的一部分重复输出,形成数据流。第三种序列是可编程数据序列,在此工作方式下,数字信号源在外部输入信号的控制下可改变输出的数据序列。

2. 主要技术指标

(1) 通道数

通道数是描述数字信号源的重要技术指标,通道数越多,可同时输出的数据位数就越多。

(2) 最大数据速率

最大数据速率是指数字信号源可产生数据的最高速率。数据速率是指单位时间内传输的二进制数的位数,单位为 bit/s。数字信号源产生数据的速率必须满足被测系统的要求。

(3) 存储深度

存储深度是指数字信号源存储数据位的大小。大多数应用只需要几百到几千位的输出存储深度。若需要更大的存储深度,可以用多种方法增加虚拟的存储深度。例如,8 位数据块重复 1000 次就能产生 8 Mbit 的数据流。

3. 数字信号源的组成

数字信号源由主机和若干个数据序列产生模块组成,如图 4-5 所示。主机由电源、中央处理器、信号处理单元(内含时钟发生器和启动／停止信号发生器)、放大器、分频器、分离电路和人机接口电路等组成。数据序列产生模块由序列寄存器、地址计数器、数据存储器、多路器、格式化器及输出放大器组成。

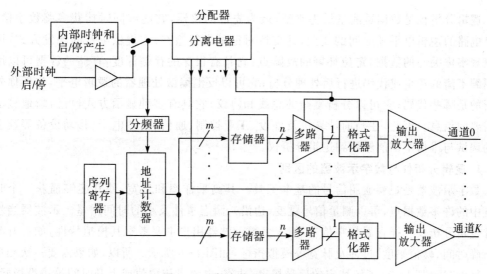

图 4-5　数字信号源的原理框图

电源用于给整机的各部分电路提供合适的工作电压。

中央处理器用于对整个系统进行控制。

人机接口电路包括面板控制钮、显示器和信号输出通道,用于用户调整、控制仪器输出所需要的数据序列及信息显示。

信号处理单元具有一个由压控振荡器(VCO)控制的中央时钟发生器来作为内部标准时钟源,它通过可编程的二进制分频器产生低频数字信号,在高性能的数字信号源中,还使用锁相环来控制压控振荡器,以获得稳定性和精确度高的时钟。许多数字信号源还提供一个外部时钟输入端,以便用被测系统的时钟来驱动。信号处理单元为各时钟同时提供一个启动/停止信号,该信号使数字信号源各模块的工作同步地启动或停止。通常,简单的数字信号发生器就用时钟的开和关来启动和停止各数据通道。

时钟分离电路可提供多个不同的时钟,分别送到各数据模块的时钟输入端。为减小抖动和降低噪声,可用同轴电缆或微带线来传输时钟信号。

数据存储器是产生数据的核心部件。在初始化时,序列寄存器给每个通道写入数据。数据存储器的地址是用地址计数器产生的。地址计数器在每个时钟作用沿到来时,将数据存储器地址加1,数据存储器输出的数据域地址相对应。在多数数字信号源中,用上述方法产生的数据最大速率可达 100 Mbit/s 以上。若数据存储器的运行速率为最大速率 f 的 1/8,则可用时钟分频系数来降低序列寄存器的时钟,即以 8 分频后的频率来产生地址。数据存储器则按每字 8 位来组织,即每个地址输出一个 8 位的数据字。

多路器将运行频率为 $f/8$ 的 8 位并行输入的二进制数转换成频率为 f 的串行数据流。对于低速的数字信号源,多路器可以不要,而从每个输出数据直接产生一个串行数据流,该数据流加到格式化器的输入端。

格式化器是一个将定时时钟加到数据流上的器件。

输出放大器的输出电平是可编程的。大多数数字信号源提供可编程输出放大器,以使格式化器所输出数据流的逻辑电平适应被测系统的要求。

4.2.3 逻辑分析仪

逻辑分析仪是数据域测量最为典型、最为先进的仪器,它能够同时捕获多路数字信号,记录电路的逻辑电平随时间的变化,并支持对记录进行检查;它提供丰富的触发方式,可让你只观察你关心的数据,定位怀疑的故障点;它具有很深的存储深度,存储的数据可以用于对纠缠不清的逻辑或代码进行后处理分析;它可以反汇编微处理器的逻辑电平,告诉你先前执行的是哪些代码;它可以分析复杂的总线和协议;它具有多种显示方式,可清晰地显示你所需要的信息。因此,在当前计算机及外设、工业控制、通信、消费电子、移动设备等数字系统的调试与维修中都能够用到逻辑分析仪。

1. 逻辑分析仪与数字示波器的区别

数字示波器是观察通用信号的基本工具。其高采样率和带宽,使其能够捕获一个时间跨度中的许多数据点,可以测量信号跳变(边沿)、瞬态事件及小的时间增量。示波器当然也能像逻辑分析仪一样查看数字信号,但大多数示波器用户主要考察其模拟特性,如上升时间和下降时间、峰值幅度、过冲及脉宽等模拟指标,如图 4-6 所示。所以,如果需要一次测量许多信号的"模拟"特点,了解特定的信号幅度、功率、电流或相位值或上升时间等边沿指标时,

应选择使用示波器。具体地说,一般在下面几种情况下应该使用数字示波器:

① 检定信号完整性(如上升时间、过冲和振铃)。

② 一次在最多四个信号上检定信号稳定性(如抖动和抖动频谱)。

③ 测量信号的建立时间 / 保持时间、传播延迟时间。

④ 检测瞬态问题,如毛刺、欠幅脉冲、亚稳定跳变等。

⑤ 一次在多个信号上测量幅度和定时参数。

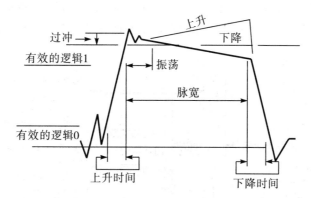

图 4 - 6　信号的各种模拟特性指标

逻辑分析仪拥有与示波器不同的功能。这两种仪器之间最明显的差异就是通道(输入)数量。普通数字示波器拥有最多四个信号输入。逻辑分析仪一般拥有 34 ～ 204 条通道,而且一些厂家的逻辑分析仪通道数仍在不断增加。每条通道输入一个数字信号。逻辑分析仪测量和分析信号的方式不同于示波器。逻辑分析仪不测量模拟细节,而是检测逻辑门限电平。在把逻辑分析仪连接到数字电路上时,只关心信号的逻辑状态,逻辑分析仪只查找两种逻辑电平,如图 4 - 7 所示,在输入高于门限电压(V_{th}) 时,电平称为“高”或“1”;相反,当电平低于 V_{th} 时,则称为“低”或“0”。在逻辑分析仪对输入采样时,它根据相对于电压门限的信号电平,来存储“1”或“0”。逻辑分析仪的波形定时显示与产品技术资料或仿真器生成的定时图类似。所有信号都与时间相关,因此可以查看建立时间和保持时间、脉宽、外来数据或丢失数据等。除通道数量高外,逻辑分析仪提供了支持数字设计检验和调试的重要功能,包括:① 完善的触发功能,指定逻辑分析仪在什么条件下采集数据;② 高密度探头和适配器,简化与被测系统(SUT)的连接;③ 分析功能,把捕获的数据转换成处理器指令,把其与源代码关联起来。具体地说,一般在下面几种情况下应该使用逻辑分析仪。

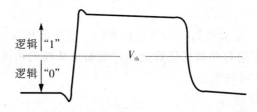

图 4 - 7　逻辑分析仪确定相对于门限电压电平的逻辑值

① 捕获并显示数字活动,记录电路的逻辑电平随时间的变化,并需要对记录进行检查。

② 显示特定事件是否发生(触发)。

③ 精确测量事件之间的时间。

④ 反汇编微处理器的逻辑电平。

⑤ 分析复杂的总线和协议。

2. 逻辑分析仪的基本原理

目前生产逻辑分析仪的厂家很多,比如泰克科技有限公司(Tektronix)和安捷伦(Agilent)科技有限公司等,下面以泰克逻辑分析仪为例简要介绍逻辑分析仪的工作原理。

TLA 逻辑分析仪的基本组成如图 4-8 所示。由图可以看出,逻辑分析仪是由采样部分、触发识别与跟踪控制、存储及控制和数据显示及后处理四个部分组成。

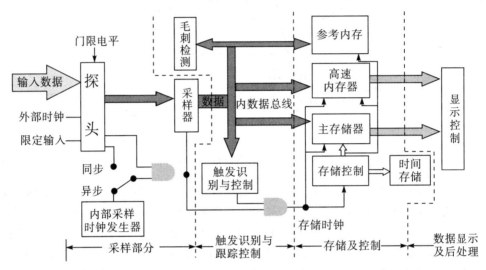

图 4-8　TLA 逻辑分析仪原理图

(1)采样部分

逻辑分析仪一次可以捕获大量的信号。采集探头连接到被测系统上,探头在内部比较器上把输入电压与门限电压(V_{th})进行比较,得到相应的数据流。门限值可以由用户自行设置,所以在使用时用户要设置信号门限电平,可以在列表中选择诸如 TTL、CMOS、ECL 等电平标准,也可以自定义门限。采样时钟可以根据需要选择被测系统时钟或逻辑分析仪内部时钟。

(2)触发识别与跟踪控制

逻辑分析仪可以评估各种逻辑条件,确定逻辑分析仪什么时候触发。

(3)存储及控制

逻辑分析仪都拥有一定大小的存储器存储数据。逻辑分析仪存在着探测系统、触发系统和时钟系统,为实时采集存储器提供数据。存储器是从被测系统中采样的所有数据的目的地,也是仪器分析和显示的源头。

(4)数据显示及后处理

目前市场上逻辑分析仪的显示屏多为液晶屏(有产品已升级为触摸屏),而且尺寸也比较大,为用户查看和分析数据提供了极大的方便。

3. 逻辑分析仪的使用步骤

逻辑分析仪的功能强大,使用也比较复杂,但一般操作都是按以下三步进行。

1）探测

探测就是使用探头把被测系统和逻辑分析仪连接起来,把被测信号在规定的时钟和规定的门限电平下,转换成数据流。在这一过程中,如何保证信号的可靠连接、信号的完整性和信号的保真度非常重要。而信号的可靠连接、信号的完整性和信号的保真度在很大的程度上取决于探头,所以选择探头非常重要。选择探头时要考虑被测系统信号引出端的接口形式和探头阻抗(电容、电阻和电感)。所有探头都表现出负荷特点。逻辑分析仪探头给被测系统引入的负荷应达到最小,并为逻辑分析仪提供准确的信号。在高速系统中,探头电容过高可能会使被测系统不能运行。 所以应选择总电容最低的探头。还应指出的是,探头夹和引线束会提高其连接的电路上的电容负荷。 应尽可能使用正确补偿的适配器。

逻辑分析仪探头按物理形式可分为多种:

① 通用探头。带有"飞线束",用于点到点的调试,如图 4-9 所示。

② 高密度多通道探头。在电路板上要求专用连接器,如图 4-10 所示。探头能够采集高质量信号,对被测系统的影响最小。

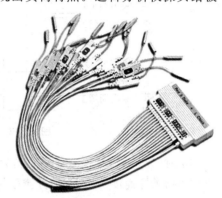

图 4-9　普通飞线探头

③ 软接触无连接探头。使用无连接器探头的高密度压缩探头的连接方式,如图 4-11 所示。这种探头更适用于要求更高信号密度或无连接器探头连接机制的应用,以便迅速可靠地连接被测系统。

图 4-10　高密度多通道探头

图 4-11　软接触无连接探头

2）设置

在连接好探头以后,需要根据需要对逻辑分析仪进行设置。设置内容主要包括:时钟设置、阈值电平设置、总线设置和触发设置,这里主要介绍时钟设置和触发设置。

（1）时钟模式设置

逻辑分析仪有两种时钟模式:定时(异步)采样模式和状态(同步)采样模式,如图 4-12

所示。

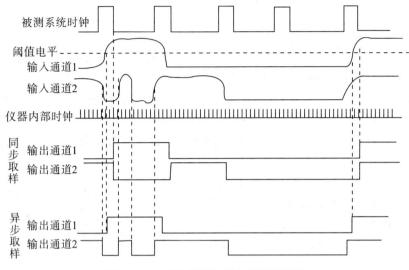

图 4 - 12　　同步取样和异步取样示意图

定时(异步)采样模式使用逻辑分析仪内部时钟对数据采样,与被测系统时钟是不同步的。数据采样速度越快,测量分辨率越高。这种采样模式类似于示波器的采样模式,水平轴代表时间,垂直轴显示的是一连串只有"0"、"1"两种状态的波形。其最大的优点是能显示各通道的逻辑波形,特别是各通道之间波形的时序关系。主要适用于查看事件具体在什么时间发生、显示单边沿定时关系、启用多个信号／总线上的触发、检测通道／毛刺／时钟偏差问题和调试硬件电路等场合。使用定时采样模式时,通常需要非常高的采样速率,这样才能保证测量精度。定时采样模式的典型应用有测量脉冲宽度,测量建立和保持时间,测量信号经过数字器件的传输时延和测量数字系统中的毛刺等。

状态(同步)采样模式使用被测系统时钟,与被测系统时钟是同步的。这种采样模式特别适用于跟踪总线运行情况和系统执行情况,以及需要软硬件联合调试的场合。对于状态采样模式,因为采样时钟来自被测系统的时钟,所以要考虑我们采样到的数据是不是有效数据的问题,而数据对于采样时钟要求有足够的建立时间和保持时间(建立时间和保持时间构成有效数据窗口),才能保证接收器接收到的是一个稳定数据,而不是采样到跳变状态下的数据。因而状态采样模式下,逻辑分析仪要保证在时钟边沿探头探测到的数据应该落在稳定的数据窗口中心。一般应尽量减小有效窗口时间,来保证能够测量到非常高速的信号。

(2)触发方式设置

触发是由一个数据字、字或事件的序列来控制获取数据,选择观察系统工作情况的窗口。触发字是多位逻辑组合,用来选择数据窗口的数据字。

目前,逻辑分析仪都有丰富的触发函数库,用户只需直接调用函数库或做一定的修改、排列后即可调用。另外,逻辑分析仪上也都有非常直观的触发界面,用户可以很方便地设置触发条件和触发位置(0%～100%可调)。

逻辑分析仪的触发条件很多,比如触发字、边沿、总线、计数器、定时器、信号、毛刺和标志位等。

3）查看和分析

查看和分析数据，进而分析问题和解决问题是测量的目的。逻辑分析仪为了将多个测试点多个时刻的信息变化记录下来，并为用户分析数据提供方便，都设置有一定容量的存储器和多种显示方式。

（1）存储

逻辑分析仪存在着探测系统、触发系统和时钟系统，为实时采集存储器提供数据。存储器是仪器的核心，是从被测系统中采样的所有数据的目的地，也是仪器分析和显示数据的源头。

在设置好探测、时钟和触发后，逻辑分析仪即可运行，运行后的逻辑分析仪对数据进行连续采样，填充实时采集存储器，存储器根据先进先出的原则丢弃溢出的数据，直到触发事件或用户告诉仪器停止采样。触发在存储器中的位置非常灵活，允许捕获和考察触发事件前、触发事件后和触发事件周围发生的情况，这是一种重要的调试功能。如果触发征兆（通常是某类错误），你可以设置逻辑分析仪，存储触发前的数据，捕获导致征兆的问题；你还可以设置逻辑分析仪，存储触发后特定数量的数据，查看错误可能会产生哪些后果；当然逻辑分析仪还有其他的触发位置组合。图 4-13、图 4-14 和图 4-15 可以帮助我们理解存储器的工作过程。

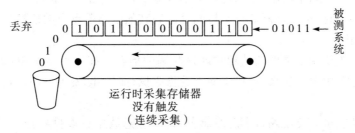

图 4-13　逻辑分析仪根据先进先出原则捕获和丢弃数据，直到有触发事件

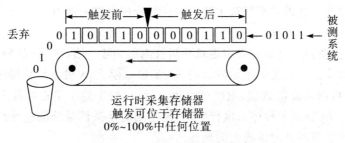

图 4-14　捕获触发前后的数据

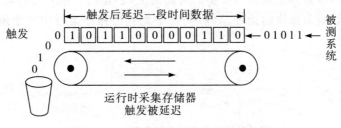

图 4-15　捕获触发后特定时间的数据

（2）显示

为了便于用户查看和分析数据，逻辑分析仪提供了多种显示方式：波形显示、列表显示、源代码显示、图形显示、映射图显示和模块显示等。

① 波形显示

波形显示好像多通道示波器显示多个波形一样，将存入存储器的数据流按逻辑电平及其时间关系显示在屏幕上，即显示各通道波形的时序关系。为了再现波形，要求用尽可能高的时钟频率来对输入信号进行取样，但由于受时钟频率的限制，取样点不可能无限密。因此，显示在屏幕上的波形不是实际波形，也不是实时波形，而是该通道在等间隔采样时间点上采样的信号的逻辑电平值，是一串已被重新构造、类似方波的波形，称为"伪波形"。

波形显示多用于诊断被测系统硬件中的定时问题，通过把记录的结果与仿真器的输出或产品技术资料中的定时图进行对比，检验硬件是否正常运行，以及检查被测波形中各种不正常的毛刺脉冲等。

② 列表显示

所谓列表显示，就是将数据信息用"1"、"0"组合的逻辑状态表的形式显示在屏幕上。状态表的每一行表示一个时钟脉冲对多通道数据采集的结果，代表一个数据字，并可将存储的内容以二进制、八进制、十进制、十六进制的形式显示在屏幕上，如常用十六进制数显示地址和数据总线上的信息，用二进制数显示控制总线和其他电路节点上的信息。

③ 源代码显示

源代码显示主要用于软件调试和软硬件联调的场合。在这种显示中，逻辑分析仪把源代码与指令追踪历史关联起来，可以立即查看指令执行时实际发生的情况，使调试工作更加高效。

逻辑分析仪也可以反汇编每个总线事务，确定在总线中读取哪些指令。它与相关地址一起，在逻辑分析仪显示画面上放上相应的指令助记符，来显示实时指令追踪情况。

逻辑分析仪也可以同时显示高级语言源程序代码和总线解码的结果，极大地扩展了传统的观察方法，提高了逻辑分析仪从系统级调试和分析电路的能力。

④ 图形显示

图形显示是把要显示的数字量用逻辑分析仪内部的数／模（D/A）转换电路转换成模拟量，然后显示在屏幕上。它类似于示波器的 X－Y 显示模式，X 轴表示数据出现的实际顺序，Y 轴表示被显示数据的模拟数值，刻度可由用户设定，每个数字量在屏幕上形成一点，称为"状态点"。图 4－16 显示了程序的执行情况，被监测的是微机系统的地址总线，X 轴是程序的执行顺序，Y 轴呈现的是地址线上的地址。

⑤ 映射图显示

映射图显示可以观察系统运行全貌的动态情况，它是用一系列光点表示一个数据流。如果用逻辑分析仪观察微机的地址总线，则每个光点是程序运行中一个地址的映射，如图 4－17 所示。

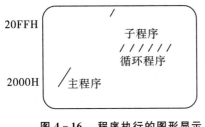

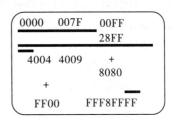

图 4-16　程序执行的图形显示　　　　图 4-17　程序执行的映射图显示

有些仪器中的直方图显示与其类似,它可以显示各程序模块执行时间的分布情况。有时间直方图和地址直方图两种,时间直方图可测量子程序运行占用 CPU 的时间,地址直方图可显示调用子程序的次数和概率分布,便于系统的软硬件性能分析和性能改进。

⑥ 模块显示

逻辑分析仪也可设置多个显示模式。如将一个屏幕分成两个窗口显示,上窗口显示该处理器在同一时刻的定时图;下窗口显示经反汇编后的微处理器的汇编语言源程序。由于上、下两个窗口的图形在时间上是相关的,因而可同时观察电路的定时和程序的执行情况,便于软硬件联调。又如上窗口显示数字信号或总线的逻辑波形,下窗口显示相关信号的模拟波形,可以方便地分析总线上的问题是不是由某些相关的模拟信号所引起。

目前,很多逻辑分析仪厂家都对有效存储和显示提出了自己的解决方案。比如为了有效地利用有限的存储空间,泰克提出了跳变存储和块存储,安捷伦提出了跳变定时(一种特殊的定时模式),让逻辑分析仪只在有信号跳变时存储数据,并记录跳变的值和跳变的持续时间,其他时间并不记录数据,有效地解决了观察间隔时间较长的一系列突发跳变时存储器空间不够的问题。针对准确、方便观察的问题,泰克提出了眼图测量、数据过滤和彩色显示等方案。安捷伦提出了高速定时缩放和眼图查找器,其中高速定时缩放不管是在定时模式还是在状态模式下,都能打开该功能,高速定时缩放打开后,会有更高的采样速率,但存储深度没有正常情况下存储深度那么深,特别适合在触发点周围以非常高的分辨率去观察信号的时序特性。而眼图查找器主要用在状态模式下,迅速准确地找到数据的有效窗口。诸如此类,其他公司在存储和显示上也都有自己的解决方案。

4. 逻辑分析仪的主要性能指标和考虑因素

1) 一般性能指标

(1) 通道数:采集的所有通道,包括时钟。

(2) 时钟／采集模式:同步和异步。

2) 输入性能指标

(1) 电容负荷。

(2) 门限选择范围、预设的门限种类。

(3) 输入电压范围、非破坏性电压。

(4) 输入信号最小幅度。

3) 状态采集性能指标

(1) 最大状态时钟速率。

(2) 最大状态数据速率。

(3) 状态内存深度。

（4）建立时间和保持时间选择范围。

（5）建立时间和保持时间窗口。

（6）最小时钟脉宽。

4）定时采集性能指标

（1）最大定时采集速率。

（2）定时记录长度。

（3）最小可识别脉冲／毛刺宽度。

（4）通道间偏移。

5）触发

（1）独立触发状态。

（2）每种状态最大独立 if/then 语句。

（3）每个 if/then 语句最大事件数量。

（4）每个 if/then 语句最大操作数量。

（5）最大触发事件数量。

（6）字识别器数量。

（7）转换识别器数量。

（8）量程识别器数量。

（9）计数器／定时器数量。

（10）触发事件类型：字，组，通道，转换，量程，任何事件，计数器值，定时器值，信号，毛刺，建立时间和保持时间超限，快照等。

（11）范围识别器。

（12）建立时间和保持时间违规识别器建立时间范围和保持时间范围。

（13）触发位置。

6）外部相关考虑因素

（1）支持外部设备。

（2）PC 特点。

（3）支持的目标文件格式。

（4）外部仪器接口。

（5）功率。

（6）环境。

5. 逻辑分析仪的应用

逻辑分析仪的工作过程就是数据采集、存储、触发、显示的过程。因而逻辑分析仪的应用首先应选择合适的方式（同步或异步）进行数据采样，然后设定触发条件、触发位置，存储数据，最后针对不同的测试对象，选择合适的显示方式。由于逻辑分析仪采用了数字存储技术，可将数据采集工作和显示工作分开进行，也可同时进行。必要时还可对存储的数据反复进行显示，以利于对问题的分析和研究。

（1）微机系统软、硬件调试

逻辑分析仪最普遍的应用之一是监视微机中程序的运行，监视微机的地址、数据、状态和控制总线，对微机正在执行什么操作保持跟踪。可用逻辑分析仪排除微机软件中的问题，也可用它检测硬件中的问题，或者用来排查软硬件共同作用引起的故障。

（2）测试数字集成电路

将数字集成电路芯片接入逻辑分析仪中进行测试,选择适当的显示方式,将得到具有一定规律的图形。如果显示不正常,可以通过显示过程中不正确的图形,找出逻辑错误的位置。

（3）测试时序关系及干扰信号

利用逻辑分析仪的定时方式,可以检测数字系统中各种信号间的时序关系、信号的延迟时间以及各种干扰脉冲等。例如,测定计算机通道电路之间的延迟时间时,可将通道电路的输入信号接至逻辑分析仪的一组输入端,而将通道电路的输出信号接至逻辑分析仪的另一组输入端,然后调整逻辑分析仪的取样时钟,便可在屏幕上显示出输出与输入波形间的延迟时间。

（4）数字系统的自动测试

由带 GPIB 总线（通用接口总线）控制功能的微型计算机、逻辑分析仪和数字信号发生器以及相应的软件可以组成数字系统的自动测试系统。数字信号发生器根据测试矢量或数据故障模型产生测试数据加到被测电路中,并由逻辑分析仪测量、分析其响应,可以完成中小规模数字集成电路芯片的功能测试、某些大规模集成电路逻辑功能的测试、程序自动跟踪、在线仿真以及数字系统的自动分析等功能。

习题 4

4-1　什么是数据域测量? 与时域测量和频域测量相比,数据域测量有哪些新特点?

4-2　数字信号的 0、1 是怎么规定的? 数字信号有哪些特点?

4-3　数字系统有哪些特点? 一个典型的数据测试系统由哪几部分组成? 各部分有什么功能?

4-4　数字系统常用的测试设备有哪些?

4-5　简述逻辑笔电路的基本原理。

4-6　数字信号源的主要功能有哪些? 主要技术指标有哪些?

4-7　逻辑分析仪的主要用途是什么? 如何选择逻辑分析仪时钟?

4-8　逻辑分析仪常见的触发方式有哪几种? 简述它们的特点和作用。

4-9　逻辑分析仪常见的显示方式有哪几种? 简述它们的特点和作用。

4-10　上网查询一款逻辑分析仪,并以此仪器为例,说明当前逻辑分析仪的主要技术指标和应用场合,以及你对逻辑分析仪存储深度的理解。

学习情境5 虚拟仪器与电路仿真测量技术

随着计算机技术的发展,传统仪器逐渐向计算机化方向发展。将现代计算机技术、仪器技术和其他先进技术紧密结合,20 世纪 90 年代以来,产生了一类崭新的测试仪器——虚拟仪器。虚拟仪器从传统仪器模式中脱颖而出,已经成为电子测量仪器技术与自动测试的一个重要发展方向。

电子测量仪器通常具有信号采集与调整、信号分析与处理、测量结果表示及输出功能。在传统仪器中,上述功能都是由硬件或固化软件来完成。实际上,信号分析与处理、测量结果的表示和输出可由计算机软件来完成,信号采集与调整可由外加的数据采集硬件来完成。这种以通用计算机作为核心的硬件平台,配以相应测试功能的硬件作为信号输入/输出接口,利用仪器软件开发平台在计算机屏幕上虚拟出仪器的面板和相应的功能,并通过键盘或鼠标进行操作的仪器,称为虚拟仪器,其功能与真实仪器完全相同。

虚拟仪器主要由硬件和软件两部分构成。硬件部分的作用为数据的采集和调整。软件部分是虚拟仪器的核心,其作用为:分析与处理各种各样的信号,以实现不同的测量功能;在计算机屏幕上生成仪器的控制面板,以各种形式输出测量结果。因此,可以利用相同的硬件、不同的软件设计出多种功能不同的虚拟仪器。

与传统仪器相比,虚拟仪器具备如下特点:

(1)强调软件是核心。在虚拟仪器中,除必备的硬件外,大多采用软件代替硬件的技术,完成复杂的控制、分析、处理等任务。因此,虚拟仪器核心是软件,对软件具有更大的依赖性。

(2)克服了传统仪器资源不能共享的缺点,可将传统仪器的显示、存储、打印、控制和管理等公共部分的功能交给计算机来实现。因此,在涉及任何虚拟仪器时都可以利用计算机共享这些公共资源。

(3)模块化设计,开放性、复用性强。这种特点使得用户可以方便、经济地构建自动测量系统。用户可根据测量需要选择不同功能的模块化仪器进行灵活组合,提高资源的利用率。

(4)可自定义仪器的功能。传统仪器的功能在出厂时已由厂家确定,用户一般不能进行修改。而虚拟仪器则不同,可在使用通用数据采集设备的情况下,通过编写不同的测量程序构建不同功能的仪器。与传统仪器相比,虚拟仪器在研发周期、价格、功能定义及开放性等方面具有较大的优越性。

电路仿真测量技术就是通过仿真软件对设计好的电路图进行实时模拟,模拟出实际功能,然后通过其分析改进,从而实现电路的优化设计,是电子设计自动化的一部分。利用电路仿真测量技术可以使电子电路设计、性能分析等复杂工作变得非常简单。用户只需在计算机上安装仿真软件,就相当于建立了一个元器件品种齐全、测量仪器种类丰富的虚拟电子实验室,大大地方便了教学,能够弥补因实验设备缺乏带来的不足,还可以排除原材料的损耗和设备损坏与故障维修等。

本学习情境将借助项目5——状态监控系统设计和项目6——数字时钟的仿真与测量,来学习虚拟仪器设计过程与应用以及电路仿真测量技术。

项目5　状态监控系统设计

教学导航

本项目需要大家应用LabVIEW图形化编程软件开发一个状态监控系统,对储液罐状态参数进行测量与数据处理并显示监控结果。首先需要上网查阅相关资料,了解实际应用中储液罐需要监测的状态参数,进行需求分析,然后按照LabVIEW程序开发的一般流程,编写虚拟仪器程序,包括前面板控件的放置、创建后面板程序框图,确定数据类型、设置相应参数,进行仿真测量实验,显示参数状态,保存测量结果。在完成项目5的过程中,我们需要掌握以下知识,训练以下技能和职业素养,见表5-1。

表 5-1

类　别	目　标
知识点	1. 了解虚拟仪器一般开发流程; 2. 会创建 VI 前面板程序并进行控件放置; 3. 绘制状态监控系统流程图,编写虚拟仪器程序
技能点	1. 能够熟练下载、安装 LabVIEW 软件评估版并会简单应用; 2. 学会使用 LabVIEW 开发虚拟仪器; 3. 掌握虚拟测控仪器开发流程与调试方法
职业素养	1. 较强的自学能力及沟通能力; 2. 细心、严谨等学习工作习惯及态度; 3. 良好的职业道德与抗压能力; 4. 质量、成本、安全、环保意识

项目内容与评价

1. 项目原理

项目原理图如图5-1所示。由图可知,该储液罐状态监控系统需要监测的参数主要包括液位、压力、温度等参数。仪器面板上有步长调节旋钮、波形显示界面、液位超标显示。

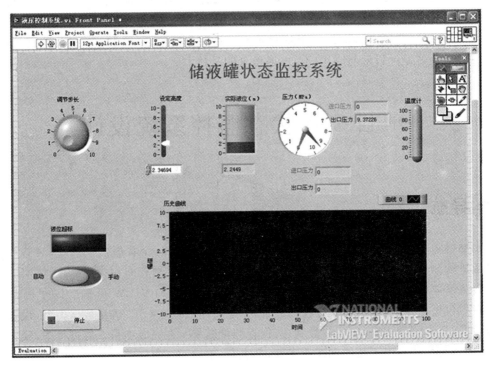

图 5 - 1　储液罐状态监控系统前面板

2. 项目程序开发

使用 LabVIEW 创建一个虚拟仪器程序，首先是设计前面板，然后编辑程序框图、确定数据类型，然后检查数据流，再进行功能检验，最后是保存文件。按照这个一般开发步骤，下面进行程序设计。

（1）首先打开 LabVIEW，选择创建一个新工程，然后新建一个 VI。在弹出的编辑区域中，单击鼠标右键放置控件。可以参考图 5 - 1，放置旋钮、滑杆、容器、量表、温度计。放完上面一排控件后，结果如图 5 - 2 所示。

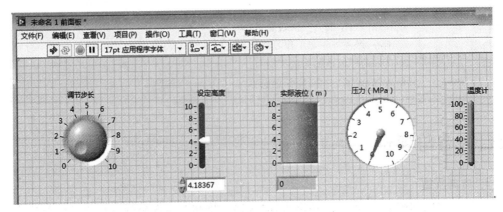

图 5 - 2　在新建 VI 中放置了部分控件

（2）继续放置其他控件，所有控件放置完成，按照要求，有些需要更改名称，调整布局位置,设置范围,之后保存。结果如图 5 - 3 所示。

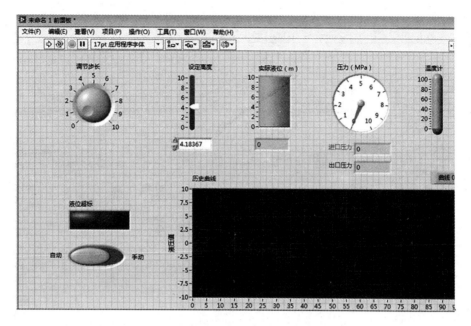

图 5 - 3　所有控件放置完成后的前面板程序

(3) 打开后面板,根据要求,确定数据类型,编辑程序框图。

在前面板添加完各个控件后,后面板里面自动生成对应的程序框图,未进行编辑前,如图 5 - 4 所示。

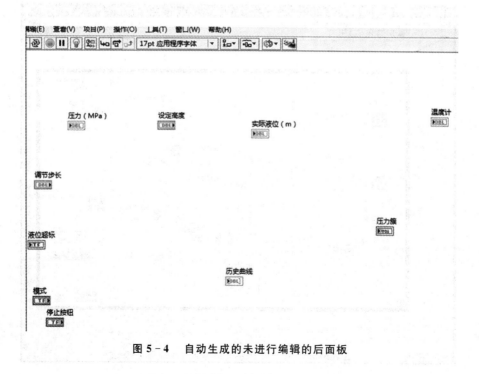

图 5 - 4　自动生成的未进行编辑的后面板

　　对后面板的程序框图运用 while 循环进行编辑连接,如图 5-5 所示。

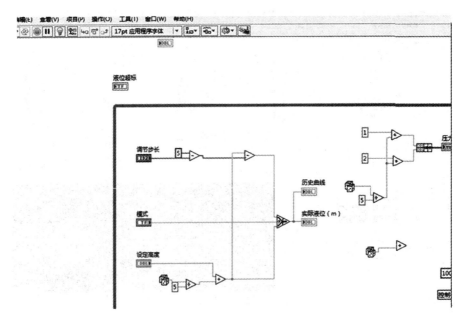

图 5-5　编辑过程中的后面板截图

　　后面板程序框图编辑完成后,要检查数据流,进行各项功能校验。全部调试通过后如图 5-6 所示。

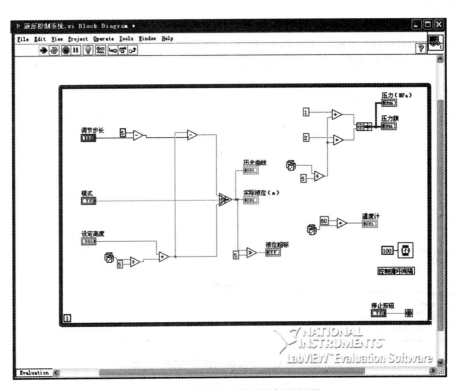

图 5-6　调试通过的后面板流程图

3. 项目测试

（1）利用上面设计好的虚拟仪器，对储液罐的状态参数进行测量，并动态显示结果。图5-7为使用该虚拟仪器对储液罐进行状态监控记录的数据与显示结果。

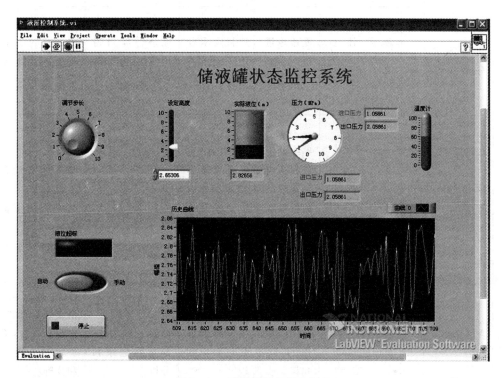

图5-7　测量结果记录与显示

（2）改变高度设定的数值，或者改变调节步长，再次进行测量，观察测量结果的变化情况，与历史数据进行对比分析。

（3）记录不同测量结果，检验仪器的可靠性。

4. 编写项目报告

（1）班级、姓名、学号、地点、时间。

（2）项目名称、目的、要求以及需求分析。

（3）所用设备、仪器和开发工具。

（4）程序开发流程与编程步骤。

（5）软件测试与仿真测量。

（6）数据记录及处理、结果分析。

（7）撰写心得体会。

5. 任务评价

任务评价具体详见表5-2。

表 5-2

序号	考评点	分值	考核方式	评价标准		
				优秀	良好	及格
一	项目需求分析	35	教师评价(50%)＋互评(50%)	能熟练进行项目需求分析;正确进行任务分解,绘制流程图	能进行项目需求分析,并分解任务	项目简单分析;基本会分解任务
二	虚拟仪器程序开发	35	教师评价(50%)＋互评(50%)	熟练设计前面板程序;完成相应参数颜色背景等的修改;根据要求编辑后面板程序框图,并合理选择数据类型,进行流程图设计与检验	完成虚拟仪器前面板控件放置及属性修改;能正确编辑后面板的程序框图,会进行功能检验	基本能够设计出前面板;基本完成后面板流程框图设计
三	项目总结报告	10	教师评价(100%)	格式符合标准,内容完整,有详细过程记录和分析,并能提出一些新的建议	格式符合标准,内容完整,有一定过程记录和分析	格式符合标准,内容较完整,有一定过程记录和分析
四	职业素养	20	教师评价(30%)＋自评(20%)＋互评(50%)	安全、文明工作,具有良好的职业操守;学习积极性高,虚心好学;具有良好的团队合作精神;思路清晰、有条理,能正确回答教师与同学提出的问题	安全、文明工作,职业操守较好;学习积极性较高;具有较好的团队合作精神,能帮助小组其他成员;能部分回答教师与同学提出的问题	没有出现违纪违规现象;没有厌学现象,能基本跟上学习进度;无重大失误,不能回答提问

背景知识

5.1　虚拟仪器概述

5.1.1　虚拟仪器的起源与构成

虚拟仪器（Virtual Instrument，简称 VI），也叫计算机仪器，是以计算机（PC）为基础，配以具有相应测控功能的输入输出接口硬件（如数据采集卡），通过软件来完成传统仪器的测控功能。虚拟仪器是以计算机为核心的，是仪器系统与计算机软件技术的紧密结合。这种结合有两种方式：将计算机装入仪器的智能仪器和将仪器装入计算机的嵌入式仪器。虚拟仪器主要是指后一种方式，是以通用的计算机硬件及操作系统为依托，实现各种仪器功能。

美国国家仪器（National Instrument，简称 NI）公司于 20 世纪 80 年代中期首先提出"软件就是仪器"（the Software is the Instrument）的虚拟仪器概念。

虚拟仪器通过软件将计算机硬件资源与仪器硬件有机地融合为一体，从而把计算机强大的计算功能和仪器硬件的测量、控制能力结合在一起，缩小了仪器硬件的成本和体积，并通过软件实现对数据的显示、存储以及分析处理。

虚拟仪器被划分为数据采集与控制、数据分析处理、结果表达三大功能模块，如图 5 - 8 所示。

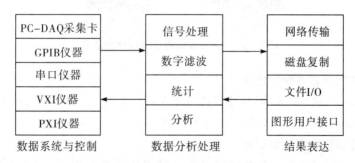

图 5 - 8　虚拟仪器的三大模块

虚拟仪器由硬件平台和应用软件两大部分构成，其组成如图 5 - 9 所示。

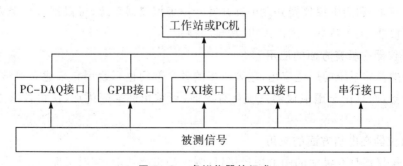

图 5 - 9　虚拟仪器的组成

虚拟仪器软件包括应用程序和 I/O 接口设备驱动程序。应用程序又由实现虚拟仪器前面板功能的软件程序和定义测试功能流程图的软件程序两部分构成。I/O 接口设备驱动程序实现对特定外部硬件设备的控制。

5.1.2　虚拟仪器的现状及应用

目前流行的虚拟仪器软件开发工具有两类。文本式编程语言有 C、C++、VB、Lab windows/CVI 等;图形化编程语言有 LabVIEW、AgilentVEE 等。其中 LabVIEW 最流行,是目前应用最广、发展最快、功能最强的图形化软件。

虚拟仪器在各个领域尤其是在超大规模集成电路测试、工厂测试、现代家用电器测试以及军事、航空、航天、通信、汽车、半导体和生物医学等领域得到了广泛应用,如图 5-10 所示。

混合信号测试　　　电能质量检测　　　生物医电　　　水质处理

自然环境监测　　　楼宇资源监控　　　虚拟现实　　　结构健康监测

节能减排　　　核能工程　　　太阳能电池板　　　风能发电

通信工程　　　机器人开发

图 5-10　虚拟仪器在各领域中的应用

1. 虚拟仪器在测量方面的应用

虚拟仪器系统开放、灵活,可与计算机技术保持同步发展,将之应用在测量方面可以提高精确度,降低成本,并大大节省用户的开发时间。

2. 虚拟仪器在监控方面的应用

用虚拟仪器系统可以随时采集和记录从传感器传来的数据,并对之进行统计、数字滤波、频域分析等处理,从而实现监控功能。

3. 虚拟仪器在检测方面的应用

在实验室中,利用虚拟仪器开发工具开发专用虚拟仪器系统,可以把一台个人计算机变成一组检测仪器,用于数据/图像采集、控制与模拟。

4. 虚拟仪器在教育方面的应用

随着虚拟仪器系统的广泛应用,越来越多的教学部门也开始用它来建立教学系统,不仅大大节省开支,而且由于虚拟仪器系统具有灵活、可重用性强等优点,使得教学方法也更加灵活了。

5. 虚拟仪器在电信方面的应用

由于虚拟仪器具有灵活的图形用户接口、强大的检测功能,同时又能与 GPIB 和 VXI 仪器兼容,因此很多工程师和研究人员把它用于电信检测和场测试方面。

5.2 虚拟仪器图形编程软件 LabVIEW

5.2.1 LabVIEW 简介

LabVIEW 是 NI 开发的一种图形化编程语言（通常称为 G 语言），它的全称是 Laboratory Virtual Instrument Engineering Workbench，即实验室虚拟仪器集成环境。

使用图形化编程语言（G 语言）编程时，基本上不写程序代码，取而代之的是流程图。G 语言是一种通用编程语言，具有通用函数库。它和常规的文本式编程语言一样，定义了数据类型、结构类型和模块调用等规则，且具有较好的模块化性能，被誉为"科学家与工程师"的语言。

LabVIEW 版本众多，NI 公司每年都会推出新的版本，最近版本包括控制与仿真、高级数字信号处理、统计过程控制、模糊控制和 PID 控制等众多附加软件包，是可运行于 Windows 系列、Linux、Macintosh、Sun 和 Unix 等多种平台的工业标准软件开发环境。LabVIEW 编程简单、上手快，近些年来，在测控等领域获得了广泛应用。比较经典的版本有 LabVIEW 7.1、LabVIEW 8.2 和 LabVIEW 8.6，其发展历程如图 5-11 所示。最新版本是 LabVIEW 2013。

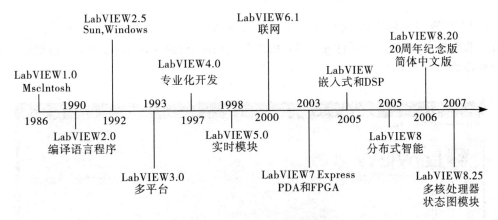

图 5-11 LabVIEW 的发展历程

5.2.2 安装与启动 LabVIEW

LabVIEW 软件安装过程和其他常用软件一样比较简单，安装过程需要序列号。如果不愿意购买，可以到 NI 官网注册下载评估版使用。安装完成后，桌面上会出现快捷方式 。下面以编者电脑上最新安装的 LabVIEW 2012 评估版为例来介绍 LabVIEW 的应用。

单击桌面快捷方式或从开始菜单中选择程序"National Instruments LabVIEW 2012"运行，即可启动 LabVIEW，出现如图 5-12 所示画面。

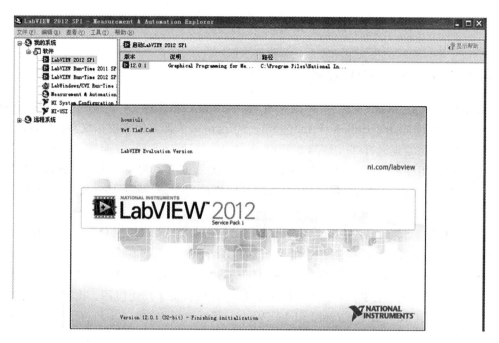

图 5-12　LabVIEW 的启动界面

　　LabVIEW 启动以后,出现如图 5-13 所示的画面。第一次使用,要求用户创建一个新的工程。若已有工程,可以选择打开已存在的工程。在此,选择"Create Project",即创建工程,弹出画面如图 5-14 所示。

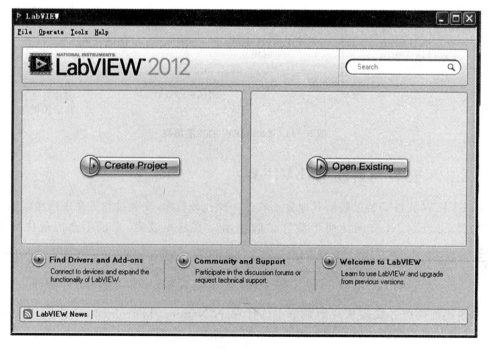

图 5-13　创建新工程或打开已有工程

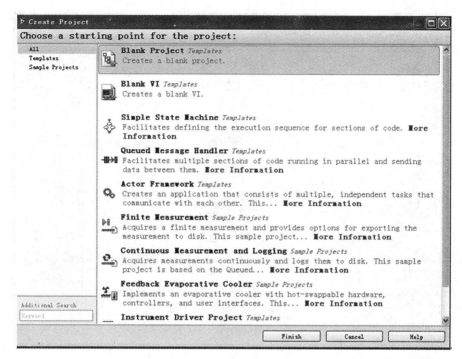

图 5-14　选择创建新工程之后弹出的画面

一个完整的虚拟仪器程序包括前面板（Front Panel）、后面板程序框图或流程图（Block Diagram）以及图标／连接器（Icon/Connector）三部分。

1. 前面板（Front Panel）

包括用户输入和显示输出两类控件，分别用于参数的设置和测量结果的数值、波形显示等。

图 5-15 所示为新建工程中一个空的 VI 前面板及控件选择图标。标题栏下面是前面板菜单栏，主要包括 File（文件）、Edit（编辑）、View（查看）、Project（项目）、Operate（操作）、Tools（工具）、Window（窗口）和 Help（帮助）等，每个菜单下面还有多个下拉菜单。菜单栏下面是工具栏，包含用来控制 VI 的命令按钮和状态指示器。

2. 流程图（Block Diagram）

也叫程序框图，包括端口、节点、图框和连线四个部分。其中，端口是数据流的源头或终点，分为前面板对象端口（从前面板用户输入控件获得数据，或向前面板显示输出数据）、常量端口（设置程序运算中常量的数据源端口）、全局与局部变量端口（与功能模板中 Structures 子模板图标相对应）和 DAQ 端口（从数据采集卡中获得数据）四种类型。节点用于执行函数和子程序的调用，可分为函数节点（LabVIEW 函数库提供，用户不可修改）和子 VI 节点（用户自定义，可修改）两种类型。图框用于执行结构化程序控制命令，如 Case 等。连线表示程序中的数据流及其方向。

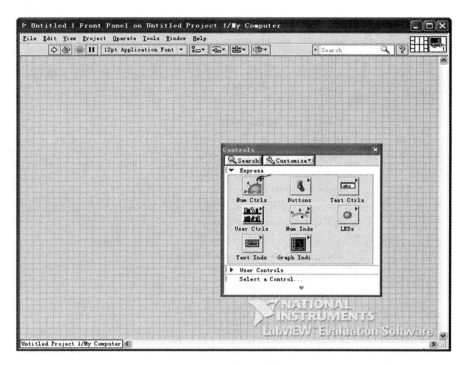

图 5 - 15　一个空 VI 的前面板

　　图 5 - 16 所示为一个空 VI 的后面板,因为没有绘制程序,所以后面板流程图是空的。图 5 - 17 为某监控系统 VI 所对应的流程图。

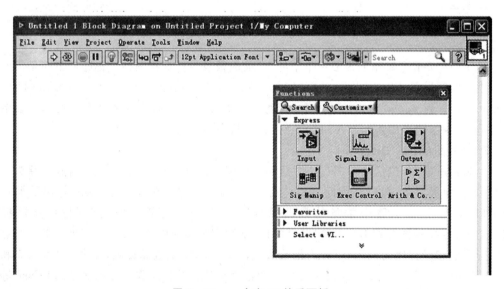

图 5 - 16　一个空 VI 的后面板

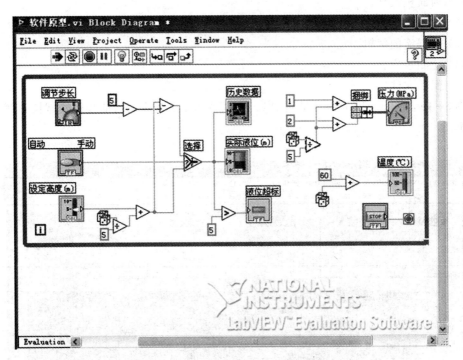

图 5-17　某监控系统 VI 所对应的流程图

3. 图标 / 连接器(Icon/Connector)

VI 具有层次化和结构化的特征。一个 VI 可以作为子程序,这里称为子 VI(SubVI),被其他 VI 调用。

LabVIEW 中常用数据类型及其对应的线型和颜色如图 5-18 所示。

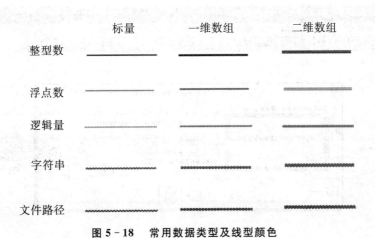

图 5-18　常用数据类型及线型颜色

5.2.3　创建和调试虚拟仪器程序

1. 创建虚拟仪器程序

使用 LabVIEW 创建一个虚拟仪器程序的一般步骤如下:

（1）前面板设计。

（2）流程图编辑。

（3）数据流的编辑。

（4）功能检验。

（5）保存文件。

图5-19与图5-20为编者早期用LabVIEW 8.6汉化版编写的频响测试仪的前面板和程序框图。

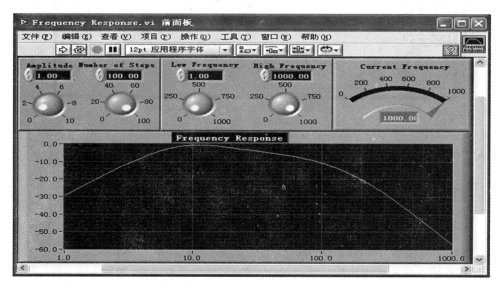

图5-19　虚拟频率测试仪前面板

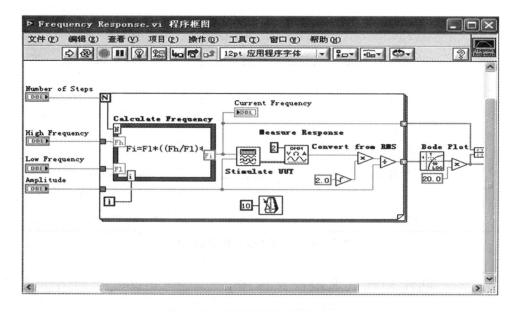

图5-20　虚拟频率测试仪程序框图

2. 调试虚拟仪器程序

虚拟仪器程序调试的一般步骤如下：

（1）清除语法错误。

（2）跟踪程序的执行。

（3）设置断点单步调试。

（4）设置探针。

（5）观察数据。

3. 创建虚拟仪器子程序(SubVI)

虚拟仪器子程序(SubVI)的创建有两种方法。因为任何一个定义了图标和连接口的 VI 都可以作为另一个 VI 的子程序，所以第一种方法可按下面步骤来操作。

（1）创建图标。

在选定的 VI 中，在前面板或框图程序的右上角，右键弹出菜单，选择 Icon Editor，打开图标编辑器窗口，编辑图标。

（2）创建连接器端口。

在前面板或框图程序的右上角，右键弹出菜单，选择 Show Connector，选择端口的样式，并定义端口。具体来说，可以分两步完成：首先选择和修改连接口模式，然后给控制器和指示器分配端口。

需要注意的是：连接口是 VI 子程序的数据输入输出接口。默认的输入端口在左边，输出端口在右边。可以选择不同的连接口模式，一个 VI 子程序可用的端口数最多为 28 个。如果连接口的端口数多于实际所需要的个数，或前面板的控制器和指示器的个数多于连接口的端口数，均不影响 VI 程序的运行。在框图程序中可包含几个相同的 VI 子程序节点。

第二种方法是用鼠标选择工具选择程序中的一部分作为子程序，具体做法是选择要作为子程序的部分，然后在 Edit 菜单中选择 Create SubVI 即可。

子程序创建完成后，双击 VI 子程序图标，即可打开 VI 子程序前面板，VI 子程序的修改、运行同一般的 VI 程序。对 VI 子程序所做的任何修改只有在存盘后才会起作用。VI 子程序节点有在线帮助，遇到疑问时可以阅读参考。

5.2.4　基于 LabVIEW 的数据采集系统构建

虚拟仪器在数据采集与控制中应用广泛，工程上经常使用具有 PCI、PXI、USB、并口以及串口的计算机来获取测试数据，称为基于 PC 的数据采集(DAQ)系统。这种系统一般有两种方案：一种是通过插入式的 DAQ 卡直接获取数据传输给计算机；另外一种是由计算机外部的 DAQ 硬件获取测试数据，然后通过各种总线，如并口或串口，传输给计算机。这种 DAQ 系统的框图如图 5 - 21 所示，主要包含以下部分：

（1）个人计算机(PC)。用来安装虚拟仪器软件，通过编程实现控制与数据存储。

（2）传感器。用来实现对外界非电量的模拟信号进行测量与数据采集。

（3）信号调理装置。对传感器输出的微弱电信号进行放大、整形、滤波、隔离等处理。

（4）DAQ 设备。实现信息采集与传输。

（5）数据处理及驱动程序等软件。常用 LabVIEW 实现虚拟仪器的外观编程与运算操作。

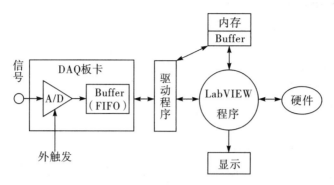

图 5 - 21　DAQ 设备与计算机相连的整体系统框图

一个典型的数据采集卡的功能有模拟输入、模拟输出、数字 I/O、计数器 / 计时器等,这些功能分别由相应的电路来实现。模拟输入是采集最基本的功能。它一般由多路开关(MUX)、放大器、采样保持电路(S/H)以及 A/D 来实现。通过这些部分,一个模拟信号就可以转化为数字信号。A/D 的性能和参数直接影响着模拟输入的质量,要根据实际需要的精度来选择合适的 A/D。模拟输出通常是为采集系统提供激励。

在使用数据采集卡之前,必须先进行卡的配置,配置卡的通道等。NI 公司提供了一个数据采集卡的配置工具软件,即 Measurement & Automation Explorer(MAX)来对采集卡进行通道配置。

以 NI 公司的数据采集卡 PCI - 6014 为例说明数据采集卡的配置过程:

(1)首先将数据采集卡插在机箱后相应的 PCI 总线插槽上,然后安装相应的驱动程序。

(2)从开始菜单的程序子菜单中选择 National Instruments → Measurement & Automation Explorer 来运行 MAX。

数据采集卡一旦安装在计算机中,在 MAX 的 Device and Interface 的下级目录中就会显示出相应的采集卡型号。本系统安装的是 PCI - 6014,其显示如图 5 - 22 所示。

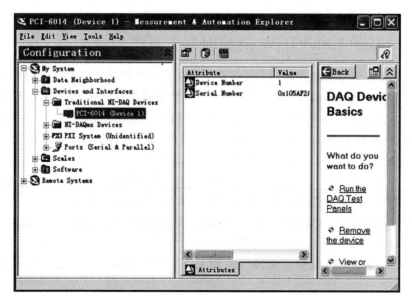

图 5 - 22　Measurement & Automation Explorer 运行之后的目录

　　在 PCI-6014 数据采集卡项目上单击鼠标右键,将弹出快捷菜单,在此菜单中单击各项
目即可进入相关的操作界面。单击属性操作(Properties)可得如图 5-23 所示的界面,可以
对数据采集卡的属性进行配置和检查。

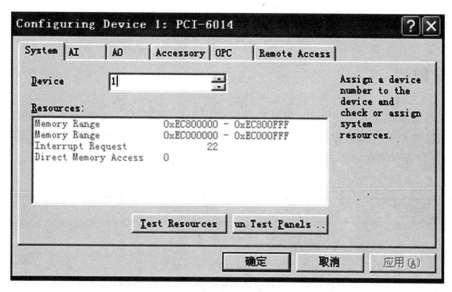

图 5-23　数据采集卡的系统属性

　　单击设备测试面板(Test Panel)将会出现如图5-24所示的界面,可以选择相应项,进行
通道测试。该 PCI-6014 采集卡被定义为设备号 1。

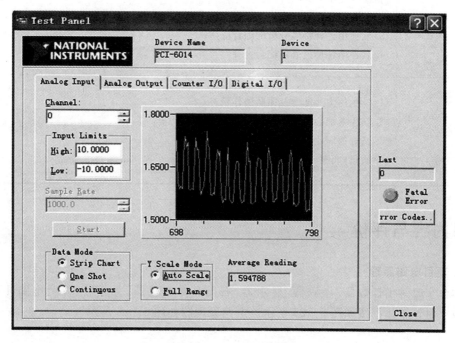

图 5-24　设备测试画面

一旦测试通过,就可以编程实现所需要的各种功能了,限于篇幅,此处不再介绍。

项目6　数字时钟的仿真与测量

教学导航

本项目需要读者对 Multisim 仿真软件的使用非常熟练,有一定的数字电路基础和设计经验。项目要求首先设计数字时钟,然后在仿真软件里连接、调试和测量。在完成项目6的过程中,我们需要掌握以下知识,训练以下技能和职业素养,见表5-3。

表 5-3

类　别	目　标
知识点	1. Multisim 仿真软件概述; 2. 仿真软件元件库中元件参数的理解与设置; 3. 仿真软件仪器库中各仪器面板的按钮和旋钮的理解和设置; 4. 仿真软件中各种设置、仿真报表、特性分析的理解
技能点	1. Multisim 仿真电路硬件电路的连接,程序加载,软硬件调试,相关特性分析和技术指标测量; 2. 软件中各仪器仪表的综合应用; 3. 软件中各种特性分析的综合应用; 4. 软件中各种报表的综合处理
职业素养	1. 学生的沟通能力及团队协作精神; 2. 学生的细心、耐心等学习工作习惯及态度; 3. 良好的职业道德; 4. 质量、成本、安全、环保意识

项目内容与评价

1. 项目电路原理

本数字时钟由计数器、译码器、显示器、石英晶体振荡器、分频器、校验电路几部分组成。数字时钟整体框图如图5-25所示。电路原理图如图5-26所示。

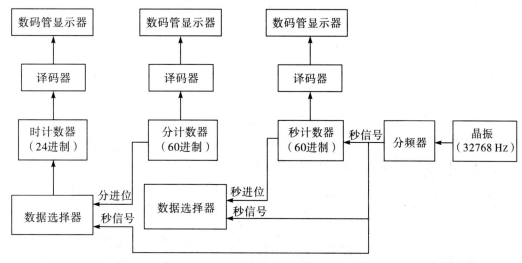

图 5-25　数字时钟电路原理框图

（1）信号产生电路

图 5-26 中信号产生电路实际上是用 CMOS 门电路与石英晶体振荡器组成的多谐振荡电路，工作频率稳定性、精度都很高，其中晶振频率为 32768 Hz，使得电路产生频率为 32768 Hz 的脉冲。

（2）分频电路

图 5-26 中分频电路由两块 12 位同步二进制计数器 CD4040 构成。CD4040 的 11 脚为清零端，高电平复位，10 脚为脉冲端，上升沿有效。Q_n 端输出脉冲频率为输入脉冲频率的 $1/Q^n$。利用分频电路可得到频率为 1 Hz 的秒信号。

（3）计数电路

图 5-26 中计数电路由 6 块 74LS90 构成。其中 U6、U7 构成秒计数电路，U8、U9 构成分计数电路，U10、U11 构成时计数电路。

（4）译码显示电路

图 5-26 中译码显示电路采用输出低电平有效的显示译码器 74LS247 接共阳数码管来完成。

（5）校验电路

图 5-26 中校验电路由一块双四选一数据选择器 74LS153 来完成。$1\overline{S}$、$2\overline{S}$ 为 74LS153 两个独立的使能端；A_1、A_0 为公用的地址输入端；$1D_0 \sim 1D_3$ 和 $2D_0 \sim 2D_3$ 分别为两个 4 选 1 数据选择器的数据输入端；Q_1、Q_2 为两个输出端。用 74LS153 完成校验功能的具体设计见表 5-4。当连接触发器的两个开关都打开时，正常计时；当其中一个开关打开，一个闭合时，进行校验小时或者分钟。

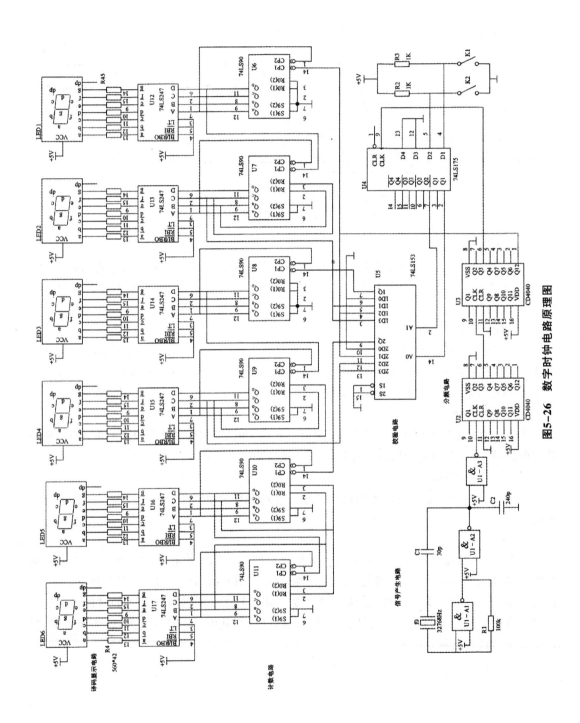

图5-26 数字时钟电路原理图

表 5 - 4　校验功能设计表

地址输入端		选择器接法		实现功能
A_1	A_0	选择器 1	选择器 2	
1	1	1D_3 接秒向分进位信号 1Q 接分脉冲端	2D_3 接分向时进位信号 2Q 接时脉冲端	正常计时
1	0	1D_2 接秒信号 1Q 接分脉冲端	2D_2 接分向时进位信号 2Q 接时脉冲端	校验分
0	1	1D_1 接秒向分进位信号 1Q 接分脉冲端	2D_1 接秒信号 2Q 接时脉冲端	校验时

1. 项目内容

(1) 连接仿真译码显示电路

① 连接译码显示电路。

② 用字信号发生器产生 0000 ~ 1001 十个代码,接至 74LS247 的 DCBA 四位代码输入端看显示器能否显示 0 ~ 9 十个数字,测试译码显示电路。

③ 用万用表或数字电压表或逻辑笔测试 74LS247 输出端的高、低电平情况,并测量输出为高电平和低电平时所对应的电压值。

④ 用万用表或数字电流表测量数码管点亮时所流过的电流大小。

(2) 连接仿真计数电路

① 连接计数电路。

② 输入端接 1 Hz 或更快的连续脉冲源,检查秒、分钟、小时能不能分别实现 60 进制、60 进制、24 进制计数。

③ 检查秒是否能够自动向分进位,分是否能够自动向小时进位。

④ 用逻辑分析仪观看计数器输出时序波形。

(3) 连接仿真信号产生电路

连接信号产生电路,用示波器观察与非门 A_3 输出端,看能否产生 32768 Hz 的脉冲,并用频率计准确测试其频率。

(4) 连接仿真分频电路

① 连接分频电路。

② 用频率计测试左侧 CD4040 输出端 Q_{12},看输出脉冲频率是否为 8 Hz。

③ 用频率计测试右侧 CD4040 输出端 Q_3,看输出脉冲频率是否为 1 Hz。

(5) 校验电路的测试

调校验开关使 74LS175 的 ④ 脚和 ⑤ 脚分别为 11、10、01,看能否分别实现正常计时、校验时、校验分的功能。

(6) 电子钟的整体测试

仿真测试整个电路,看能否实现正常计时和校验功能。

3. 编写项目报告

(1) 班级、姓名、学号、同组人(两人一组)、地点、时间。

(2) 项目名称、目的、要求。

(3) 设备、仪器、材料和工具。

(4) 电路原理分析。

（5）方法及步骤。

（6）数据记录及处理、结果分析。

（7）心得体会。

4. 任务评价

任务评价具体详见表 5-5

表 5-5

序号	考评点	分值	考核方式	评价标准		
				优秀	良好	及格
一	对仿真软件的理解	35	教师评价（50%）+互评（50%）	理解仿真软件元件库中元件参数的含义；理解仿真软件仪器库中各仪器面板上按钮和旋钮的含义；理解仿真软件中各种设置、仿真报表、特性分析的含义	基本理解元件库中元件参数的含义，仪器库中各仪器面板上按钮和旋钮的含义，各种仿真报表、特性分析的含义	在同学和老师的帮助下能够基本理解元件参数的含义，仪器面板上按钮和旋钮的含义，各种仿真报表、特性分析的含义
二	仿真软件的使用	35	教师评价（50%）+互评（50%）	能够独自完成整个数字时钟的连接与仿真测试；能熟练进行Multisim仿真电路硬件电路的连接，程序加载，软硬件调试，相关特性分析和技术指标测量；能够综合应用软件中各仪器仪表、各种特性分析；能够处理各种报表	能够完成整个数字时钟的连接与仿真测试；会Multisim仿真电路硬件电路的连接，程序加载，软硬件调试，相关特性分析和技术指标测量；基本能够综合应用软件中各仪器仪表；能够处理各种报表	能够完成整个数字时钟的连接与仿真测试；基本能够完成一个电路的硬件连接、程序加载和软硬件调试；基本能够使用基本的虚拟仪器完成测量工作
三	项目总结报告	10	教师评价（100%）	格式符合标准，内容完整，有详细过程记录和分析，并能提出一些新的建议	格式符合标准，内容完整，有一定过程记录和分析	格式符合标准，内容较完整，有一定过程记录和分析
四	职业素养	20	教师评价（30%）+自评（20%）+互评（50%）	安全、文明工作，具有良好的职业操守；学习积极性高，虚心好学；具有良好的团队协作精神；思路清晰、有条理，能圆满回答教师与同学提出的问题	安全、文明工作，职业操守较好；学习积极性较高；具有较好的团队协作精神，能帮助小组其他成员；能部分回答教师与同学提出的问题	没有出现违纪违规现象；没有厌学现象，能基本跟上学习进度；无重大失误，不能回答提问

背景知识

5.3　电路仿真测量技术概述

借助于各种先进的电子电路设计与仿真软件，可以实现电路仿真测量。电路仿真，顾名思义就是通过仿真软件对设计好的电路图进行实时模拟，模拟出实际功能，然后通过其分析改进，从而实现电路的优化设计，是电子设计自动化（EDA）的一部分。常用的电子电路设计与仿真工具包括 SPICE/PSPICE、EWB、Matlab、SystemView、Saber、MMICAD 等。下面简单介绍前三种软件。

（1）SPICE(Simulation Program with Integrated Circuit Emphasis) 是由美国加州大学推出的电路分析仿真软件，是 20 世纪 80 年代世界上应用最广的电路设计软件，1998 年被定为美国国家标准。1984 年，美国 MicroSim 公司推出了基于 SPICE 的微机版 PSPICE(Personal-SPICE)。现在用得较多的是 PSPICE 6.2，可以说在同类产品中，它是功能最为强大的模拟和数字电路混合仿真 EDA 软件，在国内普遍使用。最新推出了 PSPICE 9.1 版本。它可以进行各种各样的电路仿真、激励建立、温度与噪声分析、模拟控制、波形输出、数据输出，并在同一窗口内同时显示模拟与数字的仿真结果。无论对哪种器件哪些电路进行仿真，都可以得到精确的仿真结果，并可以自行建立元器件及元器件库。

（2）EWB(Electronic Workbench) 软件是加拿大图像交互公司 (Interactive Image Technologies，IIT) 在 20 世纪 90 年代初推出的电路仿真软件。目前普遍使用的是 EWB 5.2，相对于其他 EDA 软件，它是较小巧的软件（只有 16 M 大小）。但它对模数电路的混合仿真功能却十分强大，几乎能 100% 地仿真出真实电路的结果，并且它在桌面上提供了万用表、示波器、信号发生器、扫频仪、逻辑分析仪、数字信号发生器、逻辑转换器和电压表、电流表等仪器仪表。它的界面直观，易学易用。它的很多功能模仿了 SPICE 的设计，但分析功能比 PSPICE 稍少一些。从 EWB 5.0 之后 IIT 公司对 EWB 进行了较大的变动，将专门用于电子线路仿真的模块改名为 Multisim（即有万能仿真之意）。

（3）MATLAB 产品族的一大特性是有众多的面向具体应用的工具箱和仿真块，包含了完整的函数集，用来对图像信号处理、控制系统设计、神经网络等特殊应用进行分析和设计。它具有数据采集、报告生成和 MATLAB 语言编程产生独立 C/C++ 代码等功能。MATLAB 产品族具有下列功能：数据分析；数值和符号计算；工程与科学绘图；控制系统设计；数字图像信号处理；财务工程；建模、仿真、原型开发；应用开发；图形用户界面设计等。MATLAB 产品族被广泛地应用于信号与图像处理、控制系统设计、通信系统仿真等诸多领域。开放式的结构使 MATLAB 产品族很容易针对特定的需求进行扩充，从而在不断深化对问题的认识同时，提高自身的竞争力。

在上述电路设计与仿真软件中，Multisim 凭借其简单易学、容易上手、操作方便等优点在国内成为最受欢迎的、应用最广泛的电路仿真测量软件之一。它包含了电路原理图的图形输入、电路硬件描述语言输入方式，具有丰富的仿真分析能力。以 Multisim 为代表的电路仿真软件具有以下特点：

（1）仿真环境直观、界面友好，操作方便、易于掌握。

（2）提供了大量的仿真元器件，并且元器件的虚拟参数便于修改。

（3）提供了多种发光或发声元器件，可以用键盘控制电路的开关、变阻器调节、电容调节、电感调节等，使得仿真过程更加直观。

（4）提供了射频元器件，可以进行射频电路的仿真。

（5）提供了机电元件，可以进行自动控制电路的仿真。

（6）提供了大量的激励源和数学模型元件，便于进行各种电路分析。

（7）提供了各种常见的通用仪器仪表（虚拟仪器），大大增加了仿真结果的直观性，还可以让使用者间接地熟悉大量实际仪器的使用方法。

（8）提供了大量的电路分析方法，分析结果可用多种图形方式输出。

5.4　电路仿真软件 Multisim 11

NI Circuit Design Suite 11 是 NI 推出的以 Windows 为基础、符合工业标准、具有 SPICE 最佳仿真环境的 NI 电路设计套件。该电路设计套件含有 NI Multisim 11 和 NI Ultiboard 11 两个软件，能够实现电路原理图的图形输入、电路硬件描述语言输入、电子线路和单片机仿真、虚拟仪器测试、多种性能分析、PCB 布局布线和基本机械 CAD 设计等功能。

5.4.1　Multisim 11 的发展历程

Multisim 11 电路仿真软件最早是 IIT 于 20 世纪 80 年代末推出的一款专门用于电子线路仿真的虚拟电子工作平台（Electronics Workbench，EWB），它可以对数字电路、模拟电路以及模拟／数字混合电路进行仿真，克服了传统电子产品设计受实验室客观条件限制的局限性，用虚拟元件搭建各种电路，用虚拟仪器进行各种参数和性能指标的测试。20 世纪 90 年代初，EWB 软件进入我国，1996 年 IIT 公司推出 EWB 5.0 版本，由于其具有操作界面直观、操作方便、分析功能强大、易学易用等突出优点，在我国高等院校得到迅速推广，也受到电子行业技术人员的青睐。

从 EWB 5.0 之后，IIT 公司对 EWB 进行了较大的变动，将专门用于电子线路仿真的模块改名为 Multisim（即有万能仿真之意），将 IIT 公司的 PCB 制版软件 Electronics Workbench Layout 更名为 Ultiboard，为了增强布线能力，增加了 Ultiroute 布线引擎。另外还推出了用于通信系统的仿真软件 Commsim。至此，Multisim、Ultiboard、Ultiroute 和 Commsim 构成了 EWB 的基本组成部分。能完成从系统仿真、电路仿真到电路板图生成的全过程。其中最具特色的仍然是电路仿真软件 Multisim。

2011 年 IIT 公司推出 Multisim 2001，重新验证了元件库中所有元件的信息和模型，提高了数字电路的仿真速度，开设了网站，用户可以从网站上得到最新的元件模型和技术支持。

新版本 Multisim 2001 保留了 EWB 5.0 的全部功能，且在继承了其上手快、实用性强、界面简洁等特点的基础上，同时具有电路仿真速度更快、元件库中的元器件更加丰富、界面更加合理等优点。更增加了许多新的功能，它不仅可以完成电路的瞬态分析和稳态分析、时域和频率域分析、器件的线性和非线性分析、噪声分析、失真度分析、离散傅里叶分析、电路零极点分析、交直流灵敏度分析和电路容差分析等共计 19 种电路分析方法，还可以进行故障模拟和数据储存等功能，还提供了增强型的 RF 设计功能，能支持和模拟 SPICE、VHDL/Verilog 模型等。成为广大专业及业余设计人员及在校大中专学生设计调试电子电路的得力工具。

2003 年,IIT 公司又对 Multisim 2001 进行了较大的改进,并升级为 Multisim 7,增加了更多的虚拟仪器仪表,尤其是其 I－V 分析仪(实际上就是晶体管特性图示仪)、安捷伦仪(包括安捷伦信号发生器、安捷伦多用表、安捷伦示波器)、动态测量探针设计调试更加便捷。提供了专门用于射频电路仿真的元件模型库和仪表,以此搭建射频电路并进行实验,提高了射频电路仿真的准确性。增加了电路工作窗口无限制地任意比例地缩放功能。此时,Multisim 7 已经非常成熟和稳定,是 IIT 公司在开辟电路仿真领域的一个里程碑。随后 IIT 公司又推出了 Multisim 8,增加了虚拟 Tektronix 示波器,进一步提高了仿真速度,其他变化不大。

2005 年以后,加拿大 IIT 公司隶属于美国 NI 公司,并于 2005 年 12 月推出了 Multisim 9。Multisim 9 在仿真界面、元件调用方式、搭建电路、虚拟仿真、电路分析等方面沿袭了前期版本的优良特色,但软件的内容和功能有了很大的不同,将 NI 公司最具特色的 LabVIEW 仪表融入 Multisim 9,可以将实际 I/O 设备接入 Multisim 9,克服了原 Multisim 软件不能采集实际数据的缺陷。Multisim 9 还可以与 LabVIEW 软件交换数据,调用 LabVIEW 虚拟仪表。增加了 51 系列和 PIC 系列的单片机仿真功能,还增加了交通灯、传送带、显示终端等高级外设元件。

NI 公司于 2007 年 8 月 26 日发行 NI 系列电子电路设计套件(NI Circuit DesignSuite 10),该电路设计套件含有电路仿真软件 NI Multisim 10 和 PCB 板制作软件 NI Ultiboard 10 两个软件,安装 NI Multisim 10 时,会同时安装 NI Ultiboard 10,且两个软件位于同一路径下,给用户的使用带来了极大的方便。增加了交互部件的鼠标单击控制、虚拟电子实验室虚拟仪表套件 NI ELEVISII、电流探针、单片机的 C 语言编程以及 6 个 NI ELEVIS 仪表。

2010 年初,NI 公司正式推出 NI Multisim 11,新增了以下功能:

(1) 扩展了原有元器件库。新增了源自 Microchip、Texas Instruments、Linear Technologies 等公司的 550 多种元器件,使元件总数达到 1 万 7 千余种。

(2) 不断改进虚拟接口。所谓虚拟接口就是无需在连接点之间显式地放置连线,可以用虚拟接口进行网络连接,广泛应用于单页、多页和层次结构的设计中。改进的方面有隐藏接口名称、精确名称定位和更安全的接口命名功能,以此来帮助用户创建可读性更高的原理图。

(3) 提升了可编程逻辑器件(PLD)原理图设计仿真与硬件实现一体化融合的性能。将100 多种新型基本元器件放置到仿真工作界面,搭建电路后可直接生成 VHDL 代码。

(4) 新增波特图分析仪。通过安装 NI ELEVISmx 驱动软件 4.2.3 及以上版本,用户可以访问一个新的 NI ELEVIS 仪器——波特图分析仪。

(5) 专为学生定制了 NI myDAQ。DAQ 是一款适合大学工程类课程的便携式数据采集设备,集成了 8 个虚拟仪表。NI myDAQ、NI LabVIEW 和 NI Multisim 三者可以携同进行实际的工程实验,使学生可以在课堂或实验室之外也能接触原型系统并分析电路性能。

(6) 增加了 AC 单频分析。

(7) 提高了打开和保存文件的速度以及移动组件,取消、更改和重新更改的速度。以前在 Multisim 中打开多个设计时,有时难以识别哪些设计是主动仿真设计,为了改变这种情况,仿真设计指示器出现在主动仿真设计旁边的设计工具栏(Design Toolbox)的层次(Hierarchy)标签内,设计者可以快速识别各种文档的层次关系。

（8）新增 NI 范列查找器。

（9）提高了 Multisim 原理图和 Ultiboard 布线之间的设计同步性与完整性。包括对于设计冲突的用户界面改进，允许对同一封装中多个门电路之间进行显式匹配的全新对话框，以及通过电子表格视图中的结果标签页来更方便地找出那些容易被忽略的设计改动。

5.4.2 Multisim 11 软件介绍

利用 Multisim 11 进行电路设计和仿真分析的所有操作，都是在其基本界面的电路工作窗口中进行的。Multisim 11 在基本界面上列出了所有的操作菜单，直接展示了最常用的工具栏，不经常使用的工具栏也很容易提取，直接列出了所有的元器件库和虚拟仪器。因此，了解基本界面上各种操作命令、工具栏、元器件库及虚拟仪器的功能和操作方法，是学习 Multisim 11 的前提。掌握和熟练运用这些操作，是进行电路设计和仿真分析的基础。

1. 页面布局

安装 NI Circuit Design Suite 11 软件后，在 Windows 窗口的"开始 → 所有程序 → NationalInstruments → Circuit DesignSuite 11.0" 下出现电路仿真软件 Multisim 11.0 和 PCB 板制作软件 Ultiboard 11.0，选择 Multisim 11.0 选项就会启动 Multisim 11，其界面如图 5 - 27 所示。

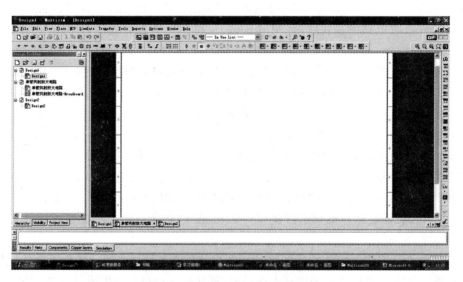

图 5 - 27 Multisim 主窗口页面布局

图 5 - 27 所示的主窗口界面中，最上边是标识栏，该栏左端是 Multisim 软件的图标和电路工作窗口中显示的电路名称，右端是整个主窗口的操作开关。标识栏下面是主菜单栏，单击可打开下拉菜单从中选取各种命令，以便对元器件进行各种处置、电路的连接、仪器的调用和仿真分析等。主菜单栏最右端是电路工作窗口的操作开关。

主菜单栏下面是工具栏，Multisim 提供了多种工具栏，并以层次化的模式加以管理，用户可以通过 View 菜单中的选项方便地将顶层的工具栏打开或关闭，再通过顶层工具栏中的按钮来管理和控制下层工具栏。通过工具栏，用户可以方便地使用软件的各项功能。顶层的工具栏主要有 Standard 工具栏、Design 工具栏、Zoom 工具栏和 Simulation 工具栏。工具栏的右端是仿真开关。

工具栏下方从左到右依次是设计工具盒、电路仿真工作区和虚拟仪器栏。设计工具盒用于操作设计项目中各种类型的文件(如原理图文件、PCB 文件和各种报告等),电路仿真工作区是用户搭建电路的区域,虚拟仪器栏显示了 NI Multisim 11 能够提供的各种仪表。最下方的窗口是电子表格视窗,主要用于快速地显示编辑元件的参数,如封装、参考值、属性和设计约束条件等。

2. 菜单栏

与所有 Windows 应用程序类似,Multisim 11 主菜单中提供了几乎所有的功能命令,共12 项,每个主菜单下都有下拉菜单,有些下拉菜单中含有右侧带有黑三角的菜单项,当鼠标移至该项时,还会打开子菜单。主菜单栏自左至右依次为:File 菜单、Edit 菜单、View 菜单、Place 菜单、MCU 菜单、Simulate 菜单、Transfer 菜单、Tools 菜单、Reports 菜单、Options 菜单、Window 菜单、Help 菜单。

(1) File 菜单

File 菜单用于对 Multisim 11 所创建电路文件的管理,其命令与 Windows 中其他应用软件基本相同,不再赘述。File 菜单的下拉菜单主要包括以下内容:

New:创建新文件。

Open:打开文件。

Open Samples:打开标本文件。

Close:关闭文件。

Close All:关闭所有文件。

Save:保存文件。

Save As:另存为。

Save All:保存所有文件。

Recent Circuits:最近执行的文件。

Recent Projects:最近执行的项目。

New Project:创建新项目。

Open Project:打开项目。

Save Project:保存项目。

Close Project:关闭项目。

Version Control:版本控制。

Print:打印。

Print Preview:打印预览。

Print Options:打印选项。

Exit:退出。

(2) Edit 菜单

Edit 菜单主要用于对电路窗口中的电路或元件做删除、复制或选择等操作。Edit 菜单的下拉菜单主要包括以下内容:

Undo:撤销。

Redo:恢复。

Cut:剪切。

Copy:复制。

Paste：粘贴。

Delete：删除。

Selectall：选择全部。

Delete Multi-Page：多页删除。

Pasteas Subcir-cuit：将电路作为子电路粘贴。

Find：查找。

Graphic Annotation：编辑图形注释。

Order：订购。

Assign to Layer：电路板层分配。

Layer Settings：层设置。

Orientation：方向调整。

Title Block Position：设置标题栏在电路工作区中的位置。

Edit Symbol/Title Block：编辑说明／项目名。

Font：字型。

Comment：注释。

Questions：问题。

Properties：属性。

（3）View 菜单

View 菜单用于电路工作窗口、附属窗口及电子表格的显示和控制。View 菜单的下拉菜单主要包括以下内容：

Full Screen：全屏。

Parentsheet：返回到上一级工作区。

ZoomIn：放大电路窗口。

Zoom Out：缩小电路窗口。

Zoom Area：缩放范围。

Zoom Fitto Page：缩放到整页。

Zoomto Magnification：以一定比例显示页面。

Show Grid：显示网格。

Show Border：显示边框。

Show Print Page Bounds：显示打印时的边界。

Ruler bars：显示标尺栏。

Status Bar：显示状态栏。

Design Toolbox：显示设计工具箱。

Spreadshee tView：电子表查看。

Circuit Description Box：电路描述框。

Toolbars：显示快捷工具栏。

Comment/Probe：注释／探针。

Grapher：显示仿真结果图表。

（4）Palce 菜单

Palce 菜单主要用于电路图创建过程中的各种操作，是 Multisim 中最重要和最常用的菜单之一。Palce 菜单的下拉菜单主要包括以下内容：

　　Component：元件。

　　Junction：连接点。

　　Wire：导线。

　　Ladder Rungs：排线。

　　Bus：总线。

　　Connectors：给子电路或分层模块内部电路添加所需要的连接器。

　　Hierarchical Block From File：调用一个 ＊.mp11 文件，并以子电路的形式放入当前电路。

　　New Hierarchical Block：建立一个新的分层模块，此模块是一个只含有输入输出节点的空白电路。

　　Replace by Hierarchical Block：用一个新的分层模块替换电路窗口中所选电路。

　　New Subcircuit：新子电路。

　　Replace by Subciecuit：用一个子电路替换所选电路。

　　Multi-Page：增加多页电路中的一个电路图。

　　Merge Bus：汇合总线。

　　Bus Vector Connect：总线矢量连接。

　　Comment：注释。

　　Text：文本。

　　Gra-phics：放置直线、折线、长方形、椭圆、圆弧、多边形等图形。

　　Title Block：标题栏。

　　New PLD Subcircuit：创建一个新的 PLD 子电路。

　　New PLD Hierarchical Block：创建一个新的 PLD 分层模块。

　　(5) MCU 菜单

　　MCU 菜单主要提供 MCU 调试的各种命令。MCU 菜单的下拉菜单主要包括以下内容：

　　No Component MCU：尚未创建 MCU 器件。

　　Debug View Format：调试格式。

　　MCU Windows：显示 MCU 各种信息窗口。

　　Show Line Numbers：显示线路数目。

　　Pause：暂停。

　　StepInto：进入。

　　Step Over：跨过。

　　Step Out：离开。

　　Runto Cursor：运行到指针。

　　Toggle Breakpoint：设置断点。

　　Remove All Breakpoints：取消所有断点。

　　(6) Simulate 菜单

　　Simulate 菜单主要用于仿真仪器的添加、仿真类型的选择和控制等，也是 Multisim 中最重要和最常用的菜单项之一。Simulate 菜单的下拉菜单主要包括以下内容：

Run：运行当前电路的仿真。

Pause：暂停当前电路的仿真。

Instruments：在当前窗口中放置仪表。

Interactive Simulation Settings：仿真参数设置。

Mixed-Mode Simulation Settings：混合模式仿真参数设置。

NIEIVIS II Simulation Settings：NIEIVISII 仿真参数设置。

Digital Simulation Settings：数字仿真设置。

Analyses(分析)、Postprocessor：对电路分析进行后处理。

Simulation Error Log/Audit Trail：仿真错误记录／审计跟踪。

XSpice Command Line Interface：显示 XIPICE 命令行窗口。

Load Simulation Settings：加载仿真设置。

Save Simulation Settings：保存仿真设置。

Auto Fault Option：自动过错选项。

VHDL Simulation：VHDL 仿真。

Dynamic Probe Properties：动态探针属性。

Reverse Probe Direction：探针方向反向。

Clear Instrument Data：清除仪表数据。

Global Component Tolerances：使用元件容差值。

（7）Transfer 菜单

Transfer 菜单用于将 NI Multisim 11 的电路文件或仿真结果输出到其他应用软件。其下拉菜单主要包括以下内容：

Transfer to Ultiboard：转换到 Ultiboard 11.0 或低版本的 Ultiboard。

Forward Annotateto Ultiboard：将 NI Multisim 11 中电路元件注释的变动传送到 Ultiboard 11.0 或低版本的 Ultiboard 的电路文件中，使 PCB 板的元件注释也做相应的变动。

Backannotate from File：将 Ultiboard 11.0 中电路元件注释的变动传送到 Multisim 11.0 的电路文件中，使电路图中元件的注释也做相应的变动。

Export to other PCB Layout File：产生其他印刷电路板设计软件的网表文件。

Export Netlist：输出网表文件。

Highlight Selection in Ultiboard：对所选择的元件在 Ultiboard 电路中以高亮度显示。

（8）Tools 菜单

Tools 菜单用于编辑或管理元件库或元件。下拉菜单主要包括以下内容：

Component Wizard：创建元件向导。

Database：元件库。

Circuit Wizard：创建电路向导。

SPICENetlist Viewer：对 SPICE 网表视窗中的网表文件进行保存、选择、复制、打印、再次产生等操作。

Rename/Renumber Components：元件重命名或重编号。

Replace Components：替换元件。

Update Circuit Circuit：更新电路元件。

Update HB/SCSymbol：在含有子电路的电路中，随着子电路的变化改变 HB/SC 连接器的标号。

Electrical Rulers Check：电气特性规则检查。

Clear ERC Markers：清除 ERC 标志。

Toggle NC Marker：绑定 NC 标志。

Symbol Editor：符号编辑器。

Title Block Editor：标题栏编辑器。

Description Box Editor：描述框编辑器。

Capture Screen Area：捕获屏幕区域。

Show Breadboard：显示虚拟面包板。

Online Design Resourse：在线设计资源。

Education Web Page：教育网页。

（9）Reports 菜单

Reports 菜单用于产生当前电路的各种报告。下拉菜单主要包括以下内容：

Bill of Materials：产生当前电路的元器件清单文件。

Component Detail Report：产生特定元件存储在数据库中的所有信息。

Netlist Report：产生含有元件连接信息的网表文件。

Cross Reference Report：元件交叉对照表。

Schematic Statistics：电路图元件统计表。

Spare Gates Report：空闲门统计报告。

（10）Options 菜单

Options 菜单用于定制电路的界面和某些功能的设置。下拉菜单主要包括以下内容：

Global Preferences：全局参数设置。

Sheet Properties：电路工作区属性设置。

Global Restrictions：利用口令，对其他用户设置某些电功能的全局限制。

Circuit Restrictions：利用口令，对其他用户设置特定电路功能的全局限制。

Simplified Version：简化版本。

Lock Toolbars：锁定工具栏。

Customize User Interface：对 Multisim 11 用户界面进行个性化设置。

（11）Window 菜单

Window 菜单用于控制 Multisim 11 窗口的显示，并列出所有被打开的文件。下拉菜单主要包括以下内容：

New Window：新开窗口。

Close：关闭窗口。

Close All：关闭所有窗口。

Cascade：电路窗口层叠。

Title Horizontal：窗口水平排列。

Title Vertical：窗口垂直排列。

Next Window：下一个窗口。

Previous Window：前一个窗口。

（12）Help 菜单

Help 菜单为用户提供在线技术帮助和使用指导。下拉菜单主要包括以下内容：

Multisim Help：Multisim 11 的帮助文档。

Component Reference：元件帮助文档。

NI ELVISmx4.0 Help：NI ELVIS 的帮助文档。

Find Examples：查找范例。用户可以使用关键词或按主题快速、方便地浏览和定位范例文件。

Patents：专利说明。

Release Notes：版本说明。

File Information：文件信息。

About Multisim 11：有关 NI Multisim 11 的说明。

3. 工具栏

NI Multisim 11 的工具栏很多，如图 5-28 所示。使用时可以像 Windows 工具栏一样，把常用的勾选，直接显示在屏幕上。常用的有 Standard、View、Main、Components、Instruments、Ladderdiagram、Design Toolbox、Spreadsheet View 几项。下面列举 5 个比较重要的工具栏简要说明一下。

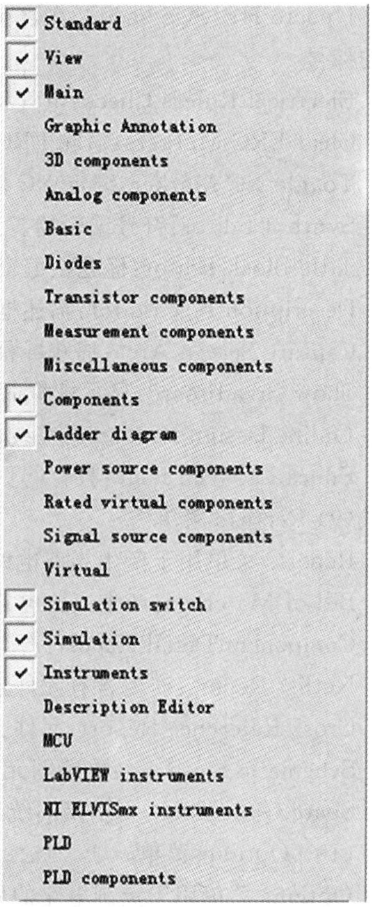

（1）Standard 工具栏

Standard 工具栏如图 5-29 所示，包括 Design、Open、Opensamples、save、Printdirect、Printpreview、cut、Copy、Paste、Undo、Redo 等 11 项。

（2）View 工具栏

图 5-28　NI Multisim 11 工具栏

View 工具栏如图 5-30 所示，包括 Zoomin、Zoomout、Zoomarea、Zoomsheet、Fullscreen 5 项。NI Multisim 11 的缩放非常简单，可以直接通过滚动鼠标来实现自由缩放。

图 5-29　Standard 工具栏 　　　　　　　　　图 5-30　View 工具栏

（3）Main 工具栏

Main 工具栏如图 5-31 所示，包括 Design Toolbox、SpreadsheetView、SPICE Netlist Viewer、View Breadboard、Grapher、Postprocessor、Parentsheet、componertwizard、Database manager、In Use List、Electrical rules check、Backannotate from file、Forward annotate to Ultiboard、Find examples、Education website、Multisim help 16 项。

图 5-31　Main 工具栏

（4）Components 工具栏

Components 工具栏如图 5 - 32 所示，包括 Place Source、Place Basic、Place Diode、Place Transistor、Place Analog、Place TTL、Place CMOS、Place Misc Digital、Place Mixed、Place Indicator、Place Power Component、PlaceMisc、Place Advanced Peripherals、Place RF、Place Electromechanical、Place NI Component、Place Connector、Place MCU、Place Misc、Hierarchical block from file、Bus 19 项。提供了丰富的元件库，用鼠标单击元件库栏的某一个图标即可打开该元件库提取所需要的元件。元件分为实际元件和虚拟元件，在考虑实际情况调试电路时，一般选择实际元件；在原理分析或验证的情况下，使用虚拟元件更具有普遍性。虚拟元件的参数通常都是理想的，可以根据需要对某些参数予以调整。

图 5 - 32　Components 工具栏

图 5 - 33　Instruments 工具栏

（5）Instruments 工具栏

Instruments 工具栏如图 5 - 33 所示，包括 Multimeter、Function Generator、Wattmeter、Oscilloscope、Fourchannel Oscilloscope、Bode Plotter、Frequency counter、Word Generator、Logic Converter、Logic Analyzer、IV Analyzer、Distortion Analyzer、Spectrum Analyzer、Network Analyzer、Agilent function Generator、Agilent multimeter、Agilent oscilloscope、Tektronix oscilloscope、Measurement probe、LabVIEW Instruments 21 项。使用时，必须将这些仪器并联于被测节点或串联于被测回路。特别要指出的是：安捷伦公司（Agilent）和泰克公司（Tektronix）仪器，其面板布局和使用方法与真实仪器基本一样，功能强大，充分利用这些仪器，就好比拥有了一个真实的实验室。另外，LabVIEW 仪器和测量探针使用起来也是极其方便。

5.4.3　电路仿真设计及实例

1. 电路仿真设计方法与步骤

使用 Multisim 软件进行电路仿真设计与分析的基本步骤如下：

（1）首先新建一个电路原理图文件，放置元器件并且编辑参数，进行错误检查，最后保存原理图文件。

（2）根据需要，放置相关虚拟仪器，进行参数设置与电路连接，或放置探针。

（3）点击仿真运行（RUN）按钮，观看仿真结果与图表，并进行特性分析。

2. 仿真实例

1）单管共射放大电路

下面以一个单管放大电路为例，来分析其工作特性。首先分析其直流工作点，再分析其电压放大倍数和输入电阻、输出电阻。

（1）新建设计及原理图文件，调取所需元器件，放置并编辑参数，进行电气规则检查，保存原理图文件,如图 5 - 34 所示。

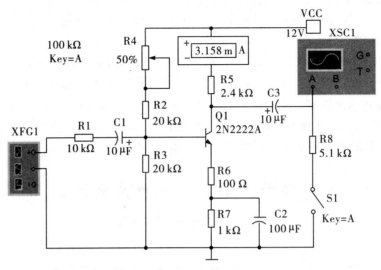

图 5 - 34   单管共射放大电路

(2) 在 Options 菜单下选择 Sheet properties 选项,把 Sheet visibility 选项卡中 Net names 项中的 Show all 选中,使电路节点显示在电路图中。然后选择菜单 Simulate 下 Analysis 选项中的 DC operating point 对电路进行直流工作点分析。注意分析前要首先选择 所需分析的节点。

(3) 用电压表和电流表或电压电流探针测量静态工作点,观察静态工作点 Q 和输入信号 幅度对输出信号的影响(用示波器观察)。

(4) 选择菜单 Simulate 下 Analysis 选项中的 Distortion analysis 对电路输出进行失真 分析。

(5) 用频谱分析仪观察失真及不失真的输出信号。

(6) 用失真分析仪对电路输出进行失真分析。

(7) 测量电路电压放大倍数。

(8) 测量电路输入电阻。

(9) 测量电路输出电阻。

(10) 选择菜单 Simulate 下 Analysis 选项中的 AC analysis 对电路进行交流分析。

(11) 用扫频仪测量电路幅频特性曲线,找出上限频率和下限频率,计算通频带。

(12) 选择菜单 Simulate 下 Analysis 选项中的 Noise analysis 对电路进行噪声分析。

2) 60 进制计数器

(1) 新建设计及原理图文件,调取所需集成电路和显示器,进行电气规则检查,保存原 理图文件,如图 5 - 35 所示。

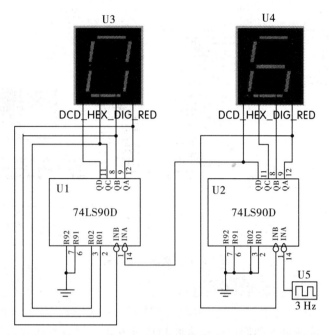

图 5-35　60 进制计数器

（2）点击 Place Indicator，选择 PROBE，用 PROBE_DIG_RED 来检测进位线上电平的高低。

（3）用逻辑分析仪观察脉冲源和 U1、U2 输出的波形图，观察它们的时序关系。

3）交通灯

（1）编写交通灯程序，可以用汇编语言也可以用 C 语言编写，还可以在 Keil 等环境下编写汇编和 C 源程序，然后生成 Hex 文件。

（2）新建设计及原理图文件，调取所需的元件、集成电路、单片机和显示器。搭建电路时，当将单片机 U2 放入电路图中时，会出现 MCU 向导。第一步，分别输入工作区路径和工作区名称。第二步，在项目类型（Project type）的下拉框中有两个选项：标准（Standard）和加载外部 Hex 文件（Load External Hex File），你可以在 Keil 等环境下编写汇编和 C 源程序，然后生成 Hex 文件，再通过"加载外部 Hex 文件"导入。如果选择标准（Standard），接着在"编程语言"（Programming language）下拉框里会有两个选项：C 和汇编，如果选择 C，则在汇编器／编译器工具（Assembler/Compiler tool）下拉框中会出现 Hi-TechC51-Lite compiler，如果选择汇编（Assembly），则出现 8051/8052 Metalink assembler。接下来在项目名称（Project name）里输入名称。第三步，对话框里有两个选项：创建空项目（Create empty project）和添加源文件（Add source file）。选择添加源文件，点击完成。保存文件，然后查看"设计工具箱"（Design Toolbox），应出现所加载的文件。然后连接整个电路，保存原理图文件，如图 5-36 所示。

（3）双击 Trafficlights.asm，把编写好的程序复制进来，然后编译通过。回到电路图窗口，点击工具栏中的运行按钮，观看运行结果。

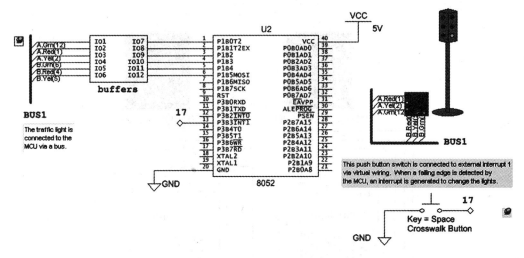

图 5-36 交通灯电路图

（4）运行程序并用示波器观察复位过程。

（5）调试程序。选择菜单 MCU → MCU 8051 U2 → Debug View，可以看到上面的工具栏里有各种跟 Keil 等环境下相同的调试方式和显示方式。可以直接运行也可以设置断点，可以查看特殊函数寄存器（SFR），也可以查看内部 RAM（IRAM）、内部 ROM（IROM）和外部 RAM（XRAM）中的内容。

习题 5

5-1 虚拟仪器的特点有哪些？

5-2 创建虚拟仪器的过程可分为哪几个步骤？

5-3 数据采集设备的主要技术指标有哪些？ 每个指标的含义是什么？

5-4 什么是电路仿真技术？ 目前常用的仿真软件有哪些？

5-5 Multisim 11 有哪些元件库？ 有几种虚拟仪器？ 提供的仿真分析方法有哪些？

5-6 使用函数信号发生器产生峰峰值 5 V、频率 2 MHz、占空比为 50% 的三角波信号，并用示波器观察其波形，用频谱分析仪分析其频谱。

5-7 试将数字信号发生器设置成递增编码方式。在 0000 H～0300 H 范围内循环输出，频率为 1 kHz。

5-8 用逻辑转化仪将下列逻辑函数表达式转换成真值表和"与非"门电路。

(1) $Y = ABCD + \overline{AB}C\overline{D} + \overline{B}CD$；

(2) $Y = A\,\overline{BC} + \overline{A}B\overline{C} + AB\overline{C}$；

(3) $Y = \overline{\overline{AB} + \overline{BC}} + AC$；

(4) $Y(A,B,C,D) = \overline{A}B\overline{CD} + A\overline{BCD} + \overline{ABC} + \overline{A}\,\overline{B}\,\overline{C}D + A\overline{B}CD$。

5-9 如何建立层次电路框图和多页电路原理图？

5-10 如何为 Multisim 11 软件中的 MCU 加载程序？ 如何对含有 MCU 的电路进行软硬件调试？

学习情境 6　智能仪器与智能测控技术

智能仪器(Intelligent Instrument)通常是指含有微型计算机或微处理器的测量控制仪器,由于它拥有对信号数据的存储、运算、逻辑判断及自动化操作等功能,具有一定的智能作用(表现为智能的延伸或加强),故被称为智能仪器。

智能仪器的出现使仪器的设计进入一个新的阶段,因为在智能仪器中通过采用微处理器,许多原来要由硬件电路实现的功能现在可以用软件来实现,再加上集成电路技术的发展,使得智能仪器的结构变得更为简单,功能变得更为强大,仪器的测量范围与测量精度也有了很大的提高。

本学习情境将借助项目 7—— 智能化真有效值数字电压表的设计,来学习智能仪器和智能测控技术的基础知识。

项目 7　智能化真有效值数字电压表的设计

教学导航

本项目需要读者对单片机系统的原理及其扩展接口电路原理有一定的理解。首先需要查阅资料,读懂 51 单片机的工作原理,明确其基本参数和性能,会设计或读懂量程自动转换基本电路、仪表故障自检和数据处理等功能电路,然后安装、连接并调试电路,测量电压表的准确度。

智能化真有效值数字电压表以 MCS-51 单片机为核心,能够测量任意波形信号的真有效值。它具有键控或定时自动校准、手动或自动量程转换、仪表故障自检、测量数据存储等功能,还能对测量数据进行平均值、最大值、最小值、相对误差等运算处理,全部功能采用键盘控制,非常方便。在完成项目 7 的过程中,我们需要掌握以下知识,训练以下技能和职业素养,见表 6-1。

表 6 - 1

类　别	目　标
知识点	1. MCS - 51 单片机的工作原理和接口电路设计； 2. 智能仪器量程自动转换和误差校正电路设计； 3. 仪表故障自检电路分析
技能点	1. 熟练使用指针、数字电压电流表或万用表； 2. 学会仪表故障自检电路、A/D 转换电路、人机接口等功能电路的分析与调试； 3. 掌握智能仪表设计的基本步骤
职业素养	1. 学生的沟通能力及团队协作精神； 2. 细心、耐心等学习工作习惯及态度； 3. 良好的职业道德； 4. 质量、成本、安全、环保意识

项目内容与评价

1. 项目电路原理

智能化真有效值数字电压表是标准的单机型智能仪器，其结构框图如图 6 - 1 所示，由输入处理电路、有效值 / 直流变换电路、A/D 转换电路、人机界面及微机系统构成。

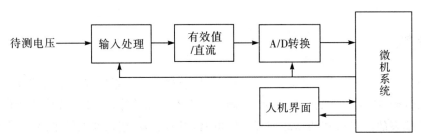

图 6 - 1　数字电压表的结构框图

（1）输入处理电路

输入电路的作用是将不同量程的被测电压规范到 A/D 转换器所要求的电压值。该数字电压表的输入处理电路原理图如图 6 - 2 所示。由输入衰减器、前置放大器、量程转换控制及自动校准切换等电路组成，MCS - 51 单片机通过接口芯片 8155 对输入电路进行控制。

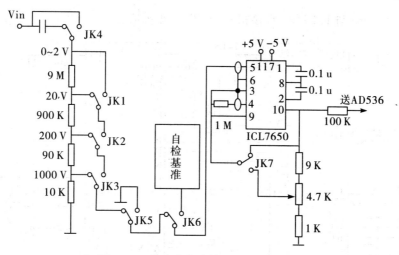

图 6 - 2　数字电压表的输入处理电路

（2）真有效值／直流转换器

前置放大器 ICL7650 的输出信号为直流或任意波形的交流信号，但 A/D 转换芯片只能把直流电压转换成数字信号，所以电路中采用美国 AD 公司的真有效值／直流值转换集成芯片 AD536A 作为转换器。该芯片可直接计算包含交流和直流成分的任何复杂输入波形的真均方根值，从而实现真有效值的转换。如图 6 - 3 所示。

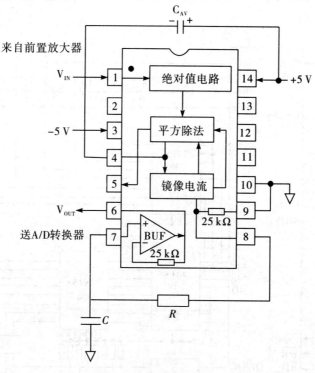

图 6 - 3　AD536A 电路

（3）A/D 转换电路与人机界面

A/D 转换器采用 4 位高精度的双积分集成 ADC 芯片 ICL7135，在这里，它把 AD536A 送来的信号转换成数字信号送给 MCS - 51 单片机进行处理，在微机系统中采用了扩展输入／

输出端口芯片 8155 与 ICL7135 直接相连,如图 6-4 所示。

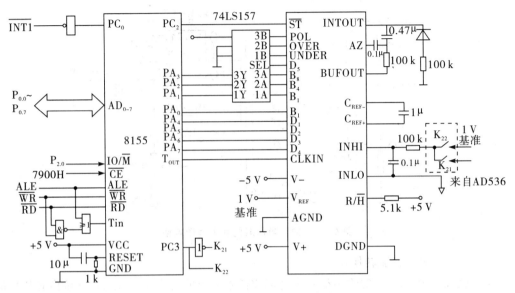

图 6-4 A/D 转换器接口电路

人机界面如图 6-5 所示,采用 8279 芯片组成键盘、显示器接口电路。这种电路由 8279 完成对键盘及显示器的管理,可减少占用 CPU 的时间,从而使单片机能有更多的时间进行数据处理及其他的工作。

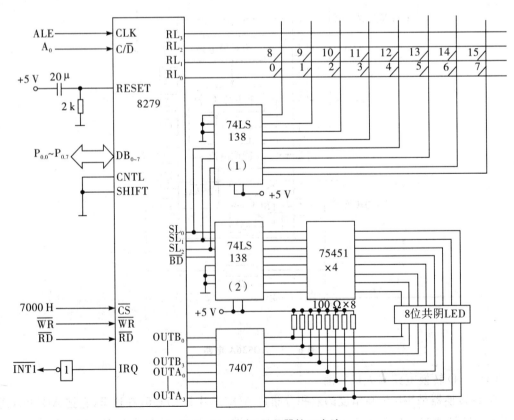

图 6-5 键盘、显示器接口电路

8279 与单片机采用中断输入方式进行通信,当有键被按下时,8279 的 IRQ 端产生中断请求信号,单片机响应中断后,读取 8279 的 FIFO 中的键码值。

（4）微机系统

智能化数字电压表采用 MCS-51 单片机构成其专用单片机系统,如图 6-6 所示。各存储器和 I/O 的地址如下:

EPROM 2764(共 8 K(字节)):0000H～1FFFH。

RAM 6264(共 8 K(字节)):4000H～5FFFH。

8155 的命令口 C 口地址:7900H～7903H。

8155 的定时器地址:7904H(低),7905H(高)。

8155 的 RAM 地址:7800H～78FFH。

8279 的数据口地址:7000H。

8279 的命令口地址:7001H。

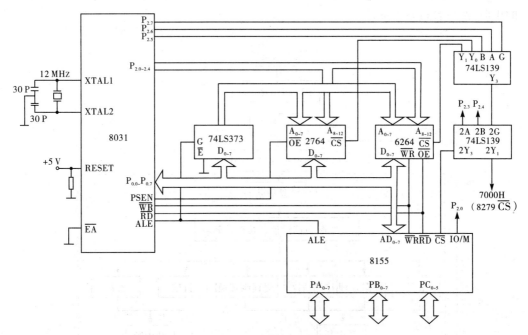

图 6-6　微机系统电路

（5）系统监控程序

智能仪器的监控程序是用来管理整个仪器工作的,又称管理程序。智能化真有效值数字电压表的全部功能都是在硬件的支持下,由监控程序来实现的。本设计中数字电压表有两种测量方式,即自动测量方式和定次数测量方式。

自动测量方式下,测量标志位清零(默认),测量数据存放在环形数据区并进行平均值、最大值、最小值实时数据处理,当测量次数为 100 时,测量数据重新从数据区的首地址开始存入,这是一种软件控制的环形存储器。

定次数测量方式下,测量标志位置 1,预置测量次数存入内存单元,按测量启动键后,测量启动信息位置 1,测量单元全部清零。然后进入测量主程序进行测量,当测量次数等于预置测量次数时,测量启动信息位清零,此时仪表仍继续进行测量,但测量的数据不再保存(这里也可以设计成仪表不再进行测量)。

智能化真有效值数字电压表的监控程序由整机初始化程序、测量主程序和键盘控制程序三部分组成,其中键盘控制程序由键盘中断启动,整个程序采用模块化设计,其总体流程图如图 6-7 所示。

当数字万用表接通电源或复位后,立即进入整机初始化程序模块。在这个程序模块中,完成设置栈底,信息存储器全部清零,预置键盘接口、ADC 接口中 8279 和 8155 的工作方式,自校计数器置初值,平均值、最大值、最小值储存单元置初值,建立初始测量状态为 1000 V 自动量程等动作,并对仪表的主要部件进行开机自检,测取零位和增益校准参数。

进入测量主程序模块,首先调用测量程序,在约定的输入数据存储器中得到测量结果的十进制数据。然后调用自校准程序,消除放大器和模/数转换器的零点漂移和增益不稳定的影响。当键盘设置为自动量程时,测量程序调用自动量程选择子程序,自动完成升量程或降量程的操作,然后根据不同的测量方式将测量结果存入数据区并进行相应的数据处理。

自检子程序采用开机自检和键控自检两种方法。自检子程序首先关闭 ADC 与键盘接口的中断,然后自检各个部件。

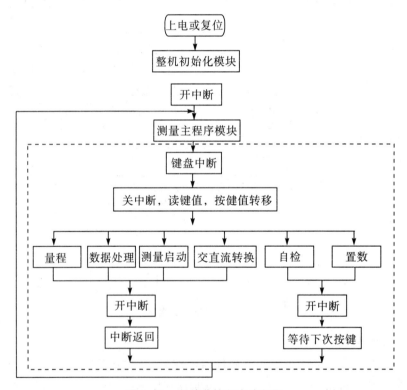

图 6-7 系统监控程序流程图

2. 项目电路的制作与调试

(1)先用 Multisim 或其他仿真软件仿真电路,调试成功。

(2)绘制 PCB 板图,制作 PCB 板。

(3)通过仿真软件导出材料清单,准备材料。

(4)检测元件好坏,焊上所有元件。

(5)下载程序代码,调试电路。

3. 扩展讨论

智能化真有效值数字电压表是测量交直流电压信号的典型智能仪器系统,根据需要还可以对该系统进行扩展,例如:

(1) 增加通信接口,使之可以与个人微机进行通信,把测量的数据传输给个人微机,便于进一步处理与保存。

(2) 通过在输入端接入不同传感器,把各种物理量转换成交直流电压信号并进行测量处理,可以扩展其使用范围。

(3) 通过在输入端口加程控多路模拟开关切换,可以扩展成多路测量的智能仪器。

4. 编写项目报告

(1) 班级、姓名、学号、同组人(两人一组)、地点、时间。

(2) 项目名称、目的、要求。

(3) 设备、仪器、材料和工具。

(4) 电路原理分析。

(5) 方法及步骤。

(6) 数据记录及处理、结果分析。

(7) 心得体会。

5. 任务评价

任务评价详见 6 - 2。

表 6 - 2

序号	考评点	分值	考核方式	评价标准		
				优秀	良好	及格
一	根据材料清单识别元器件,识读电路图	35	教师评价(50%)+互评(50%)	能正确选择合适的 CPU 和输入、输出处理电路模块,选择合适的 ADC 和 DAC 模块;熟练识读原理图;能整体把握设计结构和思路	能正确选择合适的 CPU 和输入、输出处理电路模块,选择合适的 ADC 和 DAC 模块;熟练识读原理图	能正确选择合适的 CPU 和输入、输出处理电路模块,选择合适的 ADC 和 DAC 模块
二	电路的安装与调试;相关仪器仪表(数字电压电流表、万用表、逻辑笔、稳压电源等)的使用	35	教师评价(50%)+互评(50%)	熟练正确装配和调试各模块;完成项目测试内容;线路美观、规范,电路性能稳定;根据原理图排除故障;掌握整个电路的调试与测量方法;能指导他人完成实践操作	正确装配和调试各模块;完成项目测试内容;按时完成任务;线路基本美观、规范,电路性能稳定;根据原理图排除故障;掌握整个电路的调试与测量方法	基本能够装配与调试出电路;线路不够美观可靠,但能完成任务

续表

序号	考评点	分值	考核方式	评价标准		
				优秀	良好	及格
三	项目总结报告	10	教师评价（100%）	格式符合标准,内容完整,有详细过程记录和分析,并能提出一些新的建议	格式符合标准,内容完整,有一定过程记录和分析	格式符合标准,内容较完整,有一定过程记录和分析
四	职业素养	20	教师评价（30%）＋自评（20%）＋互评（50%）	安全、文明工作,具有良好的职业操守;学习积极性高,虚心好学;具有良好的团队协作精神;思路清晰、有条理,能圆满回答教师与同学提出的问题	安全、文明工作,职业操守较好;学习积极性较高;具有较好的团队协作精神,能帮助小组其他成员;能部分回答教师与同学提出的问题	没有出现违纪违规现象;没有厌学现象,能基本跟上学习进度;无重大失误,不能回答提问

背景知识

6.1 智能仪器与自动测量技术的发展

智能仪器(Intelligent Instrument)通常是指含有微型计算机或微处理器的测量控制仪器,由于它拥有对信号数据的存储、运算、逻辑判断及自动化操作等功能,具有一定的智能的作用(表现为智能的延伸或加强),故被称为智能仪器。

智能仪器系统的结构比较多,其中单机型智能仪器的结构框图如图6-8所示。单机型智能仪器由检测元件(传感器)、信号输入接口电路、微机系统、人机界面接口、信号输出接口电路5个模块组成,其中微机系统是智能仪器的核心。

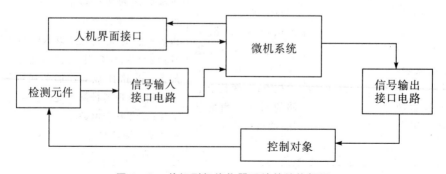

图6-8 单机型智能仪器系统的结构框图

随着集成电路技术的飞速发展,具有各种处理功能的集成电路体积越来越小,功能越来越强,包含了微机系统的智能仪器仪表的体积也可以做得很小,所以有些书上提出的智能仪表甚至智能传感器也可以有很强的数据处理功能,在此我们不再加以区分,统一称为智能仪器仪表或简称为智能仪器。

涉及自动化生产工业时,把智能定义成自动化生产过程中一种闭环控制的仪器结合输入信号及存储的记忆而出现的判断控制能力。相应地就把智能仪器做如下分类:

(1) 聪明类:电子、传感、测量。

(2) 初级智能:计算机,信号与处理。

(3) 模型化:系统辨识,模式识别。

(4) 高级智能:人工智能。

智能仪器从结构上来看,主要可分成三大类:

(1) 单机型智能仪器。这类智能仪器通常为某种测量目的而设计,硬件与软件都是根据待测量、测控要求、性能指标来设计,针对性比较强,其人机界面比较简单,输入按键比较少,输出采用数码管显示器或液晶显示器,体积小,测试精度高,可靠性高,一般还有符合某些协议的通信接口,应用十分广泛。智能仪器狭义上通常就是指这种单机型智能仪器。

(2) 个人计算机仪器。广义上,任何一台个人计算机附加上测量控制的外部设备都可以看成是一台智能仪器,可称为微机卡式仪器(PCI_personal Computer Instrument)(亦称个人计算机仪器),其一般结构框图如图 6-9 所示。

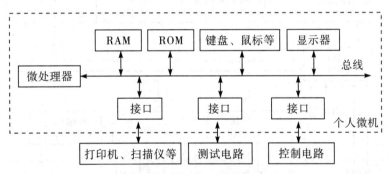

图 6-9　个人计算机仪器结构框图

(3) 智能仪器测控系统(又称网络仪器)。在自动化工业过程中,往往对整个生产过程都要进行监控,在对机电产品测试中,也往往要对多种变量进行测试,综合分析测试结果,因此用大量智能仪器仪表(传感器)构成智能仪器系统也已经在很多场合得到了应用。

以微机为核心的智能仪器具有明显的特点,主要包括:

(1) 微处理器的引入使许多原来用硬件电路难以解决或根本无法解决的问题,由于利用软件而获得较好的解决。

(2) 智能仪器可以通过数据处理进行自动校正非线性补偿、数字滤波等,修正和克服了由各种传感器、变换器、放大器等引进的误差和干扰,从而提高了仪器的精度和其他性能。

(3) 智能仪器一般都具有很高的自动化水平。

(4) 微机系统都具有通信的功能,通过相关的协议,智能仪器很容易与其他计算机系统通信,也可以用很多智能仪器构成自动测控系统。

(5) 智能仪器采用微处理器,从而可以用软件代替许多硬件电路的工作,这样,仪器可以简化结构、减小体积、降低成本和提高可靠性。

（6）智能仪器通常都具有自测试和自诊断功能。

智能仪器是计算机技术与测试技术相结合的产物，因此智能仪器的发展也是由计算机技术、测试技术的发展速度决定的。

6.2 智能仪器的结构

6.2.1 智能仪器中的微机系统

智能仪器的主要特征就是仪器与微机系统的结合，这种结合主要采取的方式有两大类：一类是利用 PC 机加上专用的外围测控设备，另一类则是采用嵌入式的单片机构成专用的智能仪器。

智能仪器中所选用的单片机往往对仪器的智能程度起到决定性的作用。

Intel 公司的 MCS-51 系列到目前为止在我国仍是应用最为广泛的 8 位单片机系列，其中的 8051 单片机的组成框图如图 6-10 所示。

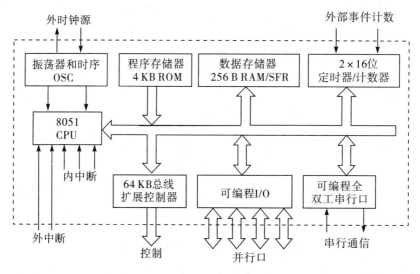

图 6-10 8051 单片机的基本组成

MCS-51 的内部数据存储器共有 256 个（字节）单元，地址为 00H～FFH。其中地址为 00H～7FH 的前 128 个单元，用于存放可读写的数据，而地址为 80H～FFH 的后 128 个单元被专用寄存器占用，不能供用户使用。

8051 内部共有 4 KB 的掩膜 ROM，用于存放程序、原始数据或表格。8751 内部共有 4 KB 的 EPROM，用户可以将程序固化在 EPROM 之中。8951 内部共有 4 KB 的 E2PROM，E2PROM 是可以多次写入擦除的芯片，用户可以通过开发机把程序固化在 E2PROM 之中。8031 内部没有 ROM，但外接一片 EPROM 就相当于 8051。

8051 内部共有两个 16 位的定时器 / 计数器 T0、T1，每个定时 / 计数器都可以设置成定时或计数方式，并以其定时或计数结果实现对计算机的控制。

MCS-51 共有四个 8 位并行 I/O 口（P0、P1、P2、P3），用来实现数据的并行输入或输出，且每个口可以用作输入,也可以用作输出;一个全双工 URAT(通用异步接收发送器)串行 I/O 口,可以实现单片机和其他设备之间的串行通信。

MCS - 51 单片机的中断功能较强。8051 共有 5 个中断源,每个中断又分为高级和低级两个优先级。片外中断 2 个;片内定时器／计数器中断 2 个;片内串行中断 1 个。

8051 内部有为单片机产生时钟脉冲序列的时钟电路,但其石英晶体和微调电容需外接。系统允许的最高晶体振荡频率为 12 MHz。

8051 单片机功能方块图如图 6 - 11 所示。单片机内部最核心的部分是 CPU,它是单片机的心脏。CPU 的主要功能是产生各种控制信号,控制存储器、输入输出端口的数据传送,数据的算术运算以及位操作处理等。

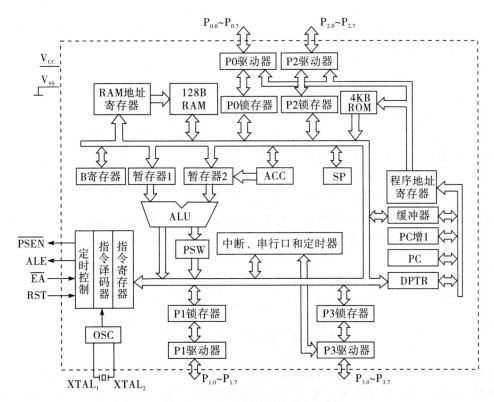

图 6 - 11　8051 单片机功能方块图

6.2.2　信号输入处理电路

在智能仪器中,为了用微处理器处理输入信号,要对输入信号进行预处理。

1. 数字信号的输入与处理

开关量信号是智能仪器常需处理的最基本的输入输出信号,这类信号包括:指示灯的亮和灭,断电器或接触器的吸合与释放,马达的启动与停止,可控硅的通和断,阀门的打开和关闭等。这类信号的最大特点是只需要判断开和关、有电流输入或无电流输入或者高低电平两种状态。

最简单的拨换开关电路中开关的闭合与断开的输入信号波形如图 6 - 12 所示,当开关合上时,$U = 0$ V(接地);当开关断开时,$U = 5$ V。

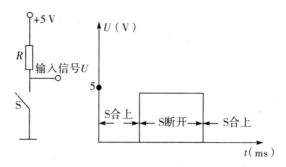

图 6 - 12　　开关量的输入

数字式传感器直接输出的频率信号,积累式仪表如电量计、流量计的变送器输出的频率信号都是常见的脉冲输入信号。普通传感器、测速发电机等模拟传感器输出的模拟信号经压频转换器变换后也成为脉冲信号。

测量主要方法有测频法和测周法。

测频法是按照频率的定义对信号的频率进行测量。测周法是用一个标准的高频信号 f_s 作为计数器的读数对象,测量输入信号的一个周期 T,然后得到信号的频率。

若标准信号频率 f_s 已确定,则被测信号的频率 f 越低(即周期 T 越长),测量精度越高,因此,测周法测量信号频率时,适用于信号频率较低的场合。测频法适合于信号频率较高的场合。

实际的待测信号的形状、幅度往往是未知的,并可能还夹带着一定的噪声,如果输入信号不是标准的脉冲信号,则需要进行预处理,通常称为输入通道处理。输入通道一般由调整电路、放大整形电路组成。如图 6 - 13 所示。

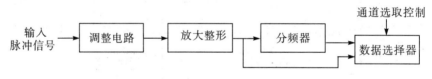

图 6 - 13　　脉冲信号输入处理框图

调整电路一般由阻抗变换器、衰减器、保护电路构成,其作用是限制输入信号的幅度,并提高输入阻抗。放大整形电路一般采用施密特触发器,把输入信号转换成符合计数器输入标准的矩形脉冲信号。

2. 模拟信号的输入与处理

很多仪表(传感器)传送的电信号是模拟信号,反映了待测信号随时间连续变化的关系,为了将这个电信号输入到微机中进行实时处理,需要对输入信号进行分析处理,图 6 - 14 为单通道测量数据采集系统的框图。

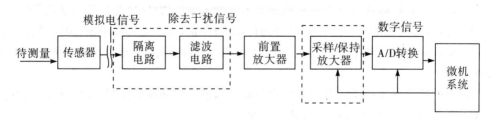

图 6 - 14　　单通道测量数据采集系统的框图

6.2.3　信号的输出处理电路

微机系统输出驱动接口电路,根据所接收的控制信号的不同,输出设备有可以用数字信号控制输出和需要用模拟信号控制输出之分,且在自动化测控系统中很多执行部件需要用模拟信号控制,因此需要考虑把数字信号转换成模拟信号的数／模转换电路及其与微机系统的接口。

1. 数字信号的输出与处理

有一类设备只需要输入高电平或低电平就可以进行控制,例如发光二极管 LED、液晶显示器、单速的电动机(通常用继电器控制接通(转动)或断开(停止))、报警器等,我们把它称为开关量输出设备。常用的开关量驱动电路如图 6‑15 所示。

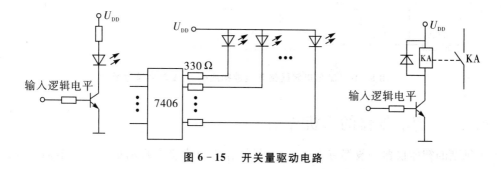

图 6‑15　开关量驱动电路

输出接口电路的功率驱动是通过先驱动一个功率开关型接口器件,而其输出功率能满足驱动执行机构所需功率的方法来实现的。最常用的开关功率驱动接口电路是采用继电器控制。

脉冲宽度调制(Pulse‑Width Modulation,简称 PWM)通常是指根据需要,调节输出脉冲方波的占空比,以此来驱动功率器件、高频变压器、整流、滤波等电路,从而得到稳定的直流输出电压来驱动大功率的设备。在工业自动化控制中 PWM 技术的应用十分广泛。

产生 PWM 控制信号的方法主要有两种:一种是用硬件产生 PWM 控制信号。随着开关电源的发展和半导体集成技术的发展,集成的 PWM 芯片种类越来越多,如 TL494A、SG3524、SG3525A、SD3842A 等,性能也有很大的提高。另一种是用软件方法输出 PWM 控制信号。在智能仪器中通常采用软件实现 PWM 控制信号输出,可以节省硬件开销,且便于系统控制。

2. 模拟信号的输出与处理

当输出负载需要采用模拟信号驱动时,就需要添加数模转换器模块。数模转换器常简写成 D/A 转换器或 DAC(Digital Analog Converter),主要用于将 n 位二进制的数字信号转换为模拟信号,它是数字电子计算机、数字通信及其他一些数字系统重要的接口电路。

D/A 转换器的工作原理图如图 6‑16 所示。由 R 和 $2R$ 两种阻值的电阻组成译码网络,称为 T 形电阻网络,用输入数字量来控制各个开关,从网络(电路)的任一节点无论是向左看还是向右看,其等效电阻都是等于 $2R$。

运放的输入电流为

$$I = \frac{V_{\mathrm{REF}}}{R}\left(\frac{D_0}{2^n} + \frac{D_1}{2^{n-1}} + \cdots + \frac{D_{n-1}}{2^1}\right)$$

运放的输出端电压为

$$V_0 = -IR$$
$$= -\frac{V_{REF}}{2^n}(D_0 + 2^1 D_1 + \cdots + 2^{n-1} D_{n-1})$$

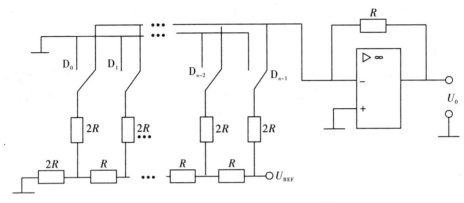

图 6 - 16　T 形电阻网络与运放构成的 D/A 转换原理图

6.2.4　智能仪器的人机界面

单机型的智能仪器一般都有人机界面,供操作人员直接在现场操作。本节简单介绍一下智能仪器的人机界面的各接口设备,包括键盘、显示器、微型打印机及语音提示等。

1. 键盘

键盘是一组按钮式开关的集合。在智能仪器中,为节省硬件开销,通常只设置必要的按键,有时一键多义,常采用软件来识别按键,所以在键盘的设计中要同时从硬件和软件两方面加以考虑。但无论键盘采用哪种组织形式及读键方式,其主要的操作步骤都包括以下四个方面:

① 识键。判断是否有键输入。若有,则需进一步译键。在这一步中需要考虑防抖动和同时按键的问题。

② 译键。识别出是哪一个键。在有键输入的情况下,进一步识别出是哪一个键被按下,以便进一步处理。

③ 键义分析。确定相应的键义。根据识别的结果,确定响应的键义,如果是数字键,应得出输出的数值,如果是功能键,则得出相应功能键的代码。

④ 执行。根据输入键的要求,调用相关的程序。

2. 显示器

显示器主要有 LED 显示器和 LCD 显示器,根据功能需要选择合适的显示器和显示电路,一般有 LED 数码静态显示器、LED 数码动态显示器、点阵 LED 显示器和 LCD 显示器。

LED 是发光二极管(Light Emitting Diode)的简称,单个的发光二极管通常用来指示仪器的状态。LED 数码管可以指示数值,是数字式仪器仪表中用得较多的器件。此外还有点阵式 LED 可以显示文字、简单图案等。LED 的优点是价格低,寿命长,亮度大。

点阵 LED 是把很多 LED 组合成点阵模块,点阵的每个发光二极管为一个像素,以点阵格式显示文字和图案。

LCD(Liquid Crystal Display) 又称液晶显示器,具有耗电低(mW/cm^2)、驱动电压低(正负几伏)、结构空间小而有效显示面大、体薄物轻等优点。

3. 其他外设

自动化控制过程中需要记录大量的信息数据以便对生产过程进行分析,因此往往需要在操作现场把存储于仪器中的数据打印出来,这时就需要仪器设计打印机接口电路。

智能仪器有时还利用语音提示操作者,由于数字式语音提示利用集成芯片储存语音内容,体积小,且调用方便,需要时可以通过微机控制组合语音内容,所以应用范围很广,如公共汽车报站、公共信息电话查询、语音提示操作等。

触摸屏也是自动化控制仪器中经常使用的设备,通常有电阻式触摸屏、电容式触摸屏、声波触摸屏和红外触摸屏四类。

电阻式触摸屏是在强化玻璃表面分别涂上两层 OTI 透明氧化金属电层,两层之间用细小的透明隔离点隔开。外层 OTI 涂层作导电体,内层 OTI 涂层经过精密网络附上横直两个方向的 5 V 电压场。当手指接触到触摸屏的屏幕时,两层 OTI 导电层之间形成一个接触点,控制器同时监测电压和电容,计算出触摸的位置。

电容式触摸屏是应用电场原理,在玻璃屏幕上涂一层导电层,当人体触摸时形成耦合电容产生信息。由于是表面涂层,所以它的透光率低并有反光。电容感应触摸屏不受污秽、尘埃和油渍的影响,但因其采用电场耦合原理,所以会不同程度地受周围环境影响。

声波触摸屏可以是一块平面、球面、柱面的玻璃平板,安装在 CRT、液晶显示器或等离子显示器屏幕的前面。玻璃屏的左上角和右下角各固定了竖直和水平方向的超声波发射换能器,右上角则固定了两个相应的超声波接收换能器。玻璃屏的四个周边则刻有成 45° 角的由疏到密间隔非常精密的反射条纹,发出如参照波形般的超声信号,当手指接触屏幕,便会吸收一部分声波能量,控制器依据减弱的信号计算出触摸点的位置。

红外触摸屏安装简单,只需在显示器上加上光点距离框即可,无需在屏幕表面加涂层或接驳控制器。红外触摸屏是固体状态技术,没有运动的部件,因此长时间使用不会有磨损,具有耐用、抗震性强的特点,且不受电流、电压和静电干扰,适宜恶劣的环境条件。红外线技术是触摸屏产品的发展趋势。

6.3　智能测控技术

通常把智能仪器中由微机系统完成的技术称为智能技术。在测控中所用到的智能技术包括自动校正、标度变换、非线性校正、数字滤波、PID 控制等。

1. 自动校正技术

无论多么精密的仪器,在测量过程中总会出现误差,只是误差的大小不同而已,因此可以用误差来反映仪器的测量精度。

根据误差产生的原因,自动校正技术可以分为系统误差自校正技术、随机误差自校正技术和粗大误差自校正技术三大类。

(1) 自校零技术又称零位补偿,是用来消除最常见的恒定或慢速变化的系统误差的方法。

由于实际电路中不可避免的一些原因,如接触电势、偏置电流、环境温度等,使得输出信号的零位与输入信号的零位不一致带来测量的误差,这种现象引起的变化十分缓慢,在测量的时间段内认为是恒定不变的,因此可以通过软件进行校零。

（2）随机误差是测量中不可避免的,一般的仪器仪表无法克服随机测量误差。智能仪器却可以利用微机控制测量速度快的优势,通过用软件进行多次测量求平均值的方法来减小随机误差,这就是所谓的平滑滤波技术。

智能仪器中常用的克服随机误差的滤波方法有算术平均滤波法、滑动平均滤波法、加权滑动平均滤波法和中值滤波法等。

（3）粗大误差是指明显与实验结果不符合的数据,在智能仪器中可以确定一些准则,使智能仪器在测量过程中自动剔除粗大误差,提高仪器的测量精度。

一般剔除粗大误差的方法有 3σ 准则和限幅滤波算法。

2. 标度转换技术

采用一定的处理技术将一些数字量转换成具有不同量纲的相应物理量的值,这一技术被称为标度转换（或标度变换）。图6-17和图6-18分别给出了传统显示仪器仪表和智能仪器仪表的结构框图。可以看出标度转换技术有着明显的不同,传统仪器是利用硬件运算电路来实现转换,而智能仪器是利用微机系统的软件编程来实现标度转换。

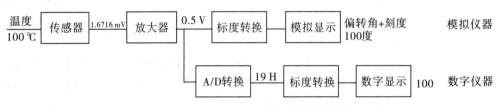

图6-17 传统显示仪器仪表结构框图

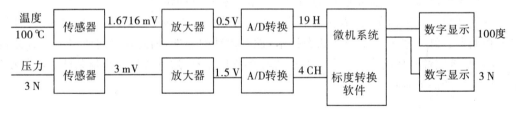

图6-18 智能仪器仪表结构框图

3. 非线性校正技术

实际应用中的传感器大部分是非线性的,传感器的"线性化"处理是通过在传感器后面接上校正处理电路来实现的。在模拟传感器中有些校正处理电路是相当复杂的,而且要实现很好的线性度也是相当困难的。

在智能仪器中,有些传感器可以不再加校正处理电路,可以通过软件设计,用校正函数来克服传感器的非线性带来的误差。主要有以下三类方法：

（1）校正函数法。如果传感器的输出虽然是非线性的,但却有一定的函数规律,则采用校正函数法,直接求出校正函数的公式,用软件进行计算处理。

（2）查表法。查表法是将事先计算好或测量出的校正值按一定顺序存放在内存中,形成一个表,根据测量输入值 Y 直接查出校正值 Z,通常连标度转换都可以一起完成。一般有直接查表法和间接查表法两种。

（3）插值法。因为查表法要占用太多的内存,且对一些连续变化量的测量要储存所有的数据也是不现实的,所以工业上还经常采用插值法来代替单纯的查表法。线性插值法的实质是将函数分段用直线取代,当实测值 Y 介于两个分段点值 Y_i 和 Y_{i+1} 之间时,取出 Z_i 和 Z_{i+1},然后按公式求出 Z。

4. PID 控制技术

智能控制是利用微机系统用软件代替人的分析、判断、决策功能,充分利用了计算机运算速度快和逻辑判断功能强等优点,既能完成传统仪器仪表所具有的自动控制功能,又能解决常规调节器只能控制一个参数且无法进行较复杂的信息交换的问题,还可以进行集中控制与集中管理。

传统的 PID 控制器是用模拟电路或数字电路设计的硬件电路,在智能仪器中可以通过软件实现 PID 控制。

6.4　智能仪器的设计

本节主要讨论与智能仪器设计有关的几个问题,包括智能仪器设计与开发的一般步骤,硬件、软件的设计,智能仪器的调试方法及自检等基础知识。

智能仪器设计的一般步骤如图 6-19 所示。

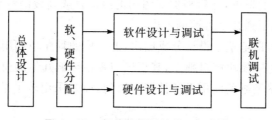

图 6-19　智能仪器设计的一般步骤

1. 总体设计

在总体设计中,要确定系统的规模大小,可根据待测信号的通道数、精度要求、要求实现的功能等确定微处理器的类型、输入输出通道数、数据存储方式及存储量、通信方式、模块数等。

2. 软、硬件分配

在确定总体方案后,再进一步进行硬、软件的搭配。一般来讲,硬件速度快,但应变灵活性小,投资大;软件的功能比较灵活,投资小,但处理速度比较慢。

3. 软、硬件的设计与调试

硬件、软件的设计可分开进行,也可以交叉进行。如果系统比较大,则需要分成模块进行设计,确定各模块要完成的功能、输入输出参数及精度要求。

系统硬件的设计,主要是根据应用系统的规模大小、控制功能及复杂程度、实时响应速度及检测控制精度等专项指标和性能指标决定。

硬件系统设计时可以采用模块化的方式,注意各模块的接口性能,并要对各个模块分别进行调试,排除故障。

智能仪器中常见的硬件故障包括:

(1)逻辑错误。硬件的逻辑错误是由于设计错误或加工过程中工艺性错误造成的,这类错误包括错线、开路、短路、相位错误等几种,其中短路是最常见的也较难排除的故障。智能化仪器仪表往往体积小,印刷线路板布置密度高,由于焊接等工艺原因造成引线之间的短路。开路则常常是由于印刷电路板的金属化孔质量不好或接插件接触不良引起的。

（2）元器件失效。元器件失效可能有两个原因,一是器件本身已损坏或性能差,如电阻、电容的型号、参数不正确,集成电路已损坏,器件的速度、功耗等技术参数不符合要求等;第二个原因是由于组装错误造成的元器件失效,如电容、二极管、三极管的极性错误,集成块安装的方向错误等。

（3）可靠性差。导致系统不可靠的因素很多,如金属化孔、接插件接触不良、虚焊等会造成系统时好时坏,经不起振动,内部和外部的干扰、电源纹波系数过大、器件负载过大等会造成逻辑电平不稳定,另外,走线和布局的不合理等也会引起系统可靠性差。

（4）电源故障。电源必须单独调试好以后再加到系统的各个部件中。电源的故障包括电压值不符合设计要求,电源引出线和插座不对应,各挡电源之间短路,变压器功率不足,内阻大,负载能力差等。

硬件电路的测试分线路、器件连接检查,电位检查和输入信号测试三步进行。

根据硬件系统的设计确立各存储器件、输入输出口的地址、控制线及其测控要求后进行软件系统的设计。软件系统的设计同样可采用模块化设计的方法,要注意各模块子程序的入口参数和出口参数及调用时的现场保留。

一般是先编制程序的框图,然后根据框图用汇编语言或高级语言来编写程序。

软件设计编程包括下列几个方面的考虑:

（1）由顶向下设计,即把整个设计分成层次,上一层的程序块调用下一层的程序块。

（2）模块化编程,每一模块相对独立,其正确与否不影响其他的模块。

（3）结构化编程,尽量避免使用无条件转移语句,而是采用若干结构良好的转移与控制语句。

4. 联机调试

将软件、硬件进行联机调试。一般采用带仿真器的 PC 机开发系统可以逐步排除故障,获得高效率的调试结果。

自诊断技术是智能仪器中特有的智能技术。它是指智能仪器利用软件程序对自身硬件进行检查,及时发现系统中的故障并根据故障程序采取校正、切换、重组或报警等技术措施。

智能仪器一般有三种自诊断方式,可以根据需要设计一种或全部:

（1）开机自诊断。开机自诊断是对仪器正式投入运行之前进行的全面测试。开机自诊断在仪器接通电源或复位之后进行。

（2）周期性实时自诊断。周期性实时自诊断是指在仪器工作过程中定时插入的自检操作。

（3）键控自诊断。键控自诊断也称人工调节自诊断,即在仪器的面板上设有"自检"之类的按键,检修和操作人员需要对仪器进行测试时,通过按压该键启动自诊断过程,仪器根据用户发出的命令进行一次或多次全部诊断或部分诊断,以帮助操作人员进行故障定位。

习题 6

6-1　什么是智能仪器? 智能仪器由哪几部分组成? 简述智能仪器的设计步骤。

6-2　硬件调试的步骤是什么？各需要什么仪器和工具？可能会遇到什么问题？

6-3　简述智能仪器的软件设计方法。

6-4　什么叫智能仪器的自诊断技术？

6-5　智能仪器有哪几种常用的自诊断方法？各有什么特点？

6-6　什么是个人仪器？个人仪器由哪几部分组成？

6-7　什么是自动测试系统？自动测试系统由哪几部分组成？

6-8　什么是软面板？什么是 GPIB？

参 考 文 献

［1］ 王成安,李福军.电子测量技术与实训简明教程［M］.北京:科学出版社,2007.

［2］ 李延延.电子测量技术［M］.北京:机械工业出版社,2009.

［3］ 蒋焕文,孙续.电子测量［M］.北京:中国计量出版社,1998.

［4］ 陆绮荣,顾炳根.电子测量与应用［M］.北京:人民邮电出版社,2009.

［5］ 曲丽荣,胡容,范寿康.LabView、MATLAB 及其混合编程技术［M］.北京:机械工业出版社,2012.

［6］ 张毅刚.自动测试系统［M］.哈尔滨:哈尔滨工业大学出版社,2001.

［7］ 赵茂泵.智能仪器原理及应用［M］.北京:电子工业出版社,1999.

［8］ NI 公司虚拟仪器软件 2013 年测试版说明书.

［9］ 江苏绿杨、北京普源、石家庄数英、台湾固纬、泰克科技有限公司和安捷伦科技有限公司等电子测量仪器公司产品说明书、技术资料、培训资料等.